工业企业环境管理指南

——以上海市为例

周 铭 主 编

卫小平 刘 扬 严丽平 副主编

科 学 出 版 社

北 京

内 容 简 介

　　企业环境管理是生态文明建设的重要组成部分。作者力图通过自身多年企业环境管理的实践，整合管理学、组织行为学、环境科学、标准化学、环境管理学等不同学科的理念，以环境法律法规要求为主线，以合规风险防控为重点，梳理环保法规要求转化成企业内部管理的难点，对企业环境管理提出具有操作性的对策措施。本书详尽地列出了企业建立健全内部环境管理制度与体系的指导意见，也探索性地对企业环境管理领域的创新观点进行了讨论与阐述。

　　本书可作为工业企业环境管理者的实用指导手册，为工业企业内部环境管理提供环境法律风险、管理标准、制度规范及相关活动和环境行为的管理对策与措施，供企业内部管理及教育培训使用，也可供科研工作者、管理人员、第三方组织以及关心企业环境管理领域的公众参考。

图书在版编目（CIP）数据

工业企业环境管理指南：以上海市为例／周铭主编.
—北京：科学出版社，2019.1
　ISBN 978-7-03-059473-0

　Ⅰ.①工…　Ⅱ.①周…　Ⅲ.①工业企业—企业环境管理—上海—指南　Ⅳ.①X322.51-62

　中国版本图书馆 CIP 数据核字（2018）第 255430 号

责任编辑：许　健／责任校对：谭宏宇
责任印制：黄晓鸣／封面设计：殷　靓

科 学 出 版 社 出版
北京东黄城根北街 16 号
邮政编码：100717
http://www.sciencep.com

南京展望文化发展有限公司排版

广东虎彩云印刷有限公司印刷
科学出版社发行　各地新华书店经销

*

2019 年 1 月第　一　版　　开本：B5（710×1000）
2021 年 8 月第八次印刷　　印张：16 1/4
字数：268 000

定价：80.00 元
（如有印装质量问题，我社负责调换）

编委名单

前　言

习近平总书记在《绿水青山就是金山银山》讲话中指出:"要按照绿色发展理念,树立大局观、长远观、整体观,坚持保护优先,坚持节约资源和保护环境的基本国策,把生态文明建设融入经济建设、政治建设、文化建设、社会建设各方面和全过程,建设美丽中国,努力开创社会主义生态文明新时代"[1]。习近平总书记还指出:"建设生态文明,是一场涉及生产方式、生活方式、思维方式和价值观念的革命性变革。实现这样的变革,必须依靠制度和法治。只有实行最严格的制度、最严密的法治,才能为生态文明建设提供可靠保障"。

由于历史的原因,我们观察到企业管理中有关环境保护方面的专业内容较为缺失,企业中环境管理制度层面建设较为薄弱,同时环境保护法律法规要求与企业管理制度之间也缺乏衔接的桥梁。企业根据 ISO 14001 环境管理体系建立的系统所形成的环境行为,与行政主管部门的期望仍有不少距离。

当前形势下,随着政府部门"放管服"不断深化,事中事后监管力度不断加强,也随着企业绿色发展理念不断深入人心,企业自身环境管理能力建设越来越受到环境保护主管部门、社会公众以及追求不断成长的企业的关注与重视。

企业作为经济活动及社会建设的微观分子,应该积极投入生态文明建设过程,将环境保护理念作为生态文明载体之一,纳入企业整体经营战略版图之中,建立与完善自身环境管理制度,持续改进自身环境行为,是企业顺应历史潮流的唯一举措。企业环境管理制度则是将环境保护法律法规与标准要求纳入企业运营管理的重要途径,有效的企业环境管理制度不仅规范并约束企业的内部环境管理,还承担了将国家环境保护法律法规与标准要求在企业各层面以文件的形式进行宣传与教育的职能:一方面使环保法律法规能够与企业内部管理对接;另一方面也有利于企业环境管理人员通过管理制度的确立,提升自身在企业中的话语权以及企业资源的分配权,真正使环境保护能够在企业内部生根开花。

作为一本指导企业持续改进与完善自身环境管理的书籍,本书以环境法律法规为主线,力求融合政府对企业的环境要求、国际标准化组织对企业管理体系的要求,结合企业自身的管理机制,从企业自身合规经营角度出发,为企业环境管理者提供不同维度的管理思路。同时梳理总结了重点环境法规风险,厘清了将法规要求转换成企业内部管理要求的难点,提出了强化内部环境管理的对策措施及创新举措,也详尽地列出了企业建立健全内部环境管理制度与体系的指导意见,有利于企业环境管理者充分认识自身的管理重点和以及可能存在的薄弱环节,从而避免可能产生的违法违规风险,同时也契合当前上海市各级政府正在积极开展改善营商环境的举措。

本书的作者包括我国首批注册环境管理体系审核员和能源管理体系审核员及我国首批培训教师、全国清洁生产专家库成员、生态环境保护部清洁生产审核培训教师、首批上市环保核查人员以及上海市首批从事清洁生产审核与碳核查人员。本书也是他们多年来积累的上市环保核查、环境管理体系认证、碳核查、清洁生产审核和能源管理等方面经验与工业企业环境管理经验的相互融合与系统化总结。附录 A 则是作者结合当前形势,对 ISO 14001 标准近期改版修订的解读,供环境管理体系实施者参考。

在本书编制过程中,得到了上海市环境保护局及相关处室领导的关心与指导,在此表示衷心感谢。

受作者经验与视角所限,书中许多观点可能仍存有不足之处,与此同时环境保护主管部门的法律法规要求变化日新月异,本书作者尽可能同步对内容进行更新。希望本书能够对广大读者有所助益,恳请读者多提宝贵意见,以使本书不断提升与更新。

目　录

第一章
环境管理起源

我们既要绿水青山,也要金山银山。宁要绿水青山,不要金山银山,而且绿水青山就是金山银山[1]。

——习近平

一、企业环境管理的定义

企业环境管理[2]是指企业以工商管理科学的理论和方法为基础,以环境保护法律法规为依据,综合运用技术、经济、法律、行政、培训等管理手段,以企业生产经营过程中的环境行为及重要环境因素为管理对象,对企业生产活动的全过程以及其对生态和环境的影响进行综合调节、控制与管理,以削减污染物排放,确保生产经营合规,从而达到经济效益、社会效益与环境效益统一,企业环境行为持续改进的目标。

二、企业环境管理的重要性

经过30多年的经济高速增长,我国已成为世界制造工厂,也是世界上污染排放总量及能耗排名前列的国家。工业企业生产制造的污染物排放占总体企业污染物排放的比例相当高,经济与环境、社会之间长期积累的矛盾日益尖锐,虽然政府环境保护主管部门修订与出台了许多针对性的政策及法律法规,但雾霾天气、地下水污染、饮用水水源污染、土壤污染、危险废物等环境问题和案件频发,群众反映强烈,社会极其关注。这既有环境影响本身具有外部性与滞后性特征的原因,又有企业内部环境管理机制不健全、资源不充分、制度不配套、人员不专业的原因,从而造成虽然宏观上环境保护政策法规要求越来越严,但企业内部微观环境管理要求及资源分配无法与之对接与匹配，企业自身的环境管理能力无法满足外部越来越高、越来越严的压力与需求。因此，无论是从经济增长角度、从供给侧改革角度、还是从持续升级的环保督查角度，这都对企业内部的环境管理及系统化建设提出了越来越高的要求。

（一）传统经济转型，寻求经济新增长的需要

改革开放以来，中国经济经历了市场化、国际化、工业化和城市化四个关键转型。从计划经济到市场经济，从封闭到开放，从农业、农村主导到一个工业化、现代化的经济结构——借助这四方面转型的合力，中国经济实现了持续30多年的高速增长，创造了世界经济史上前所未有的"中国奇迹"。"传统转型"造就了中国经济的现在，消费转型、服务转型、数字化及智能化、绿色化四方面的"新转型"将塑造中国经济的未来[3]。

绿色转型是中国经济整体（涉及生产、消费、投资、能源、资源、运输等所有经济环节）从高消耗（能源、原材料）、高污染、高环境社会代价到低消耗、低污染、环境友好的转变。绿色转型也是中国经济增长和消费者福利提升的需要。除此之外，对环境危机、污染强度、环境容量的客观认识决定了绿色转型已经成为维护民众健康和社会和谐的迫切需要。从传统经济向绿色经济转型意味着增长的资源环境成本持续大幅降低。首先，绿色转型要求经济各环节和各行业资源消耗更低、污染排放更低，要求优化能源结构、提高能源利用效率，要求环境友好型产品、低碳产品的开发、推广，也要求循环经济的发展。其次，具体的环境相关产品、服务和技术需要大发展，尤其是环境保护和治理产业需要极大提升以有效应对日益恶化的环境问题。绿色转型中所蕴含的研发、技术、投资和产业机遇也是世界性的，代表了新的增长极和国际竞争的制高点。

上述四个方面的转型相互关联，相互影响，也相互促进，而中国经济的未来取决于如何以"新转型"推动"新增长"。消费相对于投资、服务业相对于制造业的比重的提升在很大程度上意味着经济活动由"重"到"轻"、由"黑"到"绿"的转变；而数字化转型将推动高端服务业的发展，也意味着经济活动更加高效和环境友好。实际上，相对于投资的推动作用，消费对经济的拉动作用在环境和社会方面的负面效应小得多；而服务业高就业、低污染的特点，意味着服务业规模和比重的提升有利于克服中国原有增长模式面临的劳动力"约束"与环境污染"代价"。

（二）供给侧结构性改革对企业环境管理的要求

随着党中央和国务院对推进供给侧结构性改革作出重大决策部署，"去产能、去库存、去杠杆、降成本、补短板"的供给侧改革将成为我国经济新常态下的发展主线，对于提高社会生产力水平，不断满足人民日益增长的物质文化和生态环境需要具有十分重要的意义。环境保护在推进重点工作中也发挥了积极作用，包括以下方面。

1）强化环境硬约束，推动去除落后和过剩产能，包括加快清理整顿违法违规建设项目、推进取缔"十小"等污染严重企业、加速淘汰黄标车和老旧车。据不完全统计，2017 年起，仅京津冀地区清理整顿各类"散乱污"企业 17.6 万家。

2）严格环境准入，提高新增产能质量，包括优化新增产能布局和结构，严禁新增低端落后产能，鼓励发展优质产能，促进企业加快升级改造，严格监督劣质煤炭的生产使用。

3）落实环境治理任务，推动环保产业发展，包括扩大有效市场需求，积极推进政府和社会资本合作（PPP）模式，鼓励发展环境服务业，规范环境服务市场，推广先进适用技术和生态化治理技术，大力推动治污工程生态化。

4）推进创新驱动，完善支持政策，包括推行环保领跑者制度，推进以绿色生产、绿色采购和绿色消费为重点的绿色供应链环境管理，实施差别化排污收费政策，加强企业环境信用体系建设，完善环境监管执法机制，严格监督检查等。创新环境保护政策，坚持逆向约束和正向激励并重，增强市场主体环境保护内生动力，推动建设资源节约型、环境友好型产业体系。

环境保护在供给侧改革中的不断推动，要求企业必须建立和完善一套完整的管理能力体系，主动管理和改进自身存在的环境问题，持续提升自身的环境行为。

（三）中央环保督查对企业环境管理的要求

2016 年 1 月 4 日，称为"环保钦差"的中央环保督察组正式亮相，中央环保督察组由中华人民共和国环境保护部（环保部）牵头成立，中国共产党中央纪律检查委员会（中纪委）、中国共产党中央委员会组织部（中组部）的相关领导参加，是代表党中央、国务院对各省（自治区、直辖市）党委和政府及其有关部门开展的环境保护督察。

中央环保督察的对象,主要是各省级党委和政府及其有关部门。督察结束以后,重大问题要向中央报告,督察结果要向中组部移交移送,这些结果作为被督察对象领导班子和领导干部考核评价任免的重要依据。这意味着两大变化:环保部层面的跨区域督查,如今升格为代表党中央、国务院的中央环保督察;督察的内容,也从"督企"到了"督政"。

环保督察这一制度设计,出自党中央全面深化改革领导小组。2015年7月1日,中央全面深化改革领导小组十四次会议审议通过《环境保护督察方案(试行)》(简称《方案》),要求全面落实党委、政府环境保护"党政同责"、"一岗双责"的主体责任。

截至2017年8月,中央环保督察已覆盖23省份,初步罚款8.8亿元,立案侦查1183件,拘留1103人,约谈13593人,问责11390人,切实推动解决了一大批环境问题,增强了人民群众获得感。

在外部环境约束越来越严、政府环保要求越来越高的情况下,对于环境行为不佳的企业,环境保护是生死存亡的分界线;对于环境行为优秀的企业,其所面临的正向激励机制不但使企业在环境保护上的投入得以补偿,而且能使其通过优良的内部管理及风险控制机制形成真正的市场竞争优势。因此注重企业环境管理精细化也正逢其时,使环境管理成为企业规范自身管理工具的同时,也能够降低企业生产成本、提高企业内部资源要素分配及改善产品可持性的创新平台,形成核心竞争力。

(四)企业形成核心竞争力对环境管理的要求

企业竞争力从经济学角度入手,可以把其理解为不同企业之间的经济效益、生产效率、产品战略等所存在的差异[4]。世界著名的战略管理大师,被誉为"竞争战略之父"的迈克尔·波特教授认为,一个企业的竞争力就是其与竞争对手相比所具有的竞争优势。企业竞争力的影响要素也可以从宏观分为直接因素和间接因素,直接因素主要指企业的"资源"要素和"市场"要素,间接因素是指"政府"要素和"管理"要素。

"资源"要素包括企业在市场竞争中所拥有的各种有形的生产资源,如人力资源、天然资源、资本资源、基础设施、技术专利等,也包括企业所拥有的各种无形的关系资源[4]。

"市场"要素可以理解为市场运营要素,企业和消费者通过自己的选择偏好去影响市场竞争,而企业通过提供差异化的商品或服务去吸引消费者,企业竞争的目的就是争夺消费者,抢占或主导市场需求[4]。

"管理"要素指企业内部在组织管理的过程中应对外部竞争环境变化的各种能力,包括企业的运营管理能力、创新能力、组织文化、企业凝聚力等,这些能力是企业竞争力的核心灵魂,是企业所独有的[4]。

"政府"不是市场经济的直接参与者,但在市场竞争尤其是国际市场竞争中发挥着不可忽视的作用。这四个关键要素中,政府的力量最为直接。政府可以通过干预市场准入和市场退出规则,进而影响企业的市场竞争结构,甚至直接影响企业的市场生存能力[4]。

总之,这四个要素之间互相影响、共同作用,最终组成了企业竞争力。同时,在日益严峻的环境形势下,环境要素已经成为企业战略规划中必须要重视的一个重要因素,而且逐渐正通过企业竞争力的以上四大要素来直接或间接地影响企业的生存[4]。

资源方面,作为市场竞争一份子的企业,天生对利润的追逐要求企业对自身的资源消耗进行有效控制,实现节能减排,降低生产成本,以清洁环保的生产方式和工艺来生产绿色产品。

市场方面,消费者及社会民众环保意识逐渐觉醒,同时政府在市场竞争中绿色因素正逐步产生作用,如绿色供应链、绿色工厂、绿色产品相关理念的普及,这些将直接影响企业的产品设计、生产运营及营销环节。

政府方面,执行越来越严格的环保法律法规及行业环保准入要求,对优秀环境行为企业提供各种扶持补贴政策,对环境行为不佳企业实施淘汰政策,这将直接对企业的生产经营及市场生存产生重大影响。

管理方面,上述三大要素的变化,使得企业的生存环境发生了重大变化,这意味着企业的竞争优势、生存商机和面临的挑战也发生了重大变化,企业能否适应并建立管理能力体系是对企业经营者的考验,同时以可持续发展为价值观的运营管理能力、创新能力、企业文化等将构成企业核心竞争力的重要组成部分。

三、企业环境战略选择

企业环境战略体现了企业对待环境保护的积极性和整体态度,不同类型的企业对待环境管理的积极性不同,因此企业将环境问题纳入企业决策系统的层次与高度不一。根据企业对待环境问题的态度及其行为表现,可将企业整体环境战略大致分为三大类型:消极战略、服从战略和合作战略[4]。

(一)消极战略

当企业采取消极战略时,也可以称之为拖延战略,意味着企业高层根本没有将环境问题纳入企业整体战略决策之中,而是将企业存在的环境问题视为无物,得过且过,几乎不采取任何积极的应对措施;或者以拖延的态度对待环保,试图在出现环境问题后再实施补救处理。如果企业在没有监管的情况下,以规避责任为目的,甚至可能依旧会出于自身经济利益做出违法违规的抵制行为。因此,这类企业既不会主动投入环境保护治理,也不会雇用专业化的环保人才来管理自身环境问题,对政府的环保措施和规章制度往往采取不合作、不服从或者变相规避的态度。

企业对环境保护的重视程度在某种程度上折射了其产品质量的管理能力。如果企业在环境保护方面没有投入更多的资金和设备,短期内看起来似乎降低了生产经营成本,但从长远发展来看,该企业的产品无法符合市场潮流,其需求将逐步萎缩,其环境行为及环境信用不佳也会进而使其失去市场份额,甚至退出市场;其次,政府对于环境污染严重的企业也会开出高额罚单,或勒令其限期整改,如果持续采取消极拖延战略,则企业最终会被强制退出市场。显然,企业如果采取消极拖延的战略在当今的大背景下是没有出路和前途的。

(二)服从战略

当企业采取服从战略时,意味着企业虽然在战略决策时考虑到了环境问题,但仅仅停留在表面决策环节,并不是有意识、有组织地将环境问题上升到与企业核心竞争优势培育、企业可持续发展等重大战略决策互相关联的层次。这类企业对待环境问题的处理方法仍然是以相对被动的亦步亦趋跟随策略为主,表现为没有体现出愿意在环保方面主动投资或积极从事产品全生命周期的绿色研发活动,仅仅满足于完成政府的最低污染排放标准。因此企业如果仅采取服从战略是不可能通过"绿色发展理念"来构筑自身核心竞争优势的。

(三)合作战略

以波特为代表的修正学派观点认为,环境管理和竞争力是"双赢"的,环境绩效对经济绩效有积极影响,采取积极主动合作态度的环境管理有利于企业获得创新补偿和先发优势[5]。

创新补偿理论是指环境管理能够使企业通过产品创新或改进生产工艺流程,或提高生产效率,或提高资源利用效率,或降低成本,或改善产品质量,或提高雇员、顾客满意度,或提高企业形象声誉,最终为企业带来经济效益。创新补偿分为产品补偿和过程补偿。产品补偿是指改进原有的产品或开发出全新的产品,从产品的创新中得到补偿收益。过程补偿是指通过改进生产工艺、流程,提高资源的生产率和利用率,从生产过程中获得收益。

先发优势是指如果企业能够先于竞争对手实行环境保护策略,那么就可能会从先行的环境行为中获益。企业通过实施绿色管理,选用绿色原辅材料,采纳绿色工艺,将可能比使用传统的生产方法和生产技术的企业在资源能源消耗方面具有先动优势,形成以绿色为核心的产品与服务的差异化。从大的方面来看,这种先发优势不仅表现在企业间,还存在于地区与地区之间,以及国家与国家之间的竞争。率先实行环境管理,进行产品、技术等各方面创新的企业就有可能是行业标准和行业规范的先行者,是国家在制定环境标准时的参与者。因此,一些无法达到环境标准的企业,随着政府环境保护要求越来越高,消费环境保护意识越来越强,最终将慢慢被挤出市场,从而凸显先行企业在市场竞争中的优势与地位。

因此当企业采取合作战略实施自主管理时,表明企业整体环保意识较高,环保理念较为领先,在具体实践过程中,企业不仅要做好末端的环境污染治理,更重要的是,这类企业往往重视企业生产过程的工艺管理、产品质量提升,包括原材料的选用和产品的设计等,愿意为环境技术创新投入更多的财力、人力、物力和时间等资源,希望通过研发更多更新的环境友好型产品提升企业的市场竞争力和公众形象,进而获得持续的竞争优势。实际上,结合现有形势实施积极合作的环境战略,对企业而言不仅仅关系到其能否取得市场竞争优势,也是最终关乎企业生死存亡的战略。

四、企业环境管理主导理念

在党的十八届五中全会上,习近平同志提出创新、协调、绿色、开放、共享的"五大发展理念",在一个重要的时点全面地回答了需要什么样的发展和怎样发展的问题。绿色发展作为关系到我国发展全局的一个重要理念,作为"十三五"乃至更长时期我国经济社会发展一个基本理念,体现了党和政府对经济社会发展规律认识的深刻变化,也是企业环境管理实践中应予以落实的重要理念。

日本学者池田信夫在《失去的二十年》[6]一书中提到:"发达国家经济发展主要得益于创新,这是当今绝大部分经济学者的共识。所以要拉动经济增长话,促进创新会比实施宏观政策来得更有效。但是创新的本质不在于技术……很多时候我们遭遇瓶颈,问题不在技术而在管理。"环境问题的严重性和紧迫性也意味着,中国应以最大的努力成为相关领域的创新者与引领者,也包括在环境领域逐步成为领导者[7]。

(一) 创新发展

创新是历史进步的动力、时代发展的关键,创新发展居于国家发展全局的核心位置,代表了当今世界发展的潮流。创新是引领发展的第一动力,企业环境管理必须要以创新发展为驱动,具体要在以下方面进行创新。

1. 管理创新

充分利用信息化手段,创新和规范企业环境管理工作,使信息化成为企业环境管理的支撑手段,真正有效推动企业环境管理与政府宏观管理的对接,推动企业环境管理纳入企业运营决策之中。

2. 技术创新

大气、水污染、土壤污染及固体废物等传统领域污染治理技术的创新不断涌现,为企业污染治理提供了利器,也是环境质量不断提供的技术保障体系。同时,信息技术将成为环保技术创新活动中最为活跃和密集的方向,也是影响最为重大和广泛的领域,信息化的巨大潜力还远未挖掘。依托物联网和云计算技术的智慧化,提高环保信息技术创新能力,将为企业环境管理创新发展注入新的驱动力。

3. 数据资源知识化

大数据时代下数据所体现的价值,不仅将变革传统企业环境管理方式,更带来了商业价值。大数据时代是未来引领中国经济发展的新趋势,通过对企业环境行为所采集到的大量数据进行收集、感知、传输、处理和分析,并加以知识化,可以为微观企业经营活动和宏观环境管理提供更加科学的决策与支持。

（二）协调发展

五大发展理念中，协调发展在发展全局中居第二。协调发展能够增强发展的整体性，是大系统观的具体体现，其彰显了发展的内在规律性，是提高把握发展规律能力的科学之举。企业环境管理必须以协调发展为引领，具体要立足环境本身，以大系统思维为指导，实现企业环境管理与其他管理系统的协调发展。

1. 坚持企业环境管理与职业健康安全管理的协调

企业环境管理工作与职业健康安全管理活动密切关联，职业健康安全领域的许多管理重点也是企业环境管理的关键环节，职业健康安全的危险源与不安全因素往往也是环境污染和环境事故的源头，因此在企业环境管理实践中，应密切关注职业健康安全领域的法律法规要求以及实际管理现状，充分协调两者之间的关系，确保不安全、不环保、不健康的因素消灭在源头管理之中。

2. 坚持企业环境管理与质量管理活动的协调

企业环境管理工作中的部分活动与质量管理活动密切关联，沿袭传统的做法，部分企业的环境管理体系是由质量管理部门建立并管理的，同时质量管理领域的原辅材料检验、不良品控制、生产现场管理、设备校验、文件控制、内部审核等活动与环境管理相互交叉，因此在企业环境管理工作中要注重与质量管理领域活动的协调，确保管理活动的协调平衡开展。

3. 坚持企业环境管理与企业经济利益的协调

企业是参与市场经济的重要一份子，其主要目标是追求利润最大化，而企业环境管理则需要投入大量资源，应符合环保法律法规要求，承担相应的社会责任。企业如何在符合环保要求的条件下，从社会大环保的角度实现经济利益与社会效益的平衡，实现资源能源利用合理化，实现绿色发展、循环发展和安全发展，与企业环境管理之间并不存在绝对的矛盾。

（三）绿色发展

绿色发展理念，是将生态文明建设融入经济、政治、文化、社会建设和全过程的全新发展理念。企业环境管理的绿色发展就是将生态文明理念，通过绿色设计、绿色产品、绿色管理及绿色供应链活动贯穿于企业的全生命周期之中。

1. 绿色设计及产品

企业应积极推动绿色设计及绿色产品评价标准应用,创建绿色设计示范企业及绿色设计中心,按照产品全生命周期理念,遵循能源资源消耗最低化、生态环境影响最小化、可再生率最大化的绿色设计原则,开发、推广绿色产品,积极推进绿色产品第三方评价和认证,推动水效、能效和环保领跑者制度。

2. 推动企业绿色管理

企业环境管理中应按国际标准要求建立 ISO 14001 及 ISO 50001 管理体系,遵循策划、实施、监督、改进(PDCA)模式,实施清洁生产审核,在全生命周期、全过程对能耗、水耗、物耗、污染控制、资源综合利用及制造过程产生的环境因素建立标准规范,为绿色产品、绿色设计、绿色供应链及绿色制造体系的建立、实施和持续改进奠定企业内部管理及数据基础。

3. 打造绿色供应链

企业应以绿色供应标准和生产者责任延伸制度为支撑,完善采购、供应商、物流、服务等绿色供应链规范,推动绿色供应链管理不断深入开展。

(四) 开放发展

开放发展是解决环保发展内外联动问题为核心,全方位升级开放型环境管理模式,也是提高对外开放质量,发展更高层次的开放型经济、社会及管理模式。

1. 思维开放

思维开放是管理活动开放的前提,管理思维开放将促进不同管理思想的碰撞,促进不同领域和不同技术的融合,催生新的管理模式,不断推动管理活动和技术创新。

2. 管理开放

管理开放是技术创新的前提,企业微观管理活动直接影响自身的生产工艺、管理流程和技术应用,只有管理活动开放才能形成良好企业环境文化氛围,为节能减排的新工艺、新技术、新材料的应用创造良好环境。

3. 信息开放

按照环境信息公开的要求,企业环境管理应履行相应的信息公开责任,通过企业自身的环境信息公开,接受社会公众、非政府组织及政府的公开监督,改进企业与社群的关系,倒逼企业改进自身的环境行为。

（五）共享发展

共享作为发展的出发点和落脚点,是把握科学发展规律,顺应时代发展潮流的核心价值取向,也是社会公平正义的体现,推动形成政府、企业和公众共享绿色红利的格局。

1. 管理架构共享

在国际标准化组织的推动下,通过多年的努力,企业管理的标准化架构基本趋势一致,企业环境管理应借此机遇整合类似的职能,实现管理架构共享以提高企业内部管理效率,进一步提升企业经营效率。

2. 清洁技术共享

清洁生产审核作为一项兼具管理与技术的环境管理制度,已推进多年,并取得了较好的实践经验,积累了许多行业的节能减排实用性清洁技术。通过清洁生产审核的机制安排,搭建外部专家与清洁生产技术分享进入企业内部的途径,进一步推动企业的清洁发展。

3. 绿色红利共享

在企业环境管理不断完善、不断改进的情况下,势必对区域环境质量改进起到强大的推进作用,无论是政府、企业,还是社会公众,都能够分享到作为公共资源的环境质量红利。

绿色发展的转型是中国经济整体从高消耗、高污染、高环境社会代价到低消耗、低污染、环境社会友好的转变,绿色发展的转型也是中国经济增长和消费者福利提升的需要。政府将以经济新转型为目的确定投资方向,并有效地把金融资源引导到相关领域,将调整结构、促进增长、推动可持续发展的诉求完美结合。而企业则更需要通过自身管理模式转变及内容的提升,实现生产过程资源消耗更低、污染排放更低、能源利用效率更高,推出环境性能友好的产品、技术和服务,以顺应绿色转型潮流的需要。

第一章
企业环境管理的体制与职责

法律不能使人人平等,但是在法律面前人人是平等的。

——波洛克

一、企业环境管理者的职责与作用

从企业实际环境管理工作来看,企业环境管理者按职位高低可能有以下职责与作用。

(一) 最高管理者

按照《中华人民共和国环境保护法》的要求,排放污染物的企业事业单位应当建立环境保护责任制度,明确单位负责人和相关人员的责任。最高管理者(法人代表)负责确定企业环境战略在整体经营活动中的作用与地位,并负责分配环境业务在整体企业活动中所占的资源比例,最高管理者在企业管理者中的作用是最为关键的,企业是否重视环保最终取决于最高管理者。在现有法律框架下,最高管理者也是企业环境行为的法律责任人,是企业环境事务最终的决策者,但更重要的是,最高管理者是企业资源决定性的分配者和企业价值观的倡导者,最终决定了企业整体环境管理工作是否能够按预期实现目标。随着信息化的不断深入,最高管理者还有一项重要的任务是推动企业内部环境管理的信息化和可视化。对最高管理者而言,企业全局性的环境管理信息应该是最透明、最易懂的,而不是充满专业术语的天书。

人类历史上很多文明进步源于人类思维方式的突变,或新原理或新理论所形成的技术应用发生了革命性跨越。对今天的企业而言,也是通过不停地寻找新技术、新方向、新需求来形成自身的竞争优势。而基于绿色发展的环境保护理念,完全可以作为推动企业思维方式突变和寻找市场新机遇、新动力和新需求的契机。只有最高管理者真正意识到这一点,整个企业才可能作为行动整体付诸实践。

由于历史的原因,目前工业企业的环境管理或多或少地存在不合规的现象,但随着监管趋严、企业发展和技术进步,合规将成为企业必须完成的基本任务,对企业而言,也将不是最终目标,最高管理者应该思考的是如何跨越"必须"阶段,将环境保护融入企业战略,利用绩效指标来真正影响变革,改变组织和运营文化,实现"预期"阶段的卓越经营。

(二)分管领导

分管领导是协助企业最高管理者实施环保领域管理的企业责任人,一般由企业中副总级别的领导承担。在最高管理者确定了环境保护工作在企业中的地位与资源分配后,分管领导将是组织开展具体环境管理活动的组织者与协调者,在原有的环境管理体系建立过程中,也有称为管理者代表的。对中小企业而言,存在分管领导与部门管理者合二为一的情况。分管领导在企业环境管理事务中的角色是一个组织者,尤其要求其站在更高角度,以更宽的视野来总揽全局,结合外围市场、法规要求、内部管理等实际情况对大形势作出总体判断,同时为内部环境管理工作争取资源,并辅助最高管理者作出正确决策。分管领导争取的资源分配大小,也决定了企业环境管理工作开展的难易程度,也是企业环境保护价值观的组织实施者。同时,分管领导如何将管辖范围内的环境管理总体情况以简单易懂的方式向最高管理者汇报是一项值得重视的工作。另外,作为分管领导,如何在企业内部建立以环境为核心的价值观和企业文化是另外一项重要工作,这将深刻影响环境管理事务在企业内部的地位与企业群体价值观。

对分管领导而言,在环境管理领域如何配备和招募具备独立开展环境管理能力的人员是非常重要的。如果能够物色到一名人员,其能把关于企业的知识与对环境问题立法和制定规章的社会政策敏感地结合起来,同时还具备任何成功的职员都具备的沟通与销售能力,作为分管领导是非常幸运的。无论是在外资、民营企业还是在国有企业,虽然最优秀的管理人员通常既对公司有广泛了解,又具备环境专业知识。但实际的环境管理中人际沟通技巧可能比技术知识更为重要,不是只有专业的环境管理人员才能在环境管理岗位上起作用。因此,作为分管领导需要退一步进行理性思考,以便能够从事比"救火计划"重要得多的工作。

(三)部门管理者

这里的部门管理者,指的是环保业务开展的主要负责部门。在企业中可能设有专门的环保部,也可能是 EHS(环境、健康、安全)部,并设置专门的管理职位,由这些职责人员实施环境管理工作的实际业务以及部门之间的协调。在某些企业中,这些专门从事环境管理的人员可能是兼职的,或者由安全、设备、质量甚至是总务部门的人员兼任。从环境管理工作越来越专业和复杂,企业环保法律责任越来越重的趋势来看,建议企业的最高管理者设置专门的部门并配备专门的人员来管理环境事务,只有这样才能确保有专人有时间和精力来应对越来越复杂且不断变化的外围环保法规要求,并且确保企业所面临的环境风险受控、环境行为合规、法规责任明确。

按照环保法规要求及企业环境管理实际,参照环境管理体系 PDCA 的原则,承担重要环境管理责任的部门管理者将肩负重要责任。总体上,部门管理者要按照企业整体经营及环境战略要求,实施企业内部环境管理事务,协调部门间(质量、安全、生产、能源、总务等)协作事项,监督企业内部环境行为,并负责对外部的交流沟通,具体可能包括以下内容:

1)建立企业内部环境管理制度与机制,包括水、气、声、废物、化学品、放射性及辐射等各类污染物控制,以及环境监测与管理制度;明确重要环境岗位的职责说明书,并建立绩效考核指标要求。

2)负责企业建设项目环境管理、排污许可证管理、环境税申报与缴纳、排污申报登记,落实环评、"三同时"及排污许可证的管理要求,按照规定实施环境监测,接受环保部门例行现场检查与抽查,落实污染减排及限期治理任务。

3)如有必要,需负责组织编制企业环境应急预案并完成备案,成立企业环境应急队伍,落实和配备企业环境应急资源,实施环境应急演练;如发生环境突发事件,负责配合政府相关部门对环境突发事件进行调查。

4)落实企业内部节能减排工作目标,分解相应的考核指标要求,如有必要,实施清洁生产审核,通过清洁生产方案实现污染物源头削减和资源综合利用。

5)定期对企业生产现场、环保设施现场以及环境应急设施进行例行检查,并向相关部门下达整改要求。

6）实施对相关方及承包方的管理,如施工承包方、危险废物承包方、危险化学品承包商。

7）协助事项可能包括协助培训部门实施企业环境保护意识、法律法规及管理制度、作业规程的宣传、教育和培训工作,包括环境应急培训;协助采购部门落实原辅材料采购及设备的绿色采购与供应链管理,参与实施供应商审核;协助产品设计部门对原辅材料的选择进行评估,确保产品全生命周期符合相关的环保要求。

8）总结事项包括定期回顾部门工作,对重要活动领域进行持续监控与跟踪,完成企业合规性评审报告,将相关问题向上级分管领导汇报,形成企业环境保护领域的年度回顾,并对持续改进及未来工作目标与计划提出建议与策划,供决策层参考。

传统意义上,部门管理者若能够完成以上管理事项,则基本可以评价为称职。但随着工业化和信息化的高度融合,部门管理者仍应扮演着积累数据、分析数据并形成规律的职能,并且要成为企业内部以绿色创新为核心的新需求和新动力的推动者,这一点往往是在现阶段强调合规性时最容易被忽视的。

因此,部门管理者在常规企业环境事务中的角色是一名具体的实施者、协调者和监督者,上述繁重而责任重大的事务,应该由最高管理者设置专门的部门和配备专业的人员,配以充分的财力与物力资源来从事环境事务的管理工作。

由于部门管理者在企业中的地位有限,其实施的作用事实上具有局限性,这表现在以下方面:企业的经营利益与其息息相关;企业内部环保法律法规及标准的实施与其管理行为直接相关;外部环境执法力度既对其推行内部管理有帮助,但又可能由于损害其他部门利益而受到影响;企业所授予的权限及资源配置在一定程度上会限制其发挥作用;与其他部门管理者的平行关系也影响其顺畅地执行应有的管理职能。因此部门管理者的沟通技巧就非常重要,如何将专业信息及术语以他人能够理解的方式进行传达,如何站在对方的角度看问题,而非过分强调专业从而使这些信息成为自己与他人之间的壁垒。某种程度上,无效的沟通与传达可能反而无形中成为使自己孤立的障碍。

从其他角度来看,部门管理者应突破实施、协调和监督层面的作用。随着环境大数据的应用不断深入,部门管理者应建立环境数据与企业生产经营活动的逻辑思维,摸索企业污染物排放与生产活动之间的关系,总结生产经营活动中污染物排放的规律及行为模式,通过提出有针对性的节能减排措施,为企业生产经营利润最大化作出贡献。

部门管理者事实上是企业环境管理的中坚力量,但其现阶段在企业中的地位和作用与当前生态文明的大形势是不相称的。如何将这一支队伍发展与锻炼成企业环境保护的主导力量,如何提升其作用与地位是非常值得环境保护主管部门进一步思考与探索的。

有一种观点认为,企业环境管理者必须是精通环境治理技术的专家。企业环境管理者对环境保护专业非常精通或者颇有学术造诣当然非常好,但由于环境领域跨领域跨学科的难度,即使对于企业中一名颇富经验污水处理方面的专家,也很难同时成为废气治理或噪声治理的专家,另外,企业中需要的是掌握系统化理论基础的管理者,而非独立承担治理任务的专家学者,可能更需要的是内外事务的协调与统筹,而非单纯是治理污染任务。

(四)基层操作者

基层操作者,指的是环保设施设备的操作者,包括废水处理设施、废气治理设施、固体废弃物及危险废物治理或储存设施、环境监测设施的操作者。这些环保设施设备的操作者是第一线的作业人员,其作业行为直接影响企业的污染物处理效率及达标情况,在管理上直接受控于部门管理者。

信息经济学和委托代理理论认为,企业在实际运作过程中,存在多层次的委托代理关系,委托人和代理人之间存在信息不对称。这使得企业员工的个人目标与企业总体目标存在差异,企业员工并不总是按照企业利润最大化的方式行事,从而使得企业的实际经营成本往往并没有达到潜在的最低值,企业内部存在着无效率现象。无效率现象的存在使企业能够在不改变现有技术和要素组合方式的情况下降低成本。

基层操作人员是设施、装备的直接操作人员,也是生产过程的直接参与人员,对设施、装备及生产过程存在的细节问题最为了解。管理层应调动其积极性,使其参与到管理过程及操作习惯行为改善、创新中来。

因此,从管理层次来看,企业的环境管理主要由最高管理层(最高管理者及分管领导)、执行层(环境管理部门及相关职能部门)与操作层(基层操作员工)三个层面的管理工作构成:最高管理层确定企业的环境战略大方向,提供环境管理资源与制度框架;执行层按照既定的方针设计制度管理要求;操作层则严格按照制度及规范进行落实,并反馈一线基层对改善环境管理的意见与建议。三个层面的工作各有分工、侧重不同,都是企业环境管理的重要组成部分,缺一不可。

二、企业环境管理组织机构

随着环境法律法规及标准的日益严格,环境保护技术的专业性也越来越强,企业设置专门的环境管理组织机构及配备专业的管理人员的重要性越来越突出,设置企业环境管理部门机构时可以考虑以下因素。

1)对于大型企业,由于规模较大,产品种类多、数量大,生产环节多,经济活动量大,协助与组织的工作量也较为复杂,建议设置专门的环境保护部门,配备专门的管理人员,由企业副总级别及以上级别的管理者分管,负责企业全方位的环境管理事务。个别大型企业中还会设置专门的环境战略委员会来对环境保护的战略性事务进行决策。

2)对于中型企业,建议至少设置专门的环境保护科室,配备专业管理人员,全面承担与协调企业内外的环境管理事务,并直接向企业副总级别管理者汇报。

3)对于污染较轻的小型企业或服务型企业,可由企业安排专业相近的管理部门兼顾企业环境管理事务。

在当前环境保护法律法规要求越来越严格的情况下,设置专业环境管理机构的需求越来越迫切,这有利于逐步完善企业内部环境管理机构设置,也有利于通过配备专业机构专业人才来规范自身环境行为与生产过程,并协调生产、质量、安全及相关管理领域的内部利益分配。

狭义的企业环境管理可能仅限定于"三废"的概念,即废水、废气、废渣,但事实上,随着环境保护工作的深入,环境管理所覆盖的范围不断延伸,因此广义的企业环境管理工作会涉及环境保护领域、节能低碳领域、循环经济领域等不同范围,对应环保部门、经信部门、应急部门、劳动部门、技术监督部门、水务部门、环卫部门、园林绿化部门等。

由于环境管理工作日益跨部门、跨行业、跨学科,在企业内部组成不同专业、不同部门的垂直管理团队是一种可行的模式。无论按照何种原则设置环境管理机构或者配置管理人员,其最终目的都是确保企业面临的各种环境风险可控,自身的环境行为合规。

三、企业环境管理者的法律责任类型

随着环境保护法律法规要求越来越严格,企业环境管理者有必要熟悉与了解相关的法律责任。就企业而言,在环境管理方面主要涉及的法律责任包括环境刑事责任、环境行政责任及环境民事责任。

(一) 环境刑事责任[8]

1.《中华人民共和国刑法》第三百三十八条规定【污染环境罪】

违反国家规定,排放、倾倒或者处置有放射性的废物、含传染病病原体的废物、有毒物质或其他有害物质,严重污染环境的,处三年以下有期徒刑或者拘役,并处或者单处罚金;后果特别严重的,处三年以上七年以下有期徒刑,并处罚金。

2.《中华人民共和国刑法》第三百三十九条第一款规定【非法处置进口的固体废物罪】

违反国家规定,将中国境外的固体废物进境倾倒、堆放、处置的,处五年以下有期徒刑或者拘役,并处罚金;造成重大环境污染事故,致使公私财产遭受重大损失或者严重危害人体健康的,处五年以上十年以下有期徒刑,并处罚金;后果特别严重的,处十年以上有期徒刑,并处罚金。

3.《中华人民共和国刑法》第三百三十九条第二款规定【擅自进口固体废物罪】

未经国务院有关主管部门许可,擅自进口固体废物用作原料,造成重大环境污染事故,致使公私财产遭受重大损失或者严重危害人体健康的,处五年以下有期徒刑或者拘役,并处罚金;后果特别严重的,处五年以上十年以下有期徒刑,并处罚金。

以原料利用为名,进口不能用作原料的固体废物的,依照本法第一百五十五条定罪处罚。《刑法》第一百五十五条规定,逃避海关监管,将境外固体废物运输进境的,构成走私废物罪。

4. 有关严重污染环境的司法解释

《最高人民法院、最高人民检察院关于办理环境污染刑事案件适用法律若干问题的解释》对有关严重污染环境的认定作出了司法解释。

第一条　实施刑法第三百三十八条规定的行为,具有下列情形之一的,应当认定为"严重污染环境":

（一）在饮用水水源一级保护区、自然保护区核心区排放、倾倒、处置有放射性的废物、含传染病病原体的废物、有毒物质的;

（二）非法排放、倾倒、处置危险废物三吨以上的;

（三）排放、倾倒、处置含铅、汞、镉、铬、砷、铊、锑的污染物,超过国家或者地方污染物排放标准三倍以上的;

（四）排放、倾倒、处置含镍、铜、锌、银、钒、锰、钴的污染物,超过国家或者地方污染物排放标准十倍以上的;

（五）通过暗管、渗井、渗坑、裂隙、溶洞、灌注等逃避监管的方式排放、倾倒、处置有放射性的废物、含传染病病原体的废物、有毒物质的;

（六）二年内曾因违反国家规定,排放、倾倒、处置有放射性的废物、含传染病病原体的废物、有毒物质受过两次以上行政处罚,又实施前列行为的;

（七）重点排污单位篡改、伪造自动监测数据或者干扰自动监测设施,排放化学需氧量、氨氮、二氧化硫、氮氧化物等污染物的;

（八）违法减少防治污染设施运行支出一百万元以上的;

（九）违法所得或者致使公私财产损失三十万元以上的;

（十）造成生态环境严重损害的;

（十一）致使乡镇以上集中式饮用水水源取水中断十二小时以上的;

（十二）致使基本农田、防护林地、特种用途林地五亩以上,其他农用地十亩以上,其他土地二十亩以上基本功能丧失或者遭受永久性破坏的;

（十三）致使森林或者其他林木死亡五十立方米以上,或者幼树死亡二

千五百株以上的;

（十四）致使疏散、转移群众五千人以上的;

（十五）致使三十人以上中毒的;

（十六）致使三人以上轻伤、轻度残疾或者器官组织损伤导致一般功能障碍的;

（十七）致使一人以上重伤、中度残疾或者器官组织损伤导致严重功能障碍的;

（十八）其他严重污染环境的情形。

第二条　实施刑法第三百三十九条、第四百零八条规定的行为,致使公私财产损失三十万元以上,或者具有本解释第一条第十项至第十七项规定情形之一的,应当认定为"致使公私财产遭受重大损失或者严重危害人体健康"或者"致使公私财产遭受重大损失或者造成人身伤亡的严重后果"。

第三条　实施刑法第三百三十八条、第三百三十九条规定的行为,具有下列情形之一的,应当认定为"后果特别严重":

（一）致使县级以上城区集中式饮用水水源取水中断十二小时以上的;

（二）非法排放、倾倒、处置危险废物一百吨以上的;

（三）致使基本农田、防护林地、特种用途林地十五亩以上,其他农用地三十亩以上,其他土地六十亩以上基本功能丧失或者遭受永久性破坏的;

（四）致使森林或者其他林木死亡一百五十立方米以上,或者幼树死亡七千五百株以上的;

（五）致使公私财产损失一百万元以上的;

（六）造成生态环境特别严重损害的;

（七）致使疏散、转移群众一万五千人以上的;

（八）致使一百人以上中毒的;

（九）致使十人以上轻伤、轻度残疾或者器官组织损伤导致一般功能障碍的;

（十）致使三人以上重伤、中度残疾或者器官组织损伤导致严重功能障碍的;

（十一）致使一人以上重伤、中度残疾或者器官组织损伤导致严重功能障碍,并致使五人以上轻伤、轻度残疾或者器官组织损伤导致一般功能障碍的;

（十二）致使一人以上死亡或者重度残疾的；

（十三）其他后果特别严重的情形。

第四条 实施刑法第三百三十八条、第三百三十九条规定的犯罪行为，具有下列情形之一的，应当从重处罚：

（一）阻挠环境监督检查或者突发环境事件调查，尚不构成妨害公务等犯罪的；

（二）在医院、学校、居民区等人口集中地区及其附近，违反国家规定排放、倾倒、处置有放射性的废物、含传染病病原体的废物、有毒物质或者其他有害物质的；

（三）在重污染天气预警期间、突发环境事件处置期间或者被责令限期整改期间，违反国家规定排放、倾倒、处置有放射性的废物、含传染病病原体的废物、有毒物质或者其他有害物质的；

（四）具有危险废物经营许可证的企业违反国家规定排放、倾倒、处置有放射性的废物、含传染病病原体的废物、有毒物质或者其他有害物质的。

第五条 实施刑法第三百三十八条、第三百三十九条规定的行为，刚达到应当追究刑事责任的标准，但行为人及时采取措施，防止损失扩大、消除污染，全部赔偿损失，积极修复生态环境，且系初犯，确有悔罪表现的，可以认定为情节轻微，不起诉或者免予刑事处罚；确有必要判处刑罚的，应当从宽处罚。

第六条 无危险废物经营许可证从事收集、贮存、利用、处置危险废物经营活动，严重污染环境的，按照污染环境罪定罪处罚；同时构成非法经营罪的，依照处罚较重的规定定罪处罚。

实施前款规定的行为，不具有超标排放污染物、非法倾倒污染物或者其他违法造成环境污染的情形的，可以认定为非法经营情节显著轻微危害不大，不认为是犯罪；构成生产、销售伪劣产品等其他犯罪的，以其他犯罪论处。

第七条 明知他人无危险废物经营许可证，向其提供或者委托其收集、贮存、利用、处置危险废物，严重污染环境的，以共同犯罪论处。

第八条 违反国家规定，排放、倾倒、处置含有毒害性、放射性、传染病病原体等物质的污染物，同时构成污染环境罪、非法处置进口的固体废物罪、投放危险物质罪等犯罪的，依照处罚较重的规定定罪处罚。

第九条 环境影响评价机构或其人员,故意提供虚假环境影响评价文件,情节严重的,或者严重不负责任,出具的环境影响评价文件存在重大失实,造成严重后果的,应当依照刑法第二百二十九条、第二百三十一条的规定,以提供虚假证明文件罪或者出具证明文件重大失实罪定罪处罚。

第十条 违反国家规定,针对环境质量监测系统实施下列行为,或者强令、指使、授意他人实施下列行为的,应当依照刑法第二百八十六条的规定,以破坏计算机信息系统罪论处:

(一) 修改参数或者监测数据的;

(二) 干扰采样,致使监测数据严重失真的;

(三) 其他破坏环境质量监测系统的行为。

重点排污单位篡改、伪造自动监测数据或者干扰自动监测设施,排放化学需氧量、氨氮、二氧化硫、氮氧化物等污染物,同时构成污染环境罪和破坏计算机信息系统罪的,依照处罚较重的规定定罪处罚。

从事环境监测设施维护、运营的人员实施或者参与实施篡改、伪造自动监测数据、干扰自动监测设施、破坏环境质量监测系统等行为的,应当从重处罚。

第十一条 单位实施本解释规定的犯罪的,依照本解释规定的定罪量刑标准,对直接负责的主管人员和其他直接责任人员定罪处罚,并对单位判处罚金。

第十二条 环境保护主管部门及其所属监测机构在行政执法过程中收集的监测数据,在刑事诉讼中可以作为证据使用。

公安机关单独或者会同环境保护主管部门,提取污染物样品进行检测获取的数据,在刑事诉讼中可以作为证据使用。

第十三条 对国家危险废物名录所列的废物,可以依据涉案物质的来源、产生过程、被告人供述、证人证言以及经批准或者备案的环境影响评价文件等证据,结合环境保护主管部门、公安机关等出具的书面意见作出认定。

对于危险废物的数量,可以综合被告人供述、涉案企业的生产工艺、物耗、能耗情况,以及经批准或者备案的环境影响评价文件等证据作出认定。

第十四条 对案件所涉的环境污染专门性问题难以确定的,依据司法鉴定机构出具的鉴定意见,或者国务院环境保护主管部门、公安部门指定的机构出具的报告,结合其他证据作出认定。

第十五条　下列物质应当认定为刑法第三百三十八条规定的"有毒物质":

(一)危险废物,是指列入国家危险废物名录,或者根据国家规定的危险废物鉴别标准和鉴别方法认定的,具有危险特性的废物;

(二)《关于持久性有机污染物的斯德哥尔摩公约》附件所列物质;

(三)含重金属的污染物;

(四)其他具有毒性,可能污染环境的物质。

第十六条　无危险废物经营许可证,以营利为目的,从危险废物中提取物质作为原材料或者燃料,并具有超标排放污染物、非法倾倒污染物或者其他违法造成环境污染的情形的行为,应当认定为"非法处置危险废物"。

第十七条　本解释所称"二年内",以第一次违法行为受到行政处罚的生效之日与又实施相应行为之日的时间间隔计算确定。

本解释所称"重点排污单位",是指设区的市级以上人民政府环境保护主管部门依法确定的应当安装、使用污染物排放自动监测设备的重点监控企业及其他单位。

本解释所称"违法所得",是指实施刑法第三百三十八条、第三百三十九条规定的行为所得和可得的全部违法收入。

本解释所称"公私财产损失",包括实施刑法第三百三十八条、第三百三十九条规定的行为直接造成财产损毁、减少的实际价值,为防止污染扩大、消除污染而采取必要合理措施所产生的费用,以及处置突发环境事件的应急监测费用。

本解释所称"生态环境损害",包括生态环境修复费用,生态环境修复期间服务功能的损失和生态环境功能永久性损害造成的损失,以及其他必要合理费用。

本解释所称"无危险废物经营许可证",是指未取得危险废物经营许可证,或者超出危险废物经营许可证的经营范围。

第十八条　本解释自 2017 年 1 月 1 日起施行。本解释施行后,《最高人民法院、最高人民检察院关于办理环境污染刑事案件适用法律若干问题的解释》(法释〔2013〕15 号)同时废止;之前发布的司法解释与本解释不一致的,以本解释为准。

其中以下 5 种情况在企业日常环境管理中最可能发生,应引起企业环境管理者重视,在管理制度及日常监管中予以杜绝。

1）非法排放、倾倒、处置危险废物 3 吨以上的;

2）非法排放含重金属、持久性有机污染物等严重危害环境、损害人体健康的污染物超过国家污染物排放标准或者省、自治区、直辖市人民政府根据法律授权制定的污染物排放标准三倍以上的;

3）私设暗管或者利用渗井、渗坑、裂隙、溶洞等排放、倾倒、处置有放射性的废物、含传染病病原体的废物、有毒物质的;

4）致使公私财产损失 30 万元以上的。

5）行为人明知他人无经营许可证或者超出经营许可范围,向其提供或者委托其收集、贮存、利用、处置危险废物,严重污染环境的,以污染环境罪的共同犯罪论处。

有关危险废物 3 吨的概念是属于累计计算的,行为人多次排放、倾倒、处置危险废物,或一次将危险废物在不同地点分别排放、倾倒、处置的,均累计计算。

上述 5 种情况有两种情况涉及危险废物处理及处置,可见危险废物处理违法行为是环境保护领域的重点打击对象,企业应对危险废物管理可能存在的漏洞及盲点予以充分重视。

（二）环境行政责任

环境行政责任[8]包括环境行政处罚和环境行政强制。环境保护部 2010 年发布的《环境行政处罚办法》规定了环境行政处罚的种类包括以下方面。

1）警告;

2）罚款;

3）责令停产整顿;

4）责任停产、停业、关闭;

5）暂扣、吊销许可证或者其他具有许可性质的证件;

6）没收违法所得、没收非法财物;

7）行政拘留;

8）法律、行政法规设定的其他行政处罚种类。

现有的环境行政处罚主要分散于《中华人民共和国环境保护法》和各单行

法律法规及部门规章中。

上述环境行政处罚方式中罚款是最为常见的。2014年,《中华人民共和国环境保护法》进行修订时,为加大对违法行为的惩治力度,促使企业自觉遵守法规要求并停止和纠正违法行为,在借鉴国外经验的基础上,创设了"按日计罚"的制度要求。

《环境保护法》第五十九条规定,企业事业单位和其他生产经营者违法排放污染物,受到罚款处罚,被责令改正,拒不改正的,依法作出处罚决定的行政机关可以自责令改正之日的次日起,按照原处罚数额按日连续处罚。前款规定的罚款处罚,依照有关法律法规按照防治污染设施的运行成本、违法行为造成的直接损失或者违法所得等因素确定的规定执行。地方性法规可以根据环境保护的实际需要,增加第一款规定的按日连续处罚的违法行为的种类。

随后,修订后的水污染防治法及大气污染防治法也出台了具体配套的处罚规定。

《中华人民共和国水污染防治法》第九十五条规定,企业事业单位和其他生产经营者违法排放水污染物,受到罚款处罚,被责令改正的,依法作出处罚决定的行政机关应当组织复查,发现其继续违法排放水污染物或者拒绝、阻挠复查的,依照《中华人民共和国环境保护法》的规定按日连续处罚。

《中华人民共和国大气污染防治法》第一百二十三条规定,违反本法规定,企业事业单位和其他生产经营者有下列行为之一,受到罚款处罚,被责令改正,拒不改正的,依法作出处罚决定的行政机关可以自责令改正之日的次日起,按照原处罚数额按日连续处罚:

(一)未依法取得排污许可证排放大气污染物的;

(二)超过大气污染物排放标准或者超过重点大气污染物排放总量控制指标排放大气污染物的;

(三)通过逃避监管的方式排放大气污染物的;

(四)建筑施工或者贮存易产生扬尘的物料未采取有效措施防治扬尘

污染的。

2014 年 12 月 19 日，环境保护部发布了《环境保护主管部门实施按日连续处罚办法》，具体要求如下。

第五条 排污者有下列行为之一，受到罚款处罚，被责令改正，拒不改正的，依法作出罚款处罚决定的环境保护主管部门可以实施按日连续处罚：

（一）超过国家或者地方规定的污染物排放标准，或者超过重点污染物排放总量控制指标排放污染物的；

（二）通过暗管、渗井、渗坑、灌注或者篡改、伪造监测数据，或者不正常运行防治污染设施等逃避监管的方式排放污染物的；

（三）排放法律、法规规定禁止排放的污染物的；

（四）违法倾倒危险废物的；

（五）其他违法排放污染物行为。

第六条 地方性法规可以根据环境保护的实际需要，增加按日连续处罚的违法行为的种类。

第十二条 环境保护主管部门复查时发现排污者拒不改正违法排放污染物行为的，可以对其实施按日连续处罚。

环境保护主管部门复查时发现排污者已经改正违法排放污染物行为或者已经停产、停业、关闭的，不启动按日连续处罚。

第十三条 排污者具有下列情形之一的，认定为拒不改正：

（一）责令改正违法行为决定书送达后，环境保护主管部门复查发现仍在继续违法排放污染物的；

（二）拒绝、阻挠环境保护主管部门实施复查的。

第十四条 复查时排污者被认定为拒不改正违法排放污染物行为的，环境保护主管部门应当按照本办法第八条的规定再次作出责令改正违法行为决定书并送达排污者，责令立即停止违法排放污染物行为，并应当依照本办法第十条、第十二条的规定对排污者再次进行复查。

第十五条 环境保护主管部门实施按日连续处罚应当符合法律规定的行政处罚程序。

《上海市环境保护条例》第六十六条规定如下。

企业事业单位和其他生产经营者有下列行为之一,受到罚款处罚,被责令改正,拒不改正的,依法作出处罚决定的行政机关可以自责令改正之日的次日起,按照原处罚数额按日连续处罚:

(一)未按要求取得排污许可证,违法排放污染物的;

(二)超过污染物排放标准或者超过重点污染物排放总量控制指标排放污染物的;

(三)违反法律、法规规定,无组织排放大气污染物的;

(四)不正常运行环境保护设施,违法排放污染物的;

(五)通过暗管、渗井、渗坑、雨水排放口等逃避监管的方式排放污染物的;

(六)违反建设项目管理制度,主体工程投入生产或者使用且排放污染物的;

(七)擅自倾倒危险废物,或者对危险废物未采取相应防范措施,造成危险废物渗漏或者造成其他环境污染的;

(八)违反放射性污染防治规定,生产、销售、使用、转让、进口、贮存放射性同位素或者射线装置的;

(九)法律、法规规定的其他实施按日连续处罚的行为。

《中华人民共和国环境保护法》设置了环境行政处罚的行政拘留制度,该法第六十三条规定如下。

企业事业单位和其他生产经营者有下列行为之一,尚不构成犯罪的,除依照有关法律法规规定予以处罚外,由县级以上人民政府环境保护主管部门或者其他有关部门将案件移送公安机关,对其直接负责的主管人员和其他直接责任人员,处十日以上十五日以下拘留;情节较轻的,处五日以上十日以下拘留:

(一)建设项目未依法进行环境影响评价,被责令停止建设,拒不执行的;

(二)违反法律规定,未取得排污许可证排放污染物,被责令停止排污,拒不执行的；

（三）通过暗管、渗井、渗坑、灌注或者篡改、伪造监测数据，或者不正常运行防治污染设施等逃避监管的方式违法排放污染物的；

（四）生产、使用国家明令禁止生产、使用的农药，被责令改正，拒不改正的。

公安部会同环保部、农业部、工信部、质检总局等部门，制定了《行政主管部门移送适用行政拘留环境违法案例暂行办法》，明确了涉及上述行为的具体规定。

建议企业针对上述要求，分析自身是否存在相关的活动，在此活动的管理规定细则中应将对应的禁止类违法行为予以明确。

环境行政强制包括《中华人民共和国环境保护法》第二十五条规定：企业事业单位和其他经营者违反法律法规规定排放污染物，造成或者可能造成严重污染的，县级以上人民政府环境保护主管部门和其他负有环境保护监督管理职责的部门，可以查封、扣押造成污染物排放的设施、设备。

（三）环境民事责任

环境民事责任[8]，是指单位或者个人因污染危害环境而侵害环境而侵害了公共财产或者他人的人身、财产所应承担的民事方面的责任。

1. 环境民事责任构成要件与免责事由

环境民事责任的构成要件包括：实施了致害行为，发生了损害结果；致害行为与损害结果之间具有因果关系。以下三种情况免予承担环境民事责任：① 由于不可抗力造成水污染损害的，排污方不承担赔偿责任。② 水污染损害是由受害人故意造成的，排污方不承担赔偿责任；水污染损害是由受害人重大过失造成的，可以减轻排污方的赔偿责任。③ 水污染损害是由第三人造成的，排污方承担赔偿责任后，有权向第三人追偿。

2. 环境民事责任的形式

因污染环境和破坏生态造成损害的，应当依照《中华人民共和国侵权责任法》的有关规定承担侵权责任。

《中华人民共和国民法通则》第三节侵权的民事责任中规定如下。

第一百二十四条　违反国家保护环境防止污染的规定,污染环境造成他人损害的,应当依法承担民事责任。

《中华人民共和国侵权责任法》第八章环境污染责任规定如下。

第六十五条　因污染环境造成损害的,污染者应当承担侵权责任。

第六十六条　因污染环境发生纠纷,污染者应当就法律规定的不承担责任或者减轻责任的情形及其行为与损害之间不存在因果关系承担举证责任。

第六十七条　两个以上污染者污染环境,污染者承担责任的大小,根据污染物的种类、排放量等因素确定。

第六十八条　因第三人的过错污染环境造成损害的,被侵权人可以向污染者请求赔偿,也可以向第三人请求赔偿。污染者赔偿后,有权向第三人追偿。

《中华人民共和国水污染防治法》规定如下。

第九十六条　因水污染受到损害的当事人,有权要求排污方排除危害和赔偿损失。由于不可抗力造成水污染损害的,排污方不承担赔偿责任;法律另有规定的除外。水污染损害是由受害人故意造成的,排污方不承担赔偿责任。水污染损害是由受害人重大过失造成的,可以减轻排污方的赔偿责任。水污染损害是由第三人造成的,排污方承担赔偿责任后,有权向第三人追偿。

第九十八条　因水污染引起的损害赔偿诉讼,由排污方就法律规定的免责事由及其行为与损害结果之间不存在因果关系承担举证责任。

《中华人民共和国土壤污染防治法》(2018)规定如下。

第九十六条　污染土壤造成他人人身或者财产损害的,应当依法承担侵权责任。

土壤污染责任人无法认定,土地使用权人未依照本法规定履行土壤污染风险管控和修复义务,造成他人人身或者财产损害的,应当依法承担侵权责任。

《中华人民共和国环境噪声污染防治法》《中华人民共和国放射性污染防治法》《中华人民共和国固体废物污染环境防治法》及《中华人民共和国海洋环境保护法》均有相应的民事责任规定。

3. 环境民事责任的无过错责任原则

根据《中华人民共和国侵权责任法》的相关规定,不论污染者是否有过错,只要由于污染环境造成损害的,污染者应当承担侵权责任,即"无过错责任原则"。无论排污行为是否达到国家或者地方的污染物排放标准,只要从事了导致"损害"的行为并造成损害后果,且行为人的致害行为与损害结果之间存在因果关系,即使行为没有违法,也要承担相应的环境民事责任。

4. 环境民事责任的举证责任倒置原则

民事诉讼的基本原则是,谁主张,谁举证,提供相应的证据。在环境污染事件中,根据《侵权责任法》的相关规定,因污染环境发生纠纷,污染者应当就法律规定的不承担责任或者减轻责任的情形及其行为与损害之间不存在因果关系承担举证责任。由于环境污染涉及复杂的科学技术,环境污染本身有一定的隐蔽性,企业的生产工艺也有相当的专业性,对于污染行为与损害后果之间的因果关系,受害者往往缺乏相应的财力、物力与人力来进行举证。因此,环境民事责任中采取的是举证责任倒置的原则。

5. 环境民事责任的免责

环境民事责任的免责事由是指环境法律所规定的行为人在因环境污染致人财产或人身损害时可据以主张不承担民事赔偿责任的法定事由。环境民事责任的免责事由包括不可抗力、受害人过错和第三人过错。

(1) 不可抗力

《中华人民共和国民法总则》第一百八十条规定,不可抗力是指"不能预见、不能避免并不以克服的客观情况",如主观与客观上均无法事先预见、避免、克服的台风、火山爆发、地震、海啸等自然灾害,以及发生战争等人为不可抗力的情况。

第九十六条 因水污染受到损害的当事人,有权要求排污方排除危害和赔偿损失。由于不可抗力造成水污染损害的,排污方不承担赔偿责任;法律另有规定的除外。

《中华人民共和国海洋环境保护法》第九十一条规定,完全属于下列情形之一,经过及时采取合理措施,仍然不能避免对海洋环境造成污染损害的,造成污染损害的有关责任者免予承担责任:① 战争;② 不可抗拒的自然灾害;③ 负责灯塔或者其他助航设备的主管部门,在执行职责时的疏忽,或者其他过失行为。

《中华人民共和国侵权责任法》第二十九条规定,因不可抗力造成他人损害的,不承担责任。法律另有规定的,依照其规定。

（2）受害人过错

受害人过错是指环境污染损害的受害者因为自身的故意或者过失,没有尽到自己应尽到的义务而造成其自身的人身或财产遭受损失。对于有证据证明完全是由受害者自身的责任引起的污染损害,排污单位无需承担责任。

《中华人民共和国侵权责任法》第二十六条规定,被侵权人对损害的发生也有过错的,可以减轻侵权人的责任。第二十七条规定,损害是因受害人故意造成的,行为人不承担责任。

《中华人民共和国水污染防治法》第九十六条规定,水污染损害是由受害人故意造成的,排污方不承担赔偿责任。水污染损害是由受害人重大过失造成的,可以减轻排污方的赔偿责任。

（3）第三人过错

第三人过错是指排污方和受害方之外的第三人的故意或者过失,导致受害者的人身或财产由于环境污染而遭受损害。最高人民法院在《关于审理环境侵权责任纠纷案件适用法律若干问题的解释》中明确指出,因污染环境造成损害,不论污染者有无过错,污染者都应当承担侵权责任。污染者以第三人的过错污染环境造成损害为由主张不承担责任或减轻责任的,人民法院不予支持。

《中华人民共和国侵权责任法》第二十八条规定,损害是因第三人造成的,第三人应当承担侵权责任。但当污染者对损害也存在过错的情形下,污染者本身不能免除相应的责任。

《中华人民共和国侵权责任法》第六十八条规定,因第三人的过错污染环境造成损害的,被侵权人可以向污染者请求赔偿,也可以向第三人请求赔偿。污染者赔偿后,有权向第三人追偿。

《中华人民共和国水污染防治法》第九十六条规定,水污染损害是由第三人造成的,排污方承担赔偿责任后,有权向第三人追偿。

《中华人民共和国海洋环境保护法》第八十九条规定,造成海洋环境污染损害的责任者,应当排除危害,并赔偿损失;完全由于第三者的故意或者过失,造成海洋环境污染损害的,由第三者排除危害,并承担赔偿责任。

6. 环境侵权责任的承担形式

《中华人民共和国民法总则》第一百七十九条规定,承担民事责任的方式主要有:停止侵害;排除妨碍;消除危险;返还财产;恢复原状;修理、重作、更换;继续履行;赔偿损失;支付违约金;消除影响、恢复名誉;赔礼道歉 11 种方式。以上承担民事责任的方式,可以单独适用,也可以合并适用。人民法院审理民事案件,除适用上述规定外,还可以予以训诫,责令具结悔过,收缴进行非法活动的财物和非法所得,并可以依照法律规定处以罚款、拘留。

《侵权责任法》第十五条规定,承担侵权责任的方式主要有:停止侵害,排除妨碍,消除危险,返还财产,恢复原状,赔偿损失,赔礼道歉,消除影响,恢复名誉。以上承担侵权责任的方式,可以单独适用,也可以合并适用。

第三章
企业环境法律法规责任与风险

只有实行最严格的制度、最严密的法治,才能为生态文明建设提供可靠保障。

——习近平

一、我国环境法律法规体系

（一）环境法律法规体系结构

我国的环境保护法律法规体系可分为宪法、环保法律、环保行政法规、地方性法规、环境规章,经我国批准生效的有关国际环境与资源保护的公约也是环境保护法的一种形式。

（二）环境法律法规体系的构成

1. 宪法

宪法是我国的基本大法,是立法的根本与基础,是指导性、原则性的法律规范。国内一切法律法规,包括环境保护法,都是在宪法的原则指导下制定的,并不得以任何形式与宪法相违背。我国宪法在环境与资源保护方面,作了如下规定。

《中华人民共和国宪法》第九条规定,矿藏、水流、森林、山岭、草原、荒地、滩涂等自然资源,都属于国家所有,即全民所有;由法律规定属于集体所有的森林和山岭、草原、荒地、滩涂除外。国家保障自然资源的合理利用,保护珍贵的动物和植物。禁止任何组织或者个人用任何手段侵占或者破坏自然资源。第二十六条规定,国家保护和改善生活环境和生态环境,防治污染和其他公害。国家组织和鼓励植树造林,保护林木。宪法的这两条规定,是所有环境保护法律法规的制定依据。

2. 环境保护法

《中华人民共和国环境保护法》是我国环境保护的基本法,该法确定了经济建设、社会发展与环境保护协调发展的基本方针,各级政府、一切单位和个人有保护环境的权利和义务,环境保护法是制定环境保护单行法的基本依据。

3. 环境保护单行法

环境保护单行法是针对特定的资源保护对象和污染防治对象,为调整各自专门的环境社会关系而制定的规范性文件,可分为"土地利用规划"、"污染防治"和"资源保护"三个方面。

与工业企业密切相关的主要污染防治单行法,包括《中华人民共和国水污染防治法》《中华人民共和国大气污染防治法》《中华人民共和国固体废物污染环境防治法》《中华人民共和国环境噪声污染防治法》《中华人民共和国放射性污染防治法》《中华人民共和国清洁生产促进法》《中华人民共和国海洋环境保护法》《中华人民共和国刑法》(节录)和《中华人民共和国环境保护税法》等。

与工业企业密切相关的主要资源保护单行法,包括《中华人民共和国水法》《中华人民共和国节约能源法》《中华人民共和国循环经济促进法》《中华人民共和国可再生能源法》和《中华人民共和国土地管理法》等。

4. 环境保护标准

环境保护标准是国家为保护人民健康、社会财富安全和维护生态平衡,而对污染源排放的污染物和一定区域环境中某些污染物的含量以及某些环境保护技术要求所做的限值规定的总称。环境标准是环境法律体系的一个重要组成部分,是相关环保法律法规的具体执行要求,环境标准共分为五大类,其中环境质量标准、污染物排放标准又可分为国家标准及地方标准两类。环境质量标准和污染物排放标准以 GB 为代号属于强制性标准,违反强制性标准必须承担相应的法律责任,而以 GB/T 为代号的标准属于推荐性标准。

5. 其他法律中的环境保护条款

其他部门法也包含许多关于环境保护的法律规范,如《中华人民共和国刑法》中的有关"破坏环境资源罪"的规定;《中华人民共和国民法总则》《中华人民共和国卫生防疫法》中也有相关规定。

6. 环境保护国际公约

国际环境与资源保护公约是国际法的一个分支,它是调整国家之间在全球性或区域性环境保护领域中行为关系的法律规范的总称,包括有关环境保护的国际条约、协定、规章、制度、宣言及原则等。我国已加入的国际公约主要有保护大气和外层空间的《保护臭氧层维也纳公约》《联合国气候变化框架公约》《生物多样性公约》等。一般来说,一旦国家签署了这些公约,这些国际公约的要求会在国家层面的相关部委予以部署落实,工业企业只需关注与自身行业相关的具体要求即可。

7. 环境保护行政规章

环境保护行政规章主要是国务院发布的国家环境保护行政法规,包括为贯彻环境保护法律而发布的相关实施细则、条例、决定和办法等,如《中华人民共和国环境保护税法实施条例》《建设项目环境保护管理条例》(2017 年修订版)《危险化学品安全管理条例》等。环境保护法规的法律效力不及法律,但实用性和操作性强。法规又分为国家行政法规及地方行政法规两级。

(1)环境保护部门规章

环境保护部门规章包括环境保护部颁布的环境保护行政规定、办法,如排污申报登记管理规定,环境保护部与国务院各相关部委联合发布的环境保护行政规章和办法以及国务院所属各部委制定、发布的与环境保护相关的行政决定、命令、条例及实施细则等。

(2)地方环境保护行政规章

由省级人民政府或有立法权的省、市人民代表大会制定的有关环境保护的法规性文件。规章的法律效力低于法律,规章不得与法律、法规的规定相冲突。

(3)环境保护专项政策

中国环境保护的专项政策主要包括环境保护产业政策、行业政策、技术政策、经济政策等。产业政策是指以特定的行业为对象开展环境保护的专项政策;技术政策是指以特定的行业或领域为对象,在行业政策许可范围内引导企业采取有利于保护环境的生产和污染防治技术政策。经济政策是指运用税收、信贷、财政补贴、收费等各种手段引导和促进环境保护的专项政策。工业企业通过了解这些政策,有助于定位企业自身是否符合政府对产业及行业的引导方向,有助于选择适宜的技术,应用于企业生产经营与环境保护,同时也有助于获得政府的相关财政资助与补贴,降低自身的经营成本。

二、与工业企业相关的环保法律责任

了解与工业企业相关的环境法律法规要求,是企业了解自身法定义务的重要过程,只有了解对应法律法规的具体要求与责任,才能熟悉法律禁止性规定以及企业必须履行的责任。以下对于与工业企业环境管理相关的各环境保护法律责任进行提炼,企业应根据自身经营活动,判断相关重要过程的合规要求,同时应将其转化为具体管理制度及措施。

(一)《中华人民共和国环境保护法》

按照《中华人民共和国环境保护法》的相关规定,企业环境管理者如出现以下违法行为,在法律上要承担以下责任。

第五十九条 企业事业单位和其他生产经营者违法排放污染物,受到罚款处罚,被责令改正,拒不改正的,依法作出处罚决定的行政机关可以自责令改正之日的次日起,按照原处罚数额按日连续处罚。

前款规定的罚款处罚,依照有关法律法规按照防治污染设施的运行成本、违法行为造成的直接损失或者违法所得等因素确定的规定执行。

地方性法规可以根据环境保护的实际需要,增加第一款规定的按日连续处罚的违法行为的种类。

第六十条 企业事业单位和其他生产经营者超过污染物排放标准或者超过重点污染物排放总量控制指标排放污染物的,县级以上人民政府环境保护主管部门可以责令其采取限制生产、停产整治等措施;情节严重的,报经有批准权的人民政府批准,责令停业、关闭。

第六十一条 建设单位未依法提交建设项目环境影响评价文件或者环境影响评价文件未经批准,擅自开工建设的,由负有环境保护监督管理职责的部门责令停止建设,处以罚款,并可以责令恢复原状。

第六十二条 违反本法规定,重点排污单位不公开或者不如实公开环境信息的,由县级以上地方人民政府环境保护主管部门责令公开,处以罚款,并予以公告。

第六十三条 企业事业单位和其他生产经营者有下列行为之一,尚不构成犯罪的,除依照有关法律法规规定予以处罚外,由县级以上人民政府环境保护主管部门或者其他有关部门将案件移送公安机关,对其直接负责的主管人员和其他直接责任人员,处十日以上十五日以下拘留;情节较轻的,处五日以上十日以下拘留:

（一）建设项目未依法进行环境影响评价,被责令停止建设,拒不执行的;

（二）违反法律规定,未取得排污许可证排放污染物,被责令停止排污,拒不执行的;

（三）通过暗管、渗井、渗坑、灌注或者篡改、伪造监测数据,或者不正常运行防治污染设施等逃避监管的方式违法排放污染物的;

（四）生产、使用国家明令禁止生产、使用的农药,被责令改正,拒不改正的。

第六十四条　因污染环境和破坏生态造成损害的,应当依照《中华人民共和国侵权责任法》的有关规定承担侵权责任。

第六十九条　违反本法规定,构成犯罪的,依法追究刑事责任。

从修订后的《中华人民共和国环境保护法》第五十九条至六十九条内容中可以看出,针对企业不同违法行为,其相应的处罚要求逐步提高且严格,甚至达到入刑标准。

（二）《中华人民共和国水污染防治法》

按照《中华人民共和国水污染防治法》的相关规定,企业环境管理者如出现以下违法行为,在法律上要承担以下责任。

第八十一条　以拖延、围堵、滞留执法人员等方式拒绝、阻挠环境保护主管部门或者其他依照本法规定行使监督管理权的部门的监督检查,或者在接受监督检查时弄虚作假的,由县级以上人民政府环境保护主管部门或者其他依照本法规定行使监督管理权的部门责令改正,处二万元以上二十万元以下的罚款。

第八十二条　违反本法规定,有下列行为之一的,由县级以上人民政府环境保护主管部门责令限期改正,处二万元以上二十万元以下的罚款;逾期

不改正的,责令停产整治:

(一) 未按照规定对所排放的水污染物自行监测,或者未保存原始监测记录的;

(二) 未按照规定安装水污染物排放自动监测设备,未按照规定与环境保护主管部门的监控设备联网,或者未保证监测设备正常运行的;

(三) 未按照规定对有毒有害水污染物的排污口和周边环境进行监测,或者未公开有毒有害水污染物信息的。

第八十三条 违反本法规定,有下列行为之一的,由县级以上人民政府环境保护主管部门责令改正或者责令限制生产、停产整治,并处十万元以上一百万元以下的罚款;情节严重的,报经有批准权的人民政府批准,责令停业、关闭:

(一) 未依法取得排污许可证排放水污染物的;

(二) 超过水污染物排放标准或者超过重点水污染物排放总量控制指标排放水污染物的;

(三) 利用渗井、渗坑、裂隙、溶洞,私设暗管,篡改、伪造监测数据,或者不正常运行水污染防治设施等逃避监管的方式排放水污染物的;

(四) 未按照规定进行预处理,向污水集中处理设施排放不符合处理工艺要求的工业废水的。

第八十四条 在饮用水水源保护区内设置排污口的,由县级以上地方人民政府责令限期拆除,处十万元以上五十万元以下的罚款;逾期不拆除的,强制拆除,所需费用由违法者承担,处五十万元以上一百万元以下的罚款,并可以责令停产整治。

除前款规定外,违反法律、行政法规和国务院环境保护主管部门的规定设置排污口的,由县级以上地方人民政府环境保护主管部门责令限期拆除,处二万元以上十万元以下的罚款;逾期不拆除的,强制拆除,所需费用由违法者承担,处十万元以上五十万元以下的罚款;情节严重的,可以责令停产整治。

未经水行政主管部门或者流域管理机构同意,在江河、湖泊新建、改建、扩建排污口的,由县级以上人民政府水行政主管部门或者流域管理机构依据职权,依照前款规定采取措施、给予处罚。

第八十五条 有下列行为之一的,由县级以上地方人民政府环境保护主管部门责令停止违法行为,限期采取治理措施,消除污染,处以罚款;逾期不采取治理措施的,环境保护主管部门可以指定有治理能力的单位代为治理,所需费用由违法者承担:

(一)向水体排放油类、酸液、碱液的;

(二)向水体排放剧毒废液,或者将含有汞、镉、砷、铬、铅、氰化物、黄磷等的可溶性剧毒废渣向水体排放、倾倒或者直接埋入地下的;

(三)在水体清洗装贮过油类、有毒污染物的车辆或者容器的;

(四)向水体排放、倾倒工业废渣、城镇垃圾或者其他废弃物,或者在江河、湖泊、运河、渠道、水库最高水位线以下的滩地、岸坡堆放、存贮固体废弃物或者其他污染物的;

(五)向水体排放、倾倒放射性固体废物或者含有高放射性、中放射性物质的废水的;

(六)违反国家有关规定或者标准,向水体排放含低放射性物质的废水、热废水或者含病原体的污水的;

(七)未采取防渗漏等措施,或者未建设地下水水质监测井进行监测的;

(八)加油站等的地下油罐未使用双层罐或者采取建造防渗池等其他有效措施,或者未进行防渗漏监测的;

(九)未按照规定采取防护性措施,或者利用无防渗漏措施的沟渠、坑塘等输送或者存贮含有毒污染物的废水、含病原体的污水或者其他废弃物的。

有前款第三项、第四项、第六项、第七项、第八项行为之一的,处二万元以上二十万元以下的罚款。有前款第一项、第二项、第五项、第九项行为之一的,处十万元以上一百万元以下的罚款;情节严重的,报经有批准权的人民政府批准,责令停业、关闭。

第八十六条　违反本法规定,生产、销售、进口或者使用列入禁止生产、销售、进口、使用的严重污染水环境的设备名录中的设备,或者采用列入禁止采用的严重污染水环境的工艺名录中的工艺的,由县级以上人民政府经济综合宏观调控部门责令改正,处五万元以上二十万元以下的罚款;情节严重的,由县级以上人民政府经济综合宏观调控部门提出意见,报请本级人民政府责令停业、关闭。

第八十七条 违反本法规定,建设不符合国家产业政策的小型造纸、制革、印染、染料、炼焦、炼硫、炼砷、炼汞、炼油、电镀、农药、石棉、水泥、玻璃、钢铁、火电以及其他严重污染水环境的生产项目的,由所在地的市、县人民政府责令关闭。

第八十八条 城镇污水集中处理设施的运营单位或者污泥处理处置单位,处理处置后的污泥不符合国家标准,或者对污泥去向等未进行记录的,由城镇排水主管部门责令限期采取治理措施,给予警告;造成严重后果的,处十万元以上二十万元以下的罚款;逾期不采取治理措施的,城镇排水主管部门可以指定有治理能力的单位代为治理,所需费用由违法者承担。

第八十九条 船舶未配置相应的防污染设备和器材,或者未持有合法有效的防止水域环境污染的证书与文书的,由海事管理机构、渔业主管部门按照职责分工责令限期改正,处二千元以上二万元以下的罚款;逾期不改正的,责令船舶临时停航。

船舶进行涉及污染物排放的作业,未遵守操作规程或者未在相应的记录簿上如实记载的,由海事管理机构、渔业主管部门按照职责分工责令改正,处二千元以上二万元以下的罚款。

第九十条 违反本法规定,有下列行为之一的,由海事管理机构、渔业主管部门按照职责分工责令停止违法行为,处一万元以上十万元以下的罚款;造成水污染的,责令限期采取治理措施,消除污染,处二万元以上二十万元以下的罚款;逾期不采取治理措施的,海事管理机构、渔业主管部门按照职责分工可以指定有治理能力的单位代为治理,所需费用由船舶承担:

(一)向水体倾倒船舶垃圾或者排放船舶的残油、废油的;

(二)未经作业地海事管理机构批准,船舶进行散装液体污染危害性货物的过驳作业的;

(三)船舶及有关作业单位从事有污染风险的作业活动,未按照规定采取污染防治措施的;

(四)以冲滩方式进行船舶拆解的;

(五)进入中华人民共和国内河的国际航线船舶,排放不符合规定的船舶压载水的。

第九十一条 有下列行为之一的,由县级以上地方人民政府环境保护主管部门责令停止违法行为,处十万元以上五十万元以下的罚款;并报经有

批准权的人民政府批准,责令拆除或者关闭:

（一）在饮用水水源一级保护区内新建、改建、扩建与供水设施和保护水源无关的建设项目的;

（二）在饮用水水源二级保护区内新建、改建、扩建排放污染物的建设项目的;

（三）在饮用水水源准保护区内新建、扩建对水体污染严重的建设项目,或者改建建设项目增加排污量的。

在饮用水水源一级保护区内从事网箱养殖或者组织进行旅游、垂钓或者其他可能污染饮用水水体的活动的,由县级以上地方人民政府环境保护主管部门责令停止违法行为,处二万元以上十万元以下的罚款。个人在饮用水水源一级保护区内游泳、垂钓或者从事其他可能污染饮用水水体的活动的,由县级以上地方人民政府环境保护主管部门责令停止违法行为,可以处五百元以下的罚款。

第九十三条　企业事业单位有下列行为之一的,由县级以上人民政府环境保护主管部门责令改正;情节严重的,处二万元以上十万元以下的罚款:

（一）不按照规定制定水污染事故的应急方案的;

（二）水污染事故发生后,未及时启动水污染事故的应急方案,采取有关应急措施的。

第九十四条　企业事业单位违反本法规定,造成水污染事故的,除依法承担赔偿责任外,由县级以上人民政府环境保护主管部门依照本条第二款的规定处以罚款,责令限期采取治理措施,消除污染;未按照要求采取治理措施或者不具备治理能力的,由环境保护主管部门指定有治理能力的单位代为治理,所需费用由违法者承担;对造成重大或者特大水污染事故的,还可以报经有批准权的人民政府批准,责令关闭;对直接负责的主管人员和其他直接责任人员可以处上一年度从本单位取得的收入百分之五十以下的罚款;有《中华人民共和国环境保护法》第六十三条规定的违法排放水污染物等行为之一,尚不构成犯罪的,由公安机关对直接负责的主管人员和其他直接责任人员处十日以上十五日以下的拘留;情节较轻的,处五日以上十日以下的拘留。

对造成一般或者较大水污染事故的,按照水污染事故造成的直接损失的百分之二十计算罚款;对造成重大或者特大水污染事故的,按照水污染事故造成的直接损失的百分之三十计算罚款。

造成渔业污染事故或者渔业船舶造成水污染事故的,由渔业主管部门进行处罚;其他船舶造成水污染事故的,由海事管理机构进行处罚。

第九十五条　企业事业单位和其他生产经营者违法排放水污染物,受到罚款处罚,被责令改正的,依法作出处罚决定的行政机关应当组织复查,发现其继续违法排放水污染物或者拒绝、阻挠复查的,依照《中华人民共和国环境保护法》的规定按日连续处罚。

第九十六条　因水污染受到损害的当事人,有权要求排污方排除危害和赔偿损失。

由于不可抗力造成水污染损害的,排污方不承担赔偿责任;法律另有规定的除外。水污染损害是由受害人故意造成的,排污方不承担赔偿责任。水污染损害是由受害人重大过失造成的,可以减轻排污方的赔偿责任。

水污染损害是由第三人造成的,排污方承担赔偿责任后,有权向第三人追偿。

第九十七条　因水污染引起的损害赔偿责任和赔偿金额的纠纷,可以根据当事人的请求,由环境保护主管部门或者海事管理机构、渔业主管部门按照职责分工调解处理;调解不成的,当事人可以向人民法院提起诉讼。当事人也可以直接向人民法院提起诉讼。

第九十八条　因水污染引起的损害赔偿诉讼,由排污方就法律规定的免责事由及其行为与损害结果之间不存在因果关系承担举证责任。

第九十九条　因水污染受到损害的当事人人数众多的,可以依法由当事人推选代表人进行共同诉讼。

环境保护主管部门和有关社会团体可以依法支持因水污染受到损害的当事人向人民法院提起诉讼。

国家鼓励法律服务机构和律师为水污染损害诉讼中的受害人提供法律援助。

第一百条　因水污染引起的损害赔偿责任和赔偿金额的纠纷,当事人可以委托环境监测机构提供监测数据。环境监测机构应当接受委托,如实提供有关监测数据。

第一百零一条　违反本法规定,构成犯罪的,依法追究刑事责任。

(三)《中华人民共和国大气污染防治法》

按照《中华人民共和国大气污染防治法》的相关规定,企业环境管理者如出现以下违法行为,在法律上要承担相应的责任。

第九十八条 违反本法规定,以拒绝进入现场等方式拒不接受环境保护主管部门及其委托的环境监察机构或者其他负有大气环境保护监督管理职责的部门的监督检查,或者在接受监督检查时弄虚作假的,由县级以上人民政府环境保护主管部门或者其他负有大气环境保护监督管理职责的部门责令改正,处二万元以上二十万元以下的罚款;构成违反治安管理行为的,由公安机关依法予以处罚。

第九十九条 违反本法规定,有下列行为之一的,由县级以上人民政府环境保护主管部门责令改正或者限制生产、停产整治,并处十万元以上一百万元以下的罚款;情节严重的,报经有批准权的人民政府批准,责令停业、关闭:

(一)未依法取得排污许可证排放大气污染物的;

(二)超过大气污染物排放标准或者超过重点大气污染物排放总量控制指标排放大气污染物的;

(三)通过逃避监管的方式排放大气污染物的。

第一百条 违反本法规定,有下列行为之一的,由县级以上人民政府环境保护主管部门责令改正,处二万元以上二十万元以下的罚款;拒不改正的,责令停产整治:

(一)侵占、损毁或者擅自移动、改变大气环境质量监测设施或者大气污染物排放自动监测设备的;

(二)未按照规定对所排放的工业废气和有毒有害大气污染物进行监测并保存原始监测记录的;

(三)未按照规定安装、使用大气污染物排放自动监测设备或者未按照规定与环境保护主管部门的监控设备联网,并保证监测设备正常运行的;

(四)重点排污单位不公开或者不如实公开自动监测数据的;

(五)未按照规定设置大气污染物排放口的。

第一百条 违反本法规定,有下列行为之一的,由县级以上人民政府环

境保护主管部门责令改正,处二万元以上二十万元以下的罚款;拒不改正的,责令停产整治:

(一)侵占、损毁或者擅自移动、改变大气环境质量监测设施或者大气污染物排放自动监测设备的;

(二)未按照规定对所排放的工业废气和有毒有害大气污染物进行监测并保存原始监测记录的;

(三)未按照规定安装、使用大气污染物排放自动监测设备或者未按照规定与环境保护主管部门的监控设备联网,并保证监测设备正常运行的;

(四)重点排污单位不公开或者不如实公开自动监测数据的;

(五)未按照规定设置大气污染物排放口的。

第一百零一条 违反本法规定,生产、进口、销售或者使用国家综合性产业政策目录中禁止的设备和产品,采用国家综合性产业政策目录中禁止的工艺,或者将淘汰的设备和产品转让给他人使用的,由县级以上人民政府经济综合主管部门、出入境检验检疫机构按照职责责令改正,没收违法所得,并处货值金额一倍以上三倍以下的罚款;拒不改正的,报经有批准权的人民政府批准,责令停业、关闭。进口行为构成走私的,由海关依法予以处罚。

第一百零二条 违反本法规定,煤矿未按照规定建设配套煤炭洗选设施的,由县级以上人民政府能源主管部门责令改正,处十万元以上一百万元以下的罚款;拒不改正的,报经有批准权的人民政府批准,责令停业、关闭。

违反本法规定,开采含放射性和砷等有毒有害物质超过规定标准的煤炭的,由县级以上人民政府按照国务院规定的权限责令停业、关闭。

第一百零三条 违反本法规定,有下列行为之一的,由县级以上地方人民政府质量监督、工商行政管理部门按照职责责令改正,没收原材料、产品和违法所得,并处货值金额一倍以上三倍以下的罚款:

(一)销售不符合质量标准的煤炭、石油焦的;

(二)生产、销售挥发性有机物含量不符合质量标准或者要求的原材料和产品的;

(三)生产、销售不符合标准的机动车船和非道路移动机械用燃料、发动机油、氮氧化物还原剂、燃料和润滑油添加剂以及其他添加剂的;

(四)在禁燃区内销售高污染燃料的。

第一百零四条　违反本法规定,有下列行为之一的,由出入境检验检疫机构责令改正,没收原材料、产品和违法所得,并处货值金额一倍以上三倍以下的罚款;构成走私的,由海关依法予以处罚:

(一)进口不符合质量标准的煤炭、石油焦的;

(二)进口挥发性有机物含量不符合质量标准或者要求的原材料和产品的;

(三)进口不符合标准的机动车船和非道路移动机械用燃料、发动机油、氮氧化物还原剂、燃料和润滑油添加剂以及其他添加剂的。

第一百零五条　违反本法规定,单位燃用不符合质量标准的煤炭、石油焦的,由县级以上人民政府环境保护主管部门责令改正,处货值金额一倍以上三倍以下的罚款。

第一百零六条　违反本法规定,使用不符合标准或者要求的船舶用燃油的,由海事管理机构、渔业主管部门按照职责处一万元以上十万元以下的罚款。

第一百零七条　违反本法规定,在禁燃区内新建、扩建燃用高污染燃料的设施,或者未按照规定停止燃用高污染燃料,或者在城市集中供热管网覆盖地区新建、扩建分散燃煤供热锅炉,或者未按照规定拆除已建成的不能达标排放的燃煤供热锅炉的,由县级以上地方人民政府环境保护主管部门没收燃用高污染燃料的设施,组织拆除燃煤供热锅炉,并处二万元以上二十万元以下的罚款。

违反本法规定,生产、进口、销售或者使用不符合规定标准或者要求的锅炉,由县级以上人民政府质量监督、环境保护主管部门责令改正,没收违法所得,并处二万元以上二十万元以下的罚款。

第一百零八条　违反本法规定,有下列行为之一的,由县级以上人民政府环境保护主管部门责令改正,处二万元以上二十万元以下的罚款;拒不改正的,责令停产整治:

(一)产生含挥发性有机物废气的生产和服务活动,未在密闭空间或者设备中进行,未按照规定安装、使用污染防治设施,或者未采取减少废气排放措施的;

(二)工业涂装企业未使用低挥发性有机物含量涂料或者未建立、保存台账的;

（三）石油、化工以及其他生产和使用有机溶剂的企业，未采取措施对管道、设备进行日常维护、维修，减少物料泄漏或者对泄漏的物料未及时收集处理的；

（四）储油储气库、加油加气站和油罐车、气罐车等，未按照国家有关规定安装并正常使用油气回收装置的；

（五）钢铁、建材、有色金属、石油、化工、制药、矿产开采等企业，未采取集中收集处理、密闭、围挡、遮盖、清扫、洒水等措施，控制、减少粉尘和气态污染物排放的；

（六）工业生产、垃圾填埋或者其他活动中产生的可燃性气体未回收利用，不具备回收利用条件未进行防治污染处理，或者可燃性气体回收利用装置不能正常作业，未及时修复或者更新的。

第一百零九条　违反本法规定，生产超过污染物排放标准的机动车、非道路移动机械的，由省级以上人民政府环境保护主管部门责令改正，没收违法所得，并处货值金额一倍以上三倍以下的罚款，没收销毁无法达到污染物排放标准的机动车、非道路移动机械；拒不改正的，责令停产整治，并由国务院机动车生产主管部门责令停止生产该车型。

违反本法规定，机动车、非道路移动机械生产企业对发动机、污染控制装置弄虚作假、以次充好，冒充排放检验合格产品出厂销售的，由省级以上人民政府环境保护主管部门责令停产整治，没收违法所得，并处货值金额一倍以上三倍以下的罚款，没收销毁无法达到污染物排放标准的机动车、非道路移动机械，并由国务院机动车生产主管部门责令停止生产该车型。

第一百一十一条　违反本法规定，机动车生产、进口企业未按照规定向社会公布其生产、进口机动车车型的排放检验信息或者污染控制技术信息的，由省级以上人民政府环境保护主管部门责令改正，处五万元以上五十万元以下的罚款。

违反本法规定，机动车生产、进口企业未按照规定向社会公布其生产、进口机动车车型的有关维修技术信息的，由省级以上人民政府交通运输主管部门责令改正，处五万元以上五十万元以下的罚款。

第一百一十五条　违反本法规定，施工单位有下列行为之一的，由县级以上人民政府住房城乡建设等主管部门按照职责责令改正，处一万元以上十万元以下的罚款；拒不改正的，责令停工整治：

（一）施工工地未设置硬质密闭围挡，或者未采取覆盖、分段作业、择时施工、洒水抑尘、冲洗地面和车辆等有效防尘降尘措施的；

（二）建筑土方、工程渣土、建筑垃圾未及时清运，或者未采用密闭式防尘网遮盖的。

违反本法规定，建设单位未对暂时不能开工的建设用地的裸露地面进行覆盖，或者未对超过三个月不能开工的建设用地的裸露地面进行绿化、铺装或者遮盖的，由县级以上人民政府住房城乡建设等主管部门依照前款规定予以处罚。

第一百一十六条　违反本法规定，运输煤炭、垃圾、渣土、砂石、土方、灰浆等散装、流体物料的车辆，未采取密闭或者其他措施防止物料遗撒的，由县级以上地方人民政府确定的监督管理部门责令改正，处二千元以上二万元以下的罚款；拒不改正的，车辆不得上道路行驶。

第一百一十七条　违反本法规定，有下列行为之一的，由县级以上人民政府环境保护等主管部门按照职责责令改正，处一万元以上十万元以下的罚款；拒不改正的，责令停工整治或者停业整治：

（一）未密闭煤炭、煤矸石、煤渣、煤灰、水泥、石灰、石膏、砂土等易产生扬尘的物料的；

（二）对不能密闭的易产生扬尘的物料，未设置不低于堆放物高度的严密围挡，或者未采取有效覆盖措施防治扬尘污染的；

（三）装卸物料未采取密闭或者喷淋等方式控制扬尘排放的；

（四）存放煤炭、煤矸石、煤渣、煤灰等物料，未采取防燃措施的；

（五）码头、矿山、填埋场和消纳场未采取有效措施防治扬尘污染的；

（六）排放有毒有害大气污染物名录中所列有毒有害大气污染物的企业事业单位，未按照规定建设环境风险预警体系或者对排放口和周边环境进行定期监测、排查环境安全隐患并采取有效措施防范环境风险的；

（七）向大气排放持久性有机污染物的企业事业单位和其他生产经营者以及废弃物焚烧设施的运营单位，未按照国家有关规定采取有利于减少持久性有机污染物排放的技术方法和工艺，配备净化装置的；

（八）未采取措施防止排放恶臭气体的。

第一百一十八条　违反本法规定，排放油烟的餐饮服务业经营者未安装油烟净化设施、不正常使用油烟净化设施或者未采取其他油烟净化措施，超过排放标准排放油烟的，由县级以上地方人民政府确定的监督管理部门责令改正，处五千元以上五万元以下的罚款；拒不改正的，责令停业整治。

违反本法规定，在居民住宅楼、未配套设立专用烟道的商住综合楼、商住综合楼内与居住层相邻的商业楼层内新建、改建、扩建产生油烟、异味、废气的餐饮服务项目的，由县级以上地方人民政府确定的监督管理部门责令改正；拒不改正的，予以关闭，并处一万元以上十万元以下的罚款。

违反本法规定，在当地人民政府禁止的时段和区域内露天烧烤食品或者为露天烧烤食品提供场地的，由县级以上地方人民政府确定的监督管理部门责令改正，没收烧烤工具和违法所得，并处五百元以上二万元以下的罚款。

第一百一十九条　违反本法规定，在人口集中地区对树木、花草喷洒剧毒、高毒农药，或者露天焚烧秸秆、落叶等产生烟尘污染的物质的，由县级以上地方人民政府确定的监督管理部门责令改正，并可以处五百元以上二千元以下的罚款。

违反本法规定，在人口集中地区和其他依法需要特殊保护的区域内，焚烧沥青、油毡、橡胶、塑料、皮革、垃圾以及其他产生有毒有害烟尘和恶臭气体的物质的，由县级人民政府确定的监督管理部门责令改正，对单位处一万元以上十万元以下的罚款，对个人处五百元以上二千元以下的罚款。

违反本法规定，在城市人民政府禁止的时段和区域内燃放烟花爆竹的，由县级以上地方人民政府确定的监督管理部门依法予以处罚。

第一百二十条　违反本法规定，从事服装干洗和机动车维修等服务活动，未设置异味和废气处理装置等污染防治设施并保持正常使用，影响周边环境的，由县级以上地方人民政府环境保护主管部门责令改正，处二千元以上二万元以下的罚款；拒不改正的，责令停业整治。

第一百二十一条　违反本法规定，擅自向社会发布重污染天气预报预警信息，构成违反治安管理行为的，由公安机关依法予以处罚。

违反本法规定，拒不执行停止工地土石方作业或者建筑物拆除施工等重污染天气应急措施的，由县级以上地方人民政府确定的监督管理部门处一万元以上十万元以下的罚款。

第一百二十二条　违反本法规定，造成大气污染事故的，由县级以上人民政府环境保护主管部门依照本条第二款的规定处以罚款;对直接负责的主管人员和其他直接责任人员可以处上一年度从本企业事业单位取得收入百分之五十以下的罚款。

对造成一般或者较大大气污染事故的,按照污染事故造成直接损失的一倍以上三倍以下计算罚款;对造成重大或者特大大气污染事故的,按照污染事故造成的直接损失的三倍以上五倍以下计算罚款。

第一百二十三条 违反本法规定,企业事业单位和其他生产经营者有下列行为之一,受到罚款处罚,被责令改正,拒不改正的,依法作出处罚决定的行政机关可以自责令改正之日的次日起,按照原处罚数额按日连续处罚:

(一)未依法取得排污许可证排放大气污染物的;

(二)超过大气污染物排放标准或者超过重点大气污染物排放总量控制指标排放大气污染物的;

(三)通过逃避监管的方式排放大气污染物的;

(四)建筑施工或者贮存易产生扬尘的物料未采取有效措施防治扬尘污染的。

第一百二十四条 违反本法规定,对举报人以解除、变更劳动合同或者其他方式打击报复的,应当依照有关法律的规定承担责任。

第一百二十五条 排放大气污染物造成损害的,应当依法承担侵权责任。

第一百二十六条 地方各级人民政府、县级以上人民政府环境保护主管部门和其他负有大气环境保护监督管理职责的部门及其工作人员滥用职权、玩忽职守、徇私舞弊、弄虚作假的,依法给予处分。

第一百二十七条 违反本法规定,构成犯罪的,依法追究刑事责任。

(四)《中华人民共和国固体废物污染环境防治法》(2016年修订)

按照《中华人民共和国固体废物污染环境防治法》(2016年修订)的相关规定,企业环境管理者如出现以下违法行为,在法律上要承担以下责任。

第六十八条 违反本法规定,有下列行为之一的,由县级以上人民政府环境保护行政主管部门责令停止违法行为,限期改正,处以罚款:

（一）不按照国家规定申报登记工业固体废物，或者在申报登记时弄虚作假的；

（二）对暂时不利用或者不能利用的工业固体废物未建设贮存的设施、场所安全分类存放，或者未采取无害化处置措施的；

（三）将列入限期淘汰名录被淘汰的设备转让给他人使用的；

（四）擅自关闭、闲置或者拆除工业固体废物污染环境防治设施、场所的；

（五）在自然保护区、风景名胜区、饮用水水源保护区、基本农田保护区和其他需要特别保护的区域内，建设工业固体废物集中贮存、处置的设施、场所和生活垃圾填埋场的；

（六）擅自转移固体废物出省、自治区、直辖市行政区域贮存、处置的；

（七）未采取相应防范措施，造成工业固体废物扬散、流失、渗漏或者造成其他环境污染的；

（八）在运输过程中沿途丢弃、遗撒工业固体废物的。

有前款第一项、第八项行为之一的，处五千元以上五万元以下的罚款；有前款第二项、第三项、第四项、第五项、第六项、第七项行为之一的，处一万元以上十万元以下的罚款。

第六十九条　违反本法规定，建设项目需要配套建设的固体废物污染环境防治设施未建成、未经验收或者验收不合格，主体工程即投入生产或者使用的，由审批该建设项目环境影响评价文件的环境保护行政主管部门责令停止生产或者使用，可以并处十万元以下的罚款。

第七十条　违反本法规定，拒绝县级以上人民政府环境保护行政主管部门或者其他固体废物污染环境防治工作的监督管理部门现场检查的，由执行现场检查的部门责令限期改正；拒不改正或者在检查时弄虚作假的，处二千元以上二万元以下的罚款。

第七十二条　违反本法规定，生产、销售、进口或者使用淘汰的设备，或者采用淘汰的生产工艺的，由县级以上人民政府经济综合宏观调控部门责令改正；情节严重的，由县级以上人民政府经济综合宏观调控部门提出意见，报请同级人民政府按照国务院规定的权限决定停业或者关闭。

第七十三条　尾矿、矸石、废石等矿业固体废物贮存设施停止使用后，未按照国家有关环境保护规定进行封场的，由县级以上地方人民政府环境保护行政主管部门责令限期改正,可以处五万元以上二十万元以下的罚款。

第七十四条　违反本法有关城市生活垃圾污染环境防治的规定,有下列行为之一的,由县级以上地方人民政府环境卫生行政主管部门责令停止违法行为,限期改正,处以罚款:

(一)随意倾倒、抛撒或者堆放生活垃圾的;

(二)擅自关闭、闲置或者拆除生活垃圾处置设施、场所的;

(三)工程施工单位不及时清运施工过程中产生的固体废物,造成环境污染的;

(四)工程施工单位不按照环境卫生行政主管部门的规定对施工过程中产生的固体废物进行利用或者处置的;

(五)在运输过程中沿途丢弃、遗撒生活垃圾的。

单位有前款第一项、第二项、第五项行为之一的,处五千元以上五万元以下的罚款;有前款第二项、第四项行为之一的,处一万元以上十万元以下的罚款。个人有前款第一项、第五项行为之一的,处二百元以下的罚款。

第七十五条　违反本法有关危险废物污染环境防治的规定,有下列行为之一的,由县级以上人民政府环境保护行政主管部门责令停止违法行为,限期改正,处以罚款:

(一)不设置危险废物识别标志的;

(二)不按照国家规定申报登记危险废物,或者在申报登记时弄虚作假的;

(三)擅自关闭、闲置或者拆除危险废物集中处置设施、场所的;

(四)不按照国家规定缴纳危险废物排污费的;

(五)将危险废物提供或者委托给无经营许可证的单位从事经营活动的;

(六)不按照国家规定填写危险废物转移联单或者未经批准擅自转移危险废物的;

(七)将危险废物混入非危险废物中贮存的;

(八)未经安全性处置,混合收集、贮存、运输、处置具有不相容性质的危险废物的;

(九)将危险废物与旅客在同一运输工具上载运的;

(十)未经消除污染的处理将收集、贮存、运输、处置危险废物的场所、设施、设备和容器、包装物及其他物品转作他用的；

（十一）未采取相应防范措施，造成危险废物扬散、流失、渗漏或者造成其他环境污染的；

（十二）在运输过程中沿途丢弃、遗撒危险废物的；

（十三）未制定危险废物意外事故防范措施和应急预案的。

有前款第一项、第二项、第七项、第八项、第九项、第十项、第十一项、第十二项、第十三项行为之一的，处一万元以上十万元以下的罚款；有前款第三项、第五项、第六项行为之一的，处二万元以上二十万元以下的罚款；有前款第四项行为的，限期缴纳，逾期不缴纳的，处应缴纳危险废物排污费金额一倍以上三倍以下的罚款。

第七十六条　违反本法规定，危险废物产生者不处置其产生的危险废物又不承担依法应当承担的处置费用的，由县级以上地方人民政府环境保护行政主管部门责令限期改正，处代为处置费用一倍以上三倍以下的罚款。

第七十七条　无经营许可证或者不按照经营许可证规定从事收集、贮存、利用、处置危险废物经营活动的，由县级以上人民政府环境保护行政主管部门责令停止违法行为，没收违法所得，可以并处违法所得三倍以下的罚款。

不按照经营许可证规定从事前款活动的，还可以由发证机关吊销经营许可证。

第七十八条　违反本法规定，将中华人民共和国境外的固体废物进境倾倒、堆放、处置的，进口属于禁止进口的固体废物或者未经许可擅自进口属于限制进口的固体废物用作原料的，由海关责令退运该固体废物，可以并处十万元以上一百万元以下的罚款；构成犯罪的，依法追究刑事责任。进口者不明的，由承运人承担退运该固体废物的责任，或者承担该固体废物的处置费用。

逃避海关监管将中华人民共和国境外的固体废物运输进境，构成犯罪的，依法追究刑事责任。

第七十九条　违反本法规定，经中华人民共和国过境转移危险废物的，由海关责令退运该危险废物，可以并处五万元以上五十万元以下的罚款。

第八十条　对已经非法入境的固体废物，由省级以上人民政府环境保护行政主管部门依法向海关提出处理意见,海关应当依照本法第七十八条的规定作出处罚决定;已经造成环境污染的,由省级以上人民政府环境保护行政主管部门责令进口者消除污染。

第八十一条　违反本法规定,造成固体废物严重污染环境的,由县级以上人民政府环境保护行政主管部门按照国务院规定的权限决定限期治理;逾期未完成治理任务的,由本级人民政府决定停业或者关闭。

第八十二条　违反本法规定,造成固体废物污染环境事故的,由县级以上人民政府环境保护行政主管部门处二万元以上二十万元以下的罚款;造成重大损失的,按照直接损失的百分之三十计算罚款,但是最高不超过一百万元,对负有责任的主管人员和其他直接责任人员,依法给予行政处分;造成固体废物污染环境重大事故的,并由县级以上人民政府按照国务院规定的权限决定停业或者关闭。

第八十三条　违反本法规定,收集、贮存、利用、处置危险废物,造成重大环境污染事故,构成犯罪的,依法追究刑事责任。

第八十四条　受到固体废物污染损害的单位和个人,有权要求依法赔偿损失。

赔偿责任和赔偿金额的纠纷,可以根据当事人的请求,由环境保护行政主管部门或者其他固体废物污染环境防治工作的监督管理部门调解处理;调解不成的,当事人可以向人民法院提起诉讼。当事人也可以直接向人民法院提起诉讼。

国家鼓励法律服务机构对固体废物污染环境诉讼中的受害人提供法律援助。

第八十五条　造成固体废物污染环境的,应当排除危害,依法赔偿损失,并采取措施恢复环境原状。

第八十六条　因固体废物污染环境引起的损害赔偿诉讼,由加害人就法律规定的免责事由及其行为与损害结果之间不存在因果关系承担举证责任。

第八十七条　固体废物污染环境的损害赔偿责任和赔偿金额的纠纷,当事人可以委托环境监测机构提供监测数据。环境监测机构应当接受委托,如实提供有关监测数据。

（五）《中华人民共和国环境影响评价法》（中华人民共和国主席令（第四十八号））

按照《中华人民共和国环境影响评价法》的相关规定，企业环境管理者如出现以下违法行为，在法律上要承担相应责任：

第三十一条　建设单位未依法报批建设项目环境影响报告书、报告表，或者未依照本法第二十四条的规定重新报批或者报请重新审核环境影响报告书、报告表，擅自开工建设的，由县级以上环境保护行政主管部门责令停止建设，根据违法情节和危害后果，处建设项目总投资额百分之一以上百分之五以下的罚款，并可以责令恢复原状；对建设单位直接负责的主管人员和其他直接责任人员，依法给予行政处分。

建设项目环境影响报告书、报告表未经批准或者未经原审批部门重新审核同意，建设单位擅自开工建设的，依照前款的规定处罚、处分。

建设单位未依法备案建设项目环境影响登记表的，由县级以上环境保护行政主管部门责令备案，处五万元以下的罚款。

海洋工程建设项目的建设单位有本条所列违法行为的，依照《中华人民共和国海洋环境保护法》的规定处罚。

（六）《中华人民共和国清洁生产促进法》（2012年修正）

按照《中华人民共和国清洁生产促进法》（2012年修正）的相关规定，企业环境管理者如出现以下违法行为，在法律上要承担相应责任：

第三十六条　违反本法第十七条第二款规定，未按照规定公布能源消耗或者重点污染物产生、排放情况的，由县级以上地方人民政府负责清洁生产综合协调的部门、环境保护部门按照职责分工责令公布，可以处十万元以下的罚款。

第三十七条　违反本法第二十一条规定，未标注产品材料的成分或者不如实标注的，由县级以上地方人民政府质量技术监督部门责令限期改正；拒不改正的，处以五万元以下的罚款。

第三十八条　违反本法第二十四条第二款规定,生产、销售有毒、有害物质超过国家标准的建筑和装修材料的,依照产品质量法和有关民事、刑事法律的规定,追究行政、民事、刑事法律责任。

第三十九条　违反本法第二十七条第二款、第四款规定,不实施强制性清洁生产审核或者在清洁生产审核中弄虚作假的,或者实施强制性清洁生产审核的企业不报告或者不如实报告审核结果的,由县级以上地方人民政府负责清洁生产综合协调的部门、环境保护部门按照职责分工责令限期改正;拒不改正的,处以五万元以上五十万元以下的罚款。

(七)《中华人民共和国放射性污染防治法》

按照《中华人民共和国放射性污染防治法》的相关规定,企业环境管理者如出现以下违法行为,在法律上要承担相应责任:

第四十九条　违反本法规定,有下列行为之一的,由县级以上人民政府环境保护行政主管部门或者其他有关部门依据职权责令限期改正,可以处二万元以下罚款:

(一)不按照规定报告有关环境监测结果的;

(二)拒绝环境保护行政主管部门和其他有关部门进行现场检查,或者被检查时不如实反映情况和提供必要资料的。

第五十条　违反本法规定,未编制环境影响评价文件,或者环境影响评价文件未经环境保护行政主管部门批准,擅自进行建造、运行、生产和使用等活动的,由审批环境影响评价文件的环境保护行政主管部门责令停止违法行为,限期补办手续或者恢复原状,并处一万元以上二十万元以下罚款。

第五十一条　违反本法规定,未建造放射性污染防治设施、放射防护设施,或者防治防护设施未经验收合格,主体工程即投入生产或者使用的,由审批环境影响评价文件的环境保护行政主管部门责令停止违法行为,限期改正,并处五万元以上二十万元以下罚款。

第五十二条　违反本法规定,未经许可或者批准,核设施营运单位擅自进行核设施的建造、装料、运行、退役等活动的,由国务院环境保护行政主管部门责令停止违法行为,限期改正,并处二十万元以上五十万元以下罚款;

构成犯罪的,依法追究刑事责任。

第五十三条　违反本法规定,生产、销售、使用、转让、进口、贮存放射性同位素和射线装置以及装备有放射性同位素的仪表的,由县级以上人民政府环境保护行政主管部门或者其他有关部门依据职权责令停止违法行为,限期改正;逾期不改正的,责令停产停业或者吊销许可证;有违法所得的,没收违法所得;违法所得十万元以上的,并处违法所得一倍以上五倍以下罚款;没有违法所得或者违法所得不足十万元的,并处一万元以上十万元以下罚款;构成犯罪的,依法追究刑事责任。

第五十四条　违反本法规定,有下列行为之一的,由县级以上人民政府环境保护行政主管部门责令停止违法行为,限期改正,处以罚款;构成犯罪的,依法追究刑事责任:

(一) 未建造尾矿库或者不按照放射性污染防治的要求建造尾矿库,贮存、处置铀(钍)矿和伴生放射性矿的尾矿的;

(二) 向环境排放不得排放的放射性废气、废液的;

(三) 不按照规定的方式排放放射性废液,利用渗井、渗坑、天然裂隙、溶洞或者国家禁止的其他方式排放放射性废液的;

(四) 不按照规定处理或者贮存不得向环境排放的放射性废液的;

(五) 将放射性固体废物提供或者委托给无许可证的单位贮存和处置的。

有前款第(一)项、第(二)项、第(三)项、第(四)项行为之一的,处十万元以上二十万元以下罚款;有前款第(四)项行为的,处一万元以上十万元以下罚款。

第五十五条　违反本法规定,有下列行为之一的,由县级以上人民政府环境保护行政主管部门或者其他有关部门依据职权责令限期改正;逾期不改正的,责令停产停业,并处二万元以上十万元以下罚款;构成犯罪的,依法追究刑事责任:

(一) 不按照规定设置放射性标识、标志、中文警示说明的;

(二) 不按照规定建立健全安全保卫制度和制定事故应急计划或者应急措施的;

(三) 不按照规定报告放射源丢失、被盗情况或者放射性污染事故的。

第五十六条　产生放射性固体废物的单位,不按照本法第四十五条的规定对其产生的放射性固体废物进行处置的,由审批该单位立项环境影响评价文件的环境保护行政主管部门责令停止违法行为,限期改正;逾期不改正的,指定有处置能力的单位代为处置,所需费用由产生放射性固体废物的单位承担,可以并处二十万元以下罚款;构成犯罪的,依法追究刑事责任。

第五十七条　违反本法规定,有下列行为之一的,由省级以上人民政府环境保护行政主管部门责令停产停业或者吊销许可证;有违法所得的,没收违法所得;违法所得十万元以上的,并处违法所得一倍以上五倍以下罚款;没有违法所得或者违法所得不足十万元的,并处五万元以上十万元以下罚款;构成犯罪的,依法追究刑事责任:

（一）未经许可,擅自从事贮存和处置放射性固体废物活动的;

（二）不按照许可的有关规定从事贮存和处置放射性固体废物活动的。

第五十八条　向中华人民共和国境内输入放射性废物和被放射性污染的物品,或者经中华人民共和国境内转移放射性废物和被放射性污染的物品的,由海关责令退运该放射性废物和被放射性污染的物品,并处五十万元以上一百万元以下罚款;构成犯罪的,依法追究刑事责任。

第五十九条　因放射性污染造成他人损害的,应当依法承担民事责任。

环境保护法律要求是企业环境管理领域的底线,任何可能触犯法律的行为均应在企业日常管理中予以杜绝,企业环境管理者作为企业环境事务的主要责任人,应该对上述法律要求铭记于心,并应在企业内部建立健全对应的环境管理制度。

（八）《中华人民共和国环境保护税法》

《中华人民共和国环境保护税法》全文共五章,二十八条,分别为总则、计税依据和应纳税额、税收减免、征收管理、附则。该法本身没有列出违法的处罚条款,但其法律责任应可见《中华人民共和国税收征收管理法》要求。

《中华人民共和国税收征收管理法》中规定的法律责任如下。

第六十三条　纳税人伪造、变造、隐匿、擅自销毁账簿、记账凭证,或者在账簿上多列支出或者不列、少列收入,或者经税务机关通知申报而拒不申报或者进行虚假的纳税申报,不缴或者少缴应纳税款的,是偷税。对纳税人偷税的,由税务机关追缴其不缴或者少缴的税款、滞纳金,并处不缴或者少缴的税款百分之五十以上五倍以下的罚款;构成犯罪的,依法追究刑事责任。

扣缴义务人采取前款所列手段,不缴或者少缴已扣、已收税款,由税务机关追缴其不缴或者少缴的税款、滞纳金,并处不缴或者少缴的税款百分之五十以上五倍以下的罚款;构成犯罪的,依法追究刑事责任。

第六十五条 纳税人欠缴应纳税款,采取转移或者隐匿财产的手段,妨碍税务机关追缴欠缴的税款的,由税务机关追缴欠缴的税款、滞纳金,并处欠缴税款百分之五十以上五倍以下的罚款;构成犯罪的,依法追究刑事责任。

第六十七条 以暴力、威胁方法拒不缴纳税款的,是抗税,除由税务机关追缴其拒缴的税款、滞纳金外,依法追究刑事责任。情节轻微,未构成犯罪的,由税务机关追缴其拒缴的税款、滞纳金,并处拒缴税款一倍以上五倍以下的罚款。

第六十八条 纳税人、扣缴义务人在规定期限内不缴或者少缴应纳或者应解缴的税款,经税务机关责令限期缴纳,逾期仍未缴纳的,税务机关除依照本法第四十条的规定采取强制执行措施追缴其不缴或者少缴的税款外,可以处不缴或者少缴的税款百分之五十以上五倍以下的罚款。

第六十九条 扣缴义务人应扣未扣、应收而不收税款的,由税务机关向纳税人追缴税款,对扣缴义务人处应扣未扣、应收未收税款百分之五十以上三倍以下的罚款。

第七十条 纳税人、扣缴义务人逃避、拒绝或者以其他方式阻挠税务机关检查的,由税务机关责令改正,可以处一万元以下的罚款;情节严重的,处一万元以上五万元以下的罚款。

第七十一条 违反本法第二十二条规定,非法印制发票的,由税务机关销毁非法印制的发票,没收违法所得和作案工具,并处一万元以上五万元以下的罚款;构成犯罪的,依法追究刑事责任。

第七十三条 纳税人、扣缴义务人的开户银行或者其他金融机构拒绝接受税务机关依法检查纳税人、扣缴义务人存款账户,或者拒绝执行税务机关作出的冻结存款或者扣缴税款的决定,或者在接到税务机关的书面通知后帮助纳税人、扣缴义务人转移存款,造成税款流失的,由税务机关处十万元以上五十万元以下的罚款,对直接负责的主管人员和其他直接责任人员处一千元以上一万元以下的罚款。

第七十七条　纳税人、扣缴义务人有本法第六十三条、第六十五条、第六十六条、第六十七条、第七十一条规定的行为涉嫌犯罪的,税务机关应当依法移交司法机关追究刑事责任。

(九)《中华人民共和国刑法》

1. 污染环境罪

第三百三十八条　违反国家规定,排放、倾倒或者处置有放射性的废物、含传染病病原体的废物、有毒物质或者其他有害物质,严重污染环境的,处三年以下有期徒刑或者拘役,并处或者单处罚金;后果特别严重的,处三年以上七年以下有期徒刑,并处罚金。

2. 非法处置进口的固体废物罪、擅自进口固体废物罪、走私固体废物罪

第三百三十九条　违反国家规定,将境外的固体废物进境倾倒、堆放、处置的,处五年以下有期徒刑或者拘役,并处罚金;造成重大环境污染事故,致使公私财产遭受重大损失或者严重危害人体健康的,处五年以上十年以下有期徒刑,并处罚金;后果特别严重的,处十年以上有期徒刑,并处罚金。

未经国务院有关主管部门许可,擅自进口固体废物用作原料,造成重大环境污染事故,致使公私财产遭受重大损失或者严重危害人体健康的,处五年以下有期徒刑或者拘役,并处罚金;后果特别严重的,处五年以上十年以下有期徒刑,并处罚金。

以原料利用为名,进口不能用作原料的固体废物、液态废物和气态废物的,依照本法第一百五十二条第二款、第三款的规定定罪处罚。

3. 危害税收征管罪

第二百零一条　纳税人采取伪造、变造、隐匿、擅自销毁账簿、记账凭证,在账簿上多列支出或者不列、少列收入,经税务机关通知申报而拒不申报或者进行虚假的纳税申报的手段,不缴或者少缴应纳税款,偷税数额占应纳税额的百分之十以上不满百分之三十并且偷税数额在一万元以上不满十万元的,或者因偷税被税务机关给予二次行政处罚又偷税的,处三年以下有期徒刑或者拘役,并处偷税数额一倍以上五倍以下罚金;偷税数额占应纳税额的百分之三十以上并且偷税数额在十万元以上的,处三年以上七年以下有期徒刑,并处偷税数额一倍以上五倍以下罚金。

扣缴义务人采取前款所列手段,不缴或者少缴已扣、已收税款,数额占应缴税额的百分之十以上并且数额在一万元以上的,依照前款的规定处罚。

对多次犯有前两款行为,未经处理的,按照累计数额计算。

第二百零二条　以暴力、威胁方法拒不缴纳税款的,处三年以下有期徒刑或者拘役,并处拒缴税款一倍以上五倍以下罚金;情节严重的,处三年以上七年以下有期徒刑,并处拒缴税款一倍以上五倍以下罚金。

第二百零三条　纳税人欠缴应纳税款,采取转移或者隐匿财产的手段,致使税务机关无法追缴欠缴的税款,数额在一万元以上不满十万元的,处三年以下有期徒刑或者拘役,并处或者单处欠缴税款一倍以上五倍以下罚金;数额在十万元以上的,处三年以上七年以下有期徒刑,并处欠缴税款一倍以上五倍以下罚金。

第二百一十一条　单位犯本节第二百零一条、第二百零三条、第二百零四条、第二百零七条、第二百零八条、第二百零九条规定之罪的,对单位判处罚金,并对其直接负责的主管人员和其他直接责任人员,依照各该条的规定处罚。

(十)《中华人民共和国土壤污染防治法》

在本书编写过程中,《中华人民共和国土壤污染防治法》于2018年8月31日正式发布,将于2019年1月1日正式实施。按照该法的相关条款规定,企业环境管理者如出现以下违法行为,在法律上要承担相应责任。

第八十六条　违反本法规定,有下列行为之一的,由地方人民政府生态环境主管部门或者其他负有土壤污染防治监督管理职责的部门责令改正,处以罚款;拒不改正的,责令停产整治:

(一)土壤污染重点监管单位未制定、实施自行监测方案,或者未将监测数据报生态环境主管部门的;

(二)土壤污染重点监管单位篡改、伪造监测数据的;

(三)土壤污染重点监管单位未按年度报告有毒有害物质排放情况,或者未建立土壤污染隐患排查制度的;

(四)拆除设施、设备或者建筑物、构筑物,企业事业单位未采取相应的土壤污染防治措施或者土壤污染重点监管单位未制定、实施土壤污染防治工作方案的;

(五)尾矿库运营、管理单位未按照规定采取措施防止土壤污染的;

(六)尾矿库运营、管理单位未按照规定进行土壤污染状况监测的;

(七)建设和运行污水集中处理设施、固体废物处置设施,未依照法律法规和相关标准的要求采取措施防止土壤污染的。

有前款规定行为之一的,处二万元以上二十万元以下的罚款;有前款第二项、第四项、第五项、第七项规定行为之一,造成严重后果的,处二十万元以上二百万元以下的罚款。

第八十七条　违反本法规定,向农用地排放重金属或者其他有毒有害物质含量超标的污水、污泥,以及可能造成土壤污染的清淤底泥、尾矿、矿渣等的,由地方人民政府生态环境主管部门责令改正,处十万元以上五十万元以下的罚款;情节严重的,处五十万元以上二百万元以下的罚款,并可以将案件移送公安机关,对直接负责的主管人员和其他直接责任人员处五日以上十五日以下的拘留;有违法所得的,没收违法所得。

第八十九条　违反本法规定,将重金属或者其他有毒有害物质含量超标的工业固体废物、生活垃圾或者污染土壤用于土地复垦的,由地方人民政府生态环境主管部门责令改正,处十万元以上一百万元以下的罚款;有违法所得的,没收违法所得。

第九十条　违反本法规定,受委托从事土壤污染状况调查和土壤污染风险评估、风险管控效果评估、修复效果评估活动的单位,出具虚假调查报告、风险评估报告、风险管控效果评估报告、修复效果评估报告的,由地方人民政府生态环境主管部门处十万元以上五十万元以下的罚款;情节严重的,禁止从事上述业务,并处五十万元以上一百万元以下的罚款;有违法所得的,没收违法所得。

前款规定的单位出具虚假报告的,由地方人民政府生态环境主管部门对直接负责的主管人员和其他直接责任人员处一万元以上五万元以下的罚款;情节严重的,十年内禁止从事前款规定的业务;构成犯罪的,终身禁止从事前款规定的业务。

本条第一款规定的单位和委托人恶意串通,出具虚假报告,造成他人人身或者财产损害的,还应当与委托人承担连带责任。

第九十一条　违反本法规定,有下列行为之一的,由地方人民政府生态环境主管部门责令改正,处十万元以上五十万元以下的罚款;情节严重的,处五十万元以上一百万元以下的罚款;有违法所得的,没收违法所得;对直接负责的主管人员和其他直接责任人员处五千元以上二万元以下的罚款:

(一) 未单独收集、存放开发建设过程中剥离的表土的;

(二) 实施风险管控、修复活动对土壤、周边环境造成新的污染的;

(三) 转运污染土壤,未将运输时间、方式、线路和污染土壤数量、去向、最终处置措施等提前报所在地和接收地生态环境主管部门的;

(四) 未达到土壤污染风险评估报告确定的风险管控、修复目标的建设用地地块,开工建设与风险管控、修复无关的项目的。

第九十二条　违反本法规定,土壤污染责任人或者土地使用权人未按照规定实施后期管理的,由地方人民政府生态环境主管部门或者其他负有土壤污染防治监督管理职责的部门责令改正,处一万元以上五万元以下的罚款;情节严重的,处五万元以上五十万元以下的罚款。

第九十三条　违反本法规定,被检查者拒不配合检查,或者在接受检查时弄虚作假的,由地方人民政府生态环境主管部门或者其他负有土壤污染防治监督管理职责的部门责令改正,处二万元以上二十万元以下的罚款;对直接负责的主管人员和其他直接责任人员处五千元以上二万元以下的罚款。

第九十四条　违反本法规定,土壤污染责任人或者土地使用权人有下列行为之一的,由地方人民政府生态环境主管部门或者其他负有土壤污染防治监督管理职责的部门责令改正,处二万元以上二十万元以下的罚款;拒不改正的,处二十万元以上一百万元以下的罚款,并委托他人代为履行,所需费用由土壤污染责任人或者土地使用权人承担;对直接负责的主管人员和其他直接责任人员处五千元以上二万元以下的罚款:

（一）未按照规定进行土壤污染状况调查的;

（二）未按照规定进行土壤污染风险评估的;

（三）未按照规定采取风险管控措施的;

（四）未按照规定实施修复的;

（五）风险管控、修复活动完成后,未另行委托有关单位对风险管控效果、修复效果进行评估的。

土壤污染责任人或者土地使用权人有前款第三项、第四项规定行为之一,情节严重的,地方人民政府生态环境主管部门或者其他负有土壤污染防治监督管理职责的部门可以将案件移送公安机关,对直接负责的主管人员和其他直接责任人员处五日以上十五日以下的拘留。

第九十五条　违反本法规定,有下列行为之一的,由地方人民政府有关部门责令改正;拒不改正的,处一万元以上五万元以下的罚款:

（一）土壤污染重点监管单位未按照规定将土壤污染防治工作方案报地方人民政府生态环境、工业和信息化主管部门备案的;

（二）土壤污染责任人或者土地使用权人未按照规定将修复方案、效果评估报告报地方人民政府生态环境、农业农村、林业草原主管部门备案的;

（三）土地使用权人未按照规定将土壤污染状况调查报告报地方人民政府生态环境主管部门备案的。

第九十六条　污染土壤造成他人人身或者财产损害的,应当依法承担侵权责任。

土壤污染责任人无法认定,土地使用权人未依照本法规定履行土壤污染风险管控和修复义务,造成他人人身或者财产损害的,应当依法承担侵权责任。

土壤污染引起的民事纠纷,当事人可以向地方人民政府生态环境等主管部门申请调解处理,也可以向人民法院提起诉讼。

第九十八条　违反本法规定,构成违反治安管理行为的,由公安机关依法给予治安管理处罚;构成犯罪的,依法追究刑事责任。

三、重点排污单位

重点排污单位的概念在2014年修订的《中华人民共和国环境保护法》中首次出现，以前的法律法规中没有提及"重点排污单位"的概念。《最高人民法院、最高人民检察院关于办理环境污染刑事案件适用法律若干问题的解释》（以下简称《解释》）实行后，《解释》第一条第七项规定，重点排污单位篡改、伪造自动监测数据或者干扰自动监测设施，排放化学需氧量、氨氮、二氧化硫、氮氧化物等污染物的，将认定为"严重污染环境"。随着《解释》的执行，"重点排污单位"的认定是否及时、到位，将直接关系到企业在特定行为上"罪与非罪"的认定。

依据《重点排污单位名录管理规定（试行）》第二条的规定，重点排污单位名录实行分类管理。按照受污染的环境要素分为水环境重点排污单位名录、大气环境重点排污单位名录、土壤环境污染重点监管单位名录、声环境重点排污单位名录以及其他重点排污单位名录五类，同一家企业事业单位因排污种类不同可以同时属于不同类别的重点排污单位。纳入重点排污单位名录的企业事业单位应明确所属类别和主要污染物指标。

1. 水环境重点排污单位

具备下列条件之一的企业事业单位，纳入水环境重点排污单位名录。

1）一种或几种废水主要污染物年排放量大于设区的市级环境保护主管部门设定的筛选排放量限值。

废水主要污染物指标是指化学需氧量、氨氮、总磷、总氮以及汞、镉、砷、铬、铅等重金属。筛选排放量限值根据环境质量状况确定，排污总量占比不得低于行政区域工业排污总量的65%。

2）有事实排污且属于废水污染重点监管行业的所有大中型企业。

废水污染重点监管行业包括制浆造纸，焦化，氮肥制造，磷肥制造，有色金属冶炼，石油化工，化学原料和化学制品制造，化学纤维制造，有漂白、染色、印花、洗水、后整理等工艺的纺织印染，农副食品加工，原料药制造，皮革鞣制加工，毛皮鞣制加工，羽毛（绒）加工，农药，电镀，磷矿采选，有色金属矿采选，乳制品制造，调味品和发酵制品制造，酒和饮料制造，有表面涂装工序的汽车制造，有表面涂装工序的半导体液晶面板制造等。

各地可根据本地实际情况增加相关废水污染重点监管行业。

2. 大气环境重点排污单位

具备下列条件之一的企业事业单位,纳入大气环境重点排污单位名录。

1) 一种或几种废气主要污染物年排放量大于设区的市级环境保护主管部门设定的筛选排放量限值。

废气主要污染物指标是指二氧化硫、氮氧化物、烟粉尘和挥发性有机物。筛选排放量限值根据环境质量状况确定,排污总量占比不得低于行政区域工业排放总量的65%。

2) 有事实排污且属于废气污染重点监管行业的所有大中型企业。

废气污染重点监管行业包括火力发电、热力生产和热电联产,有水泥熟料生产的水泥制造业,有烧结、球团、炼铁工艺的钢铁冶炼业,有色金属冶炼,石油炼制加工,炼焦,陶瓷,平板玻璃制造,化工,制药,煤化工,表面涂装,包装印刷业等。

各地可根据本地实际情况增加相关废气污染重点监管行业。

3) 实行排污许可重点管理的已发放排污许可证的排放废气污染物的单位。

4) 排放有毒有害大气污染物(具体参见中华人民共和国生态环境部发布的有毒有害大气污染物名录)的企业事业单位;固体废物集中焚烧设施的运营单位。

5) 设区的市级以上地方人民政府大气污染防治目标责任书中承担污染治理任务的企业事业单位。

6) 环保警示企业、环保不良企业、三年内发生较大及以上突发大气环境污染事件或因大气环境污染问题造成重大社会影响或被各级环境保护主管部门通报处理尚未完成整改的企业事业单位。

3. 土壤环境污染重点监管单位

具备下列条件之一的企业事业单位,纳入土壤环境污染重点监管单位名录。

1) 有事实排污且属于土壤污染重点监管行业的所有大中型企业。土壤污染重点监管行业包括有色金属矿采选、有色金属冶炼、石油开采、石油加工、化工、焦化、电镀、制革等。

各地可根据本地实际情况增加相关土壤污染重点监管行业。

2) 年产生危险废物100吨以上的企业事业单位。

3) 持有危险废物经营许可证,从事危险废物贮存、处置、利用的企业事业单位。

4）运营维护生活垃圾填埋场或焚烧厂的企业事业单位,包含已封场的垃圾填埋场。

5）三年内发生较大及以上突发固体废物、危险废物和地下水环境污染事件,或者因土壤环境污染问题造成重大社会影响的企业事业单位。

4. 声环境重点排污单位

具备下列条件之一的企业事业单位,纳入声环境重点排污单位名录。

1）噪声敏感建筑物集中区域的噪声排放超标工业企业。

2）因噪声污染问题纳入挂牌督办的企业事业单位。

5. 其他重点排污单位

具备下列条件之一的企业事业单位,纳入重点排污单位名录。

1）具有试验、分析、检测等功能的化学、医药、生物类省级重点以上实验室、二级以上医院等污染物排放行为引起社会广泛关注的或者可能对环境敏感区造成较大影响的企业事业单位。

2）因其他环境污染问题造成重大社会影响,或经突发环境事件风险评估划定为较大及以上环境风险等级的企业事业单位。

3）其他有必要列入的情形。

《中华人民共和国环境保护法》第四十二条第三款规定:重点排污单位应当按照国家有关规定和监测规范安装使用监测设备,保证监测设备正常运行,保存原始监测记录。该条款规定了重点排污单位安装使用监测设备并保证其正常运行的义务。第五十五条规定:重点排污单位应当如实向社会公开其主要污染物的名称、排放方式、排放浓度和总量、超标排放情况,以及防治污染设施的建设和运行情况,接受社会监督。该条款规定了重点排污单位向社会公开环境信息并接受社会监督的义务。

《企业事业单位环境信息公开办法》是《中华人民共和国环境保护法》对重点排污单位名录公布时间、确定名录应考虑的因素以及应当列入的单位作了明确规定,该办法规定,设区的市级人民政府环境保护主管部门应当于每年3月底前确定本行政区域内重点排污单位名录,并通过政府网站、报刊、广播、电视等便于公众知晓的方式公布。该款规定明确了"重点排污单位名录"公布的主体是设区的市级环境保护主管部门,公布时间是每年3月底之前。

《企业事业单位环境信息公开办法》相关条款规定:

第九条　重点排污单位应当公开下列信息：

（一）基础信息，包括单位名称、组织机构代码、法定代表人、生产地址、联系方式，以及生产经营和管理服务的主要内容、产品及规模；

（二）排污信息，包括主要污染物及特征污染物的名称、排放方式、排放口数量和分布情况、排放浓度和总量、超标情况，以及执行的污染物排放标准、核定的排放总量；

（三）防治污染设施的建设和运行情况；

（四）建设项目环境影响评价及其他环境保护行政许可情况；

（五）突发环境事件应急预案；

（六）其他应当公开的环境信息。

列入国家重点监控企业名单的重点排污单位还应当公开其环境自行监测方案。

第十条　重点排污单位应当通过其网站、企业事业单位环境信息公开平台或者当地报刊等便于公众知晓的方式公开环境信息，同时可以采取以下一种或者几种方式予以公开：

（一）公告或者公开发行的信息专刊；

（二）广播、电视等新闻媒体；

（三）信息公开服务、监督热线电话；

（四）本单位的资料索取点、信息公开栏、信息亭、电子屏幕、电子触摸屏等场所或者设施；

（五）其他便于公众及时、准确获得信息的方式。

第十一条　重点排污单位应当在环境保护主管部门公布重点排污单位名录后九十日内公开本办法第九条规定的环境信息；环境信息有新生成或者发生变更情形的，重点排污单位应当自环境信息生成或者变更之日起三十日内予以公开。法律、法规另有规定的，从其规定。

第十六条　重点排污单位违反该办法，有下列行为之一的，由县级以上环境保护主管部门根据《中华人民共和国环境保护法》的规定责令公开，处三万元以下罚款，并予以公告：

（一）不公开或者不按照本办法第九条规定的内容公开环境信息的；

（二）不按照本办法第十条规定的方式公开环境信息的；

（三）不按照本办法第十一条规定的时限公开环境信息的；

（四）公开内容不真实、弄虚作假的。

《中华人民共和国大气污染防治法》对重点排污单位也有规定。

第二十四条 企业事业单位和其他生产经营者应当按照国家有关规定和监测规范，对其排放的工业废气和本法第七十八条规定名录中所列有毒有害大气污染物进行监测，并保存原始监测记录。其中，重点排污单位应当安装、使用大气污染物排放自动监测设备，与环境保护主管部门的监控设备联网，保证监测设备正常运行并依法公开排放信息。监测的具体办法和重点排污单位的条件由国务院环境保护主管部门规定。

重点排污单位名录由设区的市级以上地方人民政府环境保护主管部门按照国务院环境保护主管部门的规定，根据本行政区域的大气环境承载力、重点大气污染物排放总量控制指标的要求以及排污单位排放大气污染物的种类、数量和浓度等因素，商有关部门确定，并向社会公布。

第一百条 违反本法规定，有下列行为之一的，由县级以上人民政府环境保护主管部门责令改正，处二万元以上二十万元以下的罚款；拒不改正的，责令停产整治：

（一）侵占、损毁或者擅自移动、改变大气环境质量监测设施或者大气污染物排放自动监测设备的；

（二）未按照规定对所排放的工业废气和有毒有害大气污染物进行监测并保存原始监测记录的；

（三）未按照规定安装、使用大气污染物排放自动监测设备或者未按照规定与环境保护主管部门的监控设备联网，并保证监测设备正常运行的；

（四）重点排污单位不公开或者不如实公开自动监测数据的；

（五）未按照规定设置大气污染物排放口的。

《中华人民共和国水污染防治法》第二十三条规定：

实行排污许可管理的企业事业单位和其他生产经营者应当按照国家有关规定和监测规范，对所排放的水污染物自行监测，并保存原始监测记录。重点排污单位还应当安装水污染物排放自动监测设备，与环境保护主管部门的监控设备联网,并保证监测设备正常运行。具体办法由国务院环境保护主管部门规定。

应当安装水污染物排放自动监测设备的重点排污单位名录,由设区的市级以上地方人民政府环境保护主管部门根据本行政区域的环境容量、重点水污染物排放总量控制指标的要求以及排污单位排放水污染物的种类、数量和浓度等因素,商同级有关部门确定。

四、企业可能存在的重大环境法规风险

结合相关环保法律法规责任要求,根据环境法律法规处罚的性质,以及企业环境行为类别,对企业在生产经营中涉及重要活动时可能存在的重大环境法规风险进行如下大致分类,供企业环境管理者参考,以抓住重点过程及行为落实管理。

(一)建设项目违法风险

企业在日常经营中经常出现的建设项目环保违法现象主要是未批先建、批建不符、久试不验等现象,这种现象在企业建设项目新改扩建过程是较为常见的违法违规现象,也是企业环境管理中应予以重点管理的环节。

《中华人民共和国环境影响评价法》(中华人民共和国主席令(第四十八号))第三十一条规定,建设单位未依法报批建设项目环境影响报告书、报告表,或者未依照本法第二十四条的规定重新报批或者报请重新审核环境影响报告书、报告表,擅自开工建设的,由县级以上环境保护行政主管部门责令停止建设,根据违法情节和危害后果,处建设项目总投资额百分之一以上百分之五以下的罚款,并可以责令恢复原状;对建设单位直接负责的主管人员和其他直接责任人员,依法给予行政处分。

上述条款修改后的罚款数额可以达到总投资额的1%至5%,对于大规模的建设项目,如存在违法行为,其罚款金额可能达到数百万元甚至更高。企业环境管理者应对于新改扩建项目的未批先建、批建不符、久试不验等情况行为高度重视。作为企业环境管理者,应注重对项目建设阶段、竣工验收阶段及运营阶段进行重点管理,及时实施建设项目环境影响评价,并完成项目三同时环保竣工

验收。

在项目运营阶段,企业在日常经营活动中就应将市场订单要求、生产计划安排以及自身污染物处理能力(总量)结合起来进行判断,使环境保护要求能够真正与企业生产经营活动密切配合,避免出现因超产能或者产能较高而导致的产能污染物超过处理设施负荷的情况。

(二)危险废物处理处置风险

现阶段在企业管理中最常见的,同时风险相对较大的是危险废物处理处置风险,按照相关法规要求,非法处理处置危险废物累计达 3 吨以上即可以入刑,而危险废物识别、管理及处理处置由于参与主体较多,涉及利益与环节较多,也呈现一定的复杂性,是当前企业环境管理中值得重视的风险之一。

企业环境管理者在项目运营阶段应按照《中华人民共和国固体废物污染环境防治法》的要求,注重对危险废物管理计划以及危险废物分类识别、收集、贮存、处理处置、转移、运输、环境应急等环节进行重点管理。

(三)违法超标排污风险

随着排污许可证制度核心地位的确立,企业排污必须先取得排污许可证,且必须落实排污许可证的所有管理要求,因此与排污许可证相关的管理要求及排污行为无疑是企业生产经营活动应重点关注的。

根据《中华人民共和国环境保护法》第四十五条规定:国家依照法律规定实行排污许可管理制度。实行排污许可管理的企业事业单位和其他生产经营者应当按照排污许可证的要求排放污染物;未取得排污许可证的,不得排放污染物。

1. 水污染物超标排放风险

(1)废污水排放禁止性规定

《中华人民共和国水污染防治法》第三十三条至第四十三条对环境行为提出了明确要求,尤其是禁止行为,同时应在企业环境管理制度中明确,加强员工培训教育,并在日常监管中对此类行为予以杜绝。归纳如下。

1)禁止向水体排放油类、酸液、碱液或者剧毒废液。

2)禁止在水体清洗装贮过油类或者有毒污染物的车辆和容器。

3)禁止向水体排放、倾倒放射性固体废物或者含有高放射性和中放射性物质的废水。向水体排放含低放射性物质的废水,应当符合国家有关放射性污染防治的规定和标准。

4）向水体排放含热废水,应当采取措施,保证水体的水温符合水环境质量标准。

5）含病原体的污水应当经过消毒处理;符合国家有关标准后,方可排放。

6）禁止向水体排放、倾倒工业废渣、城镇垃圾和其他废弃物。

7）禁止将含有汞、镉、砷、铬、铅、氰化物、黄磷等的可溶性剧毒废渣向水体排放、倾倒或者直接埋入地下。

8）存放可溶性剧毒废渣的场所,应当采取防水、防渗漏、防流失的措施。

9）禁止在江河、湖泊、运河、渠道、水库最高水位线以下的滩地和岸坡堆放、存贮固体废弃物和其他污染物。

10）禁止利用渗井、渗坑、裂隙和溶洞排放、倾倒含有毒污染物的废水、含病原体的污水和其他废弃物。

11）禁止利用无防渗漏措施的沟渠、坑塘等输送或者存贮含有毒污染物的废水、含病原体的污水和其他废弃物。

12）多层地下水的含水层水质差异大的,应当分层开采;对已受污染的潜水和承压水,不得混合开采。

13）兴建地下工程设施或者进行地下勘探、采矿等活动,应当采取防护性措施,防止地下水污染。报废矿井、钻井或者取水井等,应当实施封井或者回填。

14）人工回灌补给地下水,不得恶化地下水质。

（2）废水超标排放风险

《中华人民共和国环境保护法》第五十九条规定,企业事业单位和其他生产经营者违法排放污染物,受到罚款处罚,被责令改正,拒不改正的,依法作出处罚决定的行政机关可以自责令改正之日的次日起,按照原处罚数额按日连续处罚。前款规定的罚款处罚,依照有关法律法规按照防治污染设施的运行成本、违法行为造成的直接损失或者违法所得等因素确定的规定执行。地方性法规可以根据环境保护的实际需要,增加第一款规定的按日连续处罚的违法行为的种类。

（3）重金属水污染防治

一类水污染物中的重金属污染物应是水污染物排放的管控重点,工业企业如存在水污染物排放标准中列出的一类污染物,应该对该类污染物的采购、使用、排放全过程建立规章制度,予以重点监控。

2. 大气污染物超标排放风险

随着大气污染防治法规要求的提高，企业由于未对挥发性有机废气采取有效密闭措施而受到处罚的情况越来越多，部分企业由于未及时整改甚至受到了按日连续处罚，因此企业事业单位对大气污染防治的重点管理环节应予以重视。

（1）大气污染防治

2015 年 8 月，《中华人民共和国大气污染防治法》进行了修订，新修订的该法对于违法行为，加大了处罚力度，规定了大量具体的针对性措施，处罚行为和种类接近 90 种，该法取消了原来法律中对造成大气污染事故的企事业单位罚款"最高不超过 50 万元"的封顶限额。尤其应注意该法第一百二十三条规定：

> 违反本法规定，企业事业单位和其他生产经营者有下列行为之一，受到罚款处罚，被责令改正，拒不改正的，依法作出处罚决定的行政机关可以自责令改正之日的次日起，按照原处罚数额按日连续处罚：
>
> （一）未依法取得排污许可证排放大气污染物的；
>
> （二）超过大气污染物排放标准或者超过重点大气污染物排放总量控制指标排放大气污染物的；
>
> （三）通过逃避监管的方式排放大气污染物的；
>
> （四）建筑施工或者贮存易产生扬尘的物料未采取有效措施防治扬尘污染的。

（2）有机废气污染防治

《中华人民共和国大气污染防治法》第一百零八条规定：

> 违反本法规定，有下列行为之一的，由县级以上人民政府环境保护主管部门责令改正，处二万元以上二十万元以下的罚款；拒不改正的，责令停产整治：
>
> （一）产生含挥发性有机物废气的生产和服务活动，未在密闭空间或者设备中进行，未按照规定安装、使用污染防治设施，或者未采取减少废气排放措施的；
>
> （二）工业涂装企业未使用低挥发性有机物含量涂料或者未建立、保存台账的；

（三）石油、化工以及其他生产和使用有机溶剂的企业，未采取措施对管道、设备进行日常维护、维修，减少物料泄漏或者对泄漏的物料未及时收集处理的；

（四）储油储气库、加油加气站和油罐车、气罐车等，未按照国家有关规定安装并正常使用油气回收装置的；

（五）钢铁、建材、有色金属、石油、化工、制药、矿产开采等企业，未采取集中收集处理、密闭、围挡、遮盖、清扫、洒水等措施，控制、减少粉尘和气态污染物排放的；

（六）工业生产、垃圾填埋或者其他活动中产生的可燃性气体未回收利用，不具备回收利用条件未进行防治污染处理，或者可燃性气体回收利用装置不能正常作业，未及时修复或者更新的。

（四）突发环境事件风险

化学品泄漏、火灾、爆炸等造成的突发环境事件对于企业正常的生产经营是一种潜在的风险，《突发环境事件应急管理办法》第六十七条、六十八条规定，单位或者个人违反规定，导致突发事件或者危害扩大，给他人人身、财产造成损害的，应当依法承担民事责任；构成犯罪的，依法追究刑事责任。尤其是对于生产和使用危险化学品的企业，对于突发环境事件的管控及应急更是其日常管理的重点范畴之一。

（五）环境监测数据造假风险

随着环境监管的趋严，越来越多的企业安装了水污染物在线监测及大气污染物在线监测等环境监测设备，以下涉嫌篡改监测数据、伪造环境监测数据以及涉嫌指使篡改、伪造环境监测数据的行为应在管理上予以杜绝。

1. 篡改监测数据

《环境监测数据弄虚作假行为判定及处理办法》第四条规定：

（1）未经批准部门同意，擅自停运、变更、增减环境监测点位或者故意改变环境监测点位属性的。

（2）采取人工遮挡、堵塞和喷淋等方式，干扰采样口或周围局部环境的。

（3）人为操纵、干预或者破坏排污单位生产工况、污染源净化设施，使生产或污染状况不符合实际情况的。

（4）稀释排放或者旁路排放，或者将部分或全部污染物不经规范的排污口排放，逃避自动监控设施监控的。

（5）破坏、损毁监测设备站房、通信线路、信息采集传输设备、视频设备、电力设备、空调、风机、采样泵、采样管线、监控仪器或仪表以及其他监测监控或辅助设施的。

（6）故意更换、隐匿、遗弃监测样品或者通过稀释、吸附、吸收、过滤、改变样品保存条件等方式改变监测样品性质的。

（7）故意漏检关键项目或者无正当理由故意改动关键项目的监测方法的。

（8）故意改动、干扰仪器设备的环境条件或运行状态或者删除、修改、增加、干扰监测设备中存储、处理、传输的数据和应用程序，或者人为使用试剂、标样干扰仪器的。

（9）未向环境保护主管部门备案，自动监测设备暗藏可通过特殊代码、组合按键、远程登录、遥控、模拟等方式进入不公开的操作界面对自动监测设备的参数和监测数据进行秘密修改的。

（10）故意不真实记录或者选择性记录原始数据的。

（11）篡改、销毁原始记录，或者不按规范传输原始数据的。

（12）对原始数据进行不合理修约、取舍，或者有选择性评价监测数据、出具监测报告或者发布结果，以至评价结论失真的。

（13）擅自修改数据的。

2. 伪造监测数据

《环境监测数据弄虚作假行为判定及处理办法》第五条规定：

（1）纸质原始记录与电子存储记录不一致，或者谱图与分析结果不对应，或者用其他样品的分析结果和图谱替代的。

（2）监测报告与原始记录信息不一致，或者没有相应原始数据的。

（3）监测报告的副本与正本不一致的。

（4）伪造监测时间或者签名的。

（5）通过仪器数据模拟功能，或者植入模拟软件，凭空生成监测数据的。

（6）未开展采样、分析，直接出具监测数据或者到现场采样，但未开设烟道采样口，出具监测报告的。

（7）未按规定对样品留样或保存，导致无法对监测结果进行复核的。

（8）其他涉嫌伪造监测数据的情形。

3. 涉嫌指使篡改、伪造监测数据

《环境监测数据弄虚作假行为判定及处理办法》第六条规定：

（1）强令、授意有关人员篡改、伪造监测数据的。

（2）将考核达标或者评比排名情况列为下属监测机构、监测人员的工作考核要求，意图干预监测数据的。

（3）无正当理由，强制要求监测机构多次监测并从中挑选数据，或者无正当理由拒签上报监测数据的。

（4）委托方人员授意监测机构工作人员篡改、伪造监测数据或者在未作整改的前提下，进行多家或多次监测委托，挑选其中"合格"监测报告的。

（5）其他涉嫌指使篡改、伪造监测数据的情形。

（六）放射性污染风险

企业存在放射性同位素及射线装置的，应按照相关法规要求对放射性同位素及射线装置全过程进行严格管理，包括实施环评、申领许可证、日常管理以及转移活动审批等。一旦放射性同位素装置发生丢失等情况，不仅会对环境造成影响，也可能会形成不良社会影响，因此工业企业应对该类风险予以严格管控。

（七）场地（土壤）污染风险

企业场地土壤污染风险是当前阶段比较容易忽视的问题，由于企业土壤污染的治理和修复难度较高，企业所在区域土壤（地下水）一旦受到污染，治理成本往往是天文数字，治理时间跨度较大，动辄几年，国外有的污染场地甚至治理修复达到十几年。而且,土壤受到污染,污染者很容易被追溯源头。因此,场地污染的潜在法规高风险因素,应引起企业在生产经营全生命周期的高度重视。

在我国的环境法律体系中,已经制定了《中华人民共和国环境保护法》和大气、水污染及固体废物污染防治的单项法律,《中华人民共和国土壤污染防治法》将于 2019 年 1 月 1 日起实施。对于正常生产经营活动的企业,重视土壤污染的预防,避免造成土壤污染,应在日常管理中形成常态化的管理措施及制度。

(八) 其他管理行为不合规风险

1. 清洁生产审核

《中华人民共和国清洁生产促进法》(2012 年修正)第二十七条规定:

> 企业应当对生产和服务过程中的资源消耗以及废物的产生情况进行监测,并根据需要对生产和服务实施清洁生产审核。
>
> 有下列情形之一的企业,应当实施强制性清洁生产审核:
>
> (一) 污染物排放超过国家或者地方规定的排放标准,或者虽未超过国家或者地方规定的排放标准,但超过重点污染物排放总量控制指标的;
>
> (二) 超过单位产品能源消耗限额标准构成高耗能的;
>
> (三) 使用有毒、有害原料进行生产或者在生产中排放有毒、有害物质的。
>
> 污染物排放超过国家或者地方规定的排放标准的企业,应当按照环境保护相关法律的规定治理。
>
> 实施强制性清洁生产审核的企业,应当将审核结果向所在地县级以上地方人民政府负责清洁生产综合协调的部门、环境保护部门报告,并在本地区主要媒体上公布,接受公众监督,但涉及商业秘密的除外。

从上述条款可以看出,实施强制性清洁生产审核的范围基本上确定为高污染、高物耗和高能耗的行业及企业。如果企业属于上述范围,在相关政府部门公布名单后一个月内,应积极主动地配合实施清洁生产审核工作,落实中高费方案,逐步实现节能减排,减污增效。

如果企业不实施强制性清洁生产审核,或者在清洁生产审核中弄虚作假的,或者实施强制性清洁生产审核的企业不报告,或者不如实报告审核结果的,由县级以上地方人民政府负责清洁生产综合协调的部门、环境保护部门按照职责分工责令限期改正;拒不改正的,处以五万元以上五十万元以下的罚款。

2. 环境信息公开

《环境信息公开办法(试行)》第二十八条规定,违反本办法第二十条规定,污染物排放超过国家或者地方排放标准,或者污染物排放总量超过地方人民政府核定的排放总量控制指标的污染严重的企业,不公布或者未按规定要求公布污染物排放情况的,由县级以上地方人民政府环保部门依据《中华人民共和国清洁生产促进法》的规定,处十万元以下罚款,并代为公布。

《企业事业单位环境信息公开办法》第十六条规定,重点排污单位违反本办法规定,不公开或者不按照本办法规定的内容公开环境信息的,由县级以上环境保护主管部门根据《中华人民共和国环境保护法》的规定责令公开,处三万元以下罚款,并予以公告。

目前对企业而言,环境信息公开的重视程度不够,大多数企业并没有意识到这是企业的法律责任之一,也没有意识到这是与周边社区及政府主管部门建立信任相互关系、保护自身利益维持合法性、展示潜力绩效的途径。很多企业由于种种原因没有按上述要求公开相应的环境信息,致使公司本身处于潜在的法律风险之下,很可能会对公司形象造成难以预估的影响,一旦受到处罚,可能影响很多初创企业的融资进程。因此,企业应充分认识到环境信息公开作为印象管理行为,能够传递和强化公众印象,最终实质还是为企业利益服务。

上述这些企业环境管理风险是现实存在的,熟悉与了解法律法规的相关规定仅仅是基本要求,如何通过管理手段缓解和化解风险,如何构筑系统化的管理体系预防风险才是目的。

第四章
环境管理制度

生态环境保护的成败，归根结底取决于经济结构和经济发展方式。
要坚持在发展中保护、在保护中发展，不能把生态环境保护和经济发展
割裂开来，更不能对立起来。

——习近平

环境管理制度是我国多年来在环境保护工作中不断总结经验与规律而
形成的一整套相互关联的环境管理政策体系。经过历年来的发展与补充，
环境管理制度由原有的三大政策八项制度，逐步形成了与企业环境管理密
切相关的四梁八柱——"排污许可证与总量控制制度""环境影响评价与三
同时制度""清洁生产审核制度""环境应急管理制度""环境监测制度""危
险废物管理制度""VOCs 管理制度""化学品环境管理制度""放射性物质环
境安全管理制度""土壤污染防治制度""限期治理制度"以及其他相关环境
管理制度。

上述总结的环境管理制度与企业环境管理工作密切相关，是相关环境保护
法律法规要求的提炼与总结，也是企业环境管理工作的重点要求。了解与关注
这些环境管理制度，企业环境管理者，是能够抓住自身环境管理的重要环节。以
下对这些环境管理制度的基本情况、相关法律法规要求以及企业管理重点进行
分析，为企业形成内部环境管理制度形成可操作的指导意见，从企业管理角度形
成管理思路。

随着政府对环境保护的重视，也由于相关环境管理制度及相关规范处于不
断深入、细化和更新过程之中，工业企业内部有必要参照环境管理体系的要求，
建立动态获取环保法律法规要求及标准更新的渠道，建立将对应法规及标准要
求转化成企业内部规章制度的机制，同时建立对重要活动和节点定期检查的制

度,辅之以 PDCA 管理模式,使政府环境保护相关规定能够真正落实到企业基层的管理行为上,具体可参考图 4.1 中的企业环境管理制度内化逻辑。

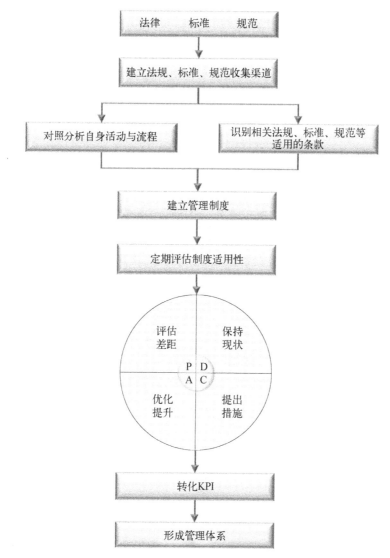

图 4.1 企业环境管理制度内化逻辑图

应该注意的是,这些环境管理制度的依据是相应环保法律法规及政策,企业环境管理者应按照自身条件充分考虑如何使其与自身企业文化相融合。即使再资深的第三方咨询专家在此环节也只能提出建议与思路,无法真正按照企业实际情况在细节上提出最适合企业的建议和意见,而可能正是这些不同的实施细节往往决定了不同管理制度在不同企业内部的实施效力。

同时,在实际企业环境管理中,以上环境管理制度并非能够全部解决实际存在的不同场景中各种环境问题,总存在例外或特殊的情况,这需要企业环境管理者按照自身的文化及法规要求,通过与环境保护主管部门沟通,形成能够予以落实的具有可操作性的管理方式。

由于法律法规、技术及标准规范条款内容均有各自的适用范围及行业特征,因此对企业而言,内部环境管理制度的形成,应先建立收集与获取信息的渠道,通过专业人员对照自身生产与管理活动进行识别筛选后,形成适用于本组织的相关制度与要求;然后企业环境管理层应通过配置相关资源(人力、财力与技术资源),分解为可考核的 KPI 指标,考虑形成满足法规要求的具体措施,包括改进型措施与保持合规现状的管理型措施。这个过程实质上是环境保护法律法规要求的通识与企业环境管理流程相互结合的过程,是企业管理性要求转换成操作性要求的过程,也是环境保护常识转化成不同企业个性化知识的过程。

比如,VOCs 治理制度只针对 VOCs 治理提出了要求,但对不同企业而言可能需要制定"大气污染控制管理制度"以针对自身可能存在的工艺废气及脱硫废气的治理。同时以下所举例的环境管理制度中也没有针对废水污染控制专门提出要求,并不意味着工业企业中不需要针对废水制定相应的环境管理制度。而是否要形成专门的环境管理制度,完全取决于企业环境管理制度文件化要求,比如废水及废气治理通过制定设备设施的操作规程予以控制,可能不需要专门的管理制度来对应;或者也有可能有关废水与废气治理的相关要求由排污许可证的相关制度予以保障落实。

因此,以下所列管理制度是依据上述思路形成的企业环境管理重点,并非是实际环境管理工作中的唯一选项,关键在于企业应形成将法律、标准与规范内化成环境管理制度的机制。

一、排污许可证与总量控制制度

1. 制度基本情况

(1) 排污许可证制度

排污许可证制度[9]是指环境保护主管部门依排污单位的申请和承诺,通过发放排污许可证法律文书的形式,依法依规规范和限制排污单位排污行为,并明确环境管理要求,依据排污许可证对排污单位实施监管执法的环境管理制度。

随着排污许可证核心制度的确立,对企业而言,总量控制制度逐步纳入了排污许可证的实际管理范围之内。目前上海市对8+X类污染物通过排污许可证实施总量控制:8为废水重点污染物化学需氧量、氨氮、总氮、总磷和大气重点污染物二氧化硫、氮氧化物、颗粒物、挥发性有机物;X为废水中的一类污染物。

我国排污许可证制度已开展20余年,2014年4月24日修订通过的《中华人民共和国环境保护法》明确了国家依照法律实行排污许可证管理制度的规定,为排污许可证制度奠定了强有力的法律基础地位。《中华人民共和国环境保护法》淡化了环保设施试运行及竣工验收审批、排污申报等相关要求与内容,表明整体改革方向走向环境管理制度之间的协调融合。上海市闵行区排污许可证试点是全国第一个实施排污许可证制度的试点区。

1985年,上海市颁布的《上海市黄浦江上游水源保护条例》中规定,在上游水源保护地区实施排污总量和浓度控制相结合的管理办法,由环保部门颁发排污许可证,无证单位不得排放工业废水。

2010年,上海市环保局下发了《关于成立上海市主要污染物许可证核发和管理领导小组的通知》,专设"排污许可证工作组"来实施排污许可证的管理工作。工作组成员包括上海市环境监测站、上海市环境监察总队、上海市环境科学研究院、上海市环境保护信息中心等相关工作人员。工作组陆续编制并出台了《上海市主要污染物排放许可证管理办法》《上海市主要污染物排放许可证总量核定办法》《上海市主要污染物排放许可证"三监联动"管理工作规范》《上海市主要污染物排放许可证核发与管理工作指南》等相关文件规范,有效推动了许可证工作的实施。

2016年12月和2018年1月,中华人民共和国环境保护部分别发布了《排污许可证管理暂行规定》和《排污许可管理办法(试行)》,对排污许可证的申请、核发、执行以及与排污许可相关的监管和处罚作出了明确规定,同时确定了排污许可证制度实施分类管理名录,排污单位应当在名录规定的时限内持证排污,禁止无证排污或不按证排污。

2017年3月31日,上海市环境保护局发布了《上海市排污许可证管理实施细则的通知》,废止了原《上海市主要污染物排放许可证管理办法》,废止了原《上海市主要污染物排放许可证管理办法》,对排污许可证核发范围、许可内容、分级管理、信息化管理、环境管理要求等内容在国家要求的基础上进行了补充,提出了更高的要求,尤其是针对冬季排污提出了特别要求。

(2)总量控制制度

污染物总量控制制度[9]是指在特定的时期内,综合经济、技术、社会等条件,采取向污染源分配污染物排放量的形式,为将一定空间范围内产生的污染源数量控制在环境容许限度内而实行的污染控制方式及其管理规范的总称。

1996年修订的《中华人民共和国水污染防治法》第十六条规定"省级以上人民政府对实现水污染物达标排放仍不能达到国家规定的水环境质量标准的水体,可以实施重点污染物排放的总量控制制度,并对有排污削减任务的企业实施该重点污染物排放量的核定制度,具体办法由国务院规定。"首次在法律中全面规定了总量控制制度。2000年出台的《中华人民共和国水污染防治法》、2012年修正的《中华人民共和国清洁生产促进法》均有条款涉及污染物排放总量控制制度。2006年,《"十一五"期间全国主要污染物排放总量控制计划》发布,我国的总量控制开始全面开展。"十一五"期间,全国对主要污染物二氧化硫和化学需氧量(COD)进行总量控制,以约束化的控制指标将总量控制制度推向全国,进行大规模实践,第一次实现了真正意义上的"有总量、有控制"的排放总量控制。"十二五"期间,总量控制指标进一步扩大到二氧化硫、化学需氧量、氨氮、氮氧化物四类。2014年,《中华人民共和国环境保护法》修订案中新增规定"国家实行重点污染物排放总量控制制度",明确了总量控制制度的原则性法律地位,使总量控制真正成为国家环境管理的一项基础法律制度,并能为之后的相关单项法规的制定提供法律依据。

《上海市排污许可证管理实施细则》则明确将化学需氧量、氨氮、总氮、总磷、第一类污染物等水污染物,二氧化硫、氮氧化物、颗粒物、挥发性有机物等大气污染物列入排污许可证总量控制管理范围之内,在核定企业许可排放量时,原则上以达标前提下的企业实际排放量为基础,按自然年度许可,从严进行核定。

2. 相关管理要求问答

(1)根据最新要求,哪些类型的企业需要实行排污许可管理?是否上海市所有企业必须申领排污许可证?

答:根据《排污许可证管理暂行规定》第四条规定,下列排污单位应当实行排污许可管理:

1)排放工业废气或者排放国家规定的有毒有害大气污染物的企业事业单位;

2）集中供热设施的燃煤热源生产运营单位；

3）直接或间接向水体排放工业废水和医疗污水的企业事业单位；

4）城镇或工业污水集中处理设施的运营单位；

5）依法应当实行排污许可管理的其他排污单位。

中华人民共和国生态环保部按行业制订并公布排污许可分类管理名录，分批分步骤推进排污许可证管理。排污单位应当在名录规定的时限内持证排污，禁止无证排污或不按证排污。

（2）依据什么要求对企业的排污许可证进行分类管理？

答：目前依据《固定污染源排污许可分类管理名录（2017）》的要求，对符合名录要求的企业事业单位和其他生产经营者，在实施时限内申请排污许可证。

该名录第一至三十二类行业以外的企业事业单位和其他生产经营者，有名录第三十三类行业中的锅炉、工业炉窑、电镀、生活污水和工业废水集中处理等通用工序的，应当对通用工序申请排污许可证。

名录以外的企业事业单位和其他生产经营者，有以下情形之一的，视同该名录规定的重点管理行业，应当申请排污许可证：

1）被列入重点排污单位名录的；

2）二氧化硫、氮氧化物单项年排放量大于 250 吨的；

3）烟气粉尘年排放量大于 1 000 吨的；

4）化学需氧量年排放量大于 30 吨的；

5）氨氮、石油类和挥发酚合计年排放量大于 30 吨的；

6）其他单项有毒有害大气、水污染物污染当量数大于 3 000 的（污染当量数按《中华人民共和国环境保护税法》规定计算）。

（3）环保部门颁发的排污许可证上会有哪些管理要求与信息？上海市有哪些特殊要求？

答：排污许可证由正本和副本构成，正本载明基本信息，副本载明登记事项、许可事项、承诺书等内容。

以下基本信息应当同时在排污许可证正本和副本中载明：

1）排污单位名称、注册地址、法定代表人或者主要负责人、技术负责人、生产经营场所地址、行业类别、统一社会信用代码等排污单位基本信息；

2）排污许可证有效期限、发证机关、发证日期、证书编号和二维码等基本信息。

以下登记事项由排污单位申报,并在排污许可证副本中记录:

1)主要生产设施、主要产品及产能、主要原辅材料等;

2)产排污环节、污染防治设施等;

3)环境影响评价审批意见、依法分解落实到本单位的重点污染物排放总量控制指标、排污权有偿使用和交易记录等。

下列许可事项由排污单位申请,经核发环保部门审核后,在排污许可证副本中进行规定:

1)排放口位置和数量、污染物排放方式和排放去向等,大气污染物无组织排放源的位置和数量;

2)排放口和无组织排放源排放污染物的种类、许可排放浓度、许可排放量;

3)取得排污许可证后应当遵守的环境管理要求;

4)法律法规规定的其他许可事项。

下列环境管理要求由核发环保部门根据排污单位的申请材料、相关技术规范和监管需要,在排污许可证副本中进行规定:

1)污染防治设施运行和维护、无组织排放控制等要求;

2)自行监测要求、台账记录要求、执行报告内容和频次等要求;

3)排污单位信息公开要求;

4)法律法规规定的其他事项。

除了国家要求,《上海市排污许可证管理实施细则》规定下列环境管理要求应在排污许可证副本中载明:

1)水污染物、大气污染物、固体废弃物、噪声等环境管理要求;

2)污染防治设施运行、维护,无组织排放控制等环境保护措施要求;

3)枯水期、冬季不利气象条件等特殊时段和重污染天气应急预案的要求;

4)重点减排工作任务和污染防治协议确定的环境管理要求;

5)自行监测方案、台账记录、执行报告等要求;

6)排污单位自行监测、执行报告等信息公开要求;

7)国家和本市规定的其他环境管理要求。

对实行排污许可简化管理的,第3)、4)项不做要求,其他各项要求作适当简化。

上述管理要求企业应通过具体措施予以切实执行。

（4）上海市工业企业如何申领排污许可证,要提交哪些资料?

答:企业申请领取排污许可证,应当满足以下要求:

1）依法取得建设项目环境影响评价文件审批意见,或者按照有关规定经地方人民政府依法处理、整顿规范并符合要求的相关证明材料;

2）不属于国家或地方政府明确规定予以淘汰或取缔的;

3）不位于饮用水水源保护区等法律法规明确规定禁止建设区域内;

4）采用的污染防治设施或者措施有能力达到许可排放浓度要求;

5）请的排放浓度符合国家或地方规定的相关标准和要求,排放量符合排污许可证申请与核发技术规范的要求;

6）申请表中填写的自行监测方案、执行报告上报频次、信息公开方案符合相关技术规范要求;

7）对新改扩建项目的排污单位,还应满足环境影响评价文件及其批复的相关要求,如果是通过污染物排放等量或减量替代削减获得总量指标的,还应审核被替代削减的排污单位排污许可证变更情况;

8）法律法规规章规定的其他要求。

排污单位应当通过国家排污许可证管理信息平台提交排污许可证申请,同时向有核发权限的环保部门提交通过平台形成的书面申请材料。排污单位对申请材料的真实性、合法性、完整性负法律责任。申请材料应当包括以下内容。

1）排污许可证申请表,主要内容包括排污单位基本信息,主要生产装置,废气、废水等产排污环节和污染防治设施,以及申请的排污口位置和数量、排放方式、排放去向、排放污染物种类、排放浓度和排放量、执行的排放标准。

2）有排污单位法定代表人或者实际负责人签字或盖章的承诺书。主要承诺内容包括:对申请材料真实性、合法性、完整性负法律责任;按排污许可证的要求控制污染物排放;按照相关标准规范开展自行监测、台账记录;按时提交执行报告并及时公开相关信息等。

3）排污单位按照有关要求进行排污口和监测孔规范化设置的情况说明。

4）建设项目环境影响评价文件及其批复文件或经地方政府依法处理、整顿规范并符合要求的相关证明材料。

5）污染治理设施“三同时”的证明材料。

6）排污单位污染治理设施运行、维护规程。

7）现有排污单位污染物历史排放量及其计算过程和依据的说明。

8）新建项目的排污单位如果项目发生变化，但不属于重大变动的，排污单位应提交有资质的环评机构针对项目变化情况所编制的"环境影响分析报告"。

9）城镇污水集中处理设施还应提供纳污范围、纳污企业名单、管网布置、最终排放去向等材料。

10）申请前信息公开情况说明。

11）满足相关规范要求的自行监测、台账记录和信息公开方案。

12）法律法规规章规定的其他材料。

对实行排污许可简化管理的排污单位，7）、8）、9）项不做要求，其他材料可适当简化。

（5）上海市工业企业中持有排污许可证的单位有哪些法定义务？

答：持证单位应按以下要求履行义务：

1）按规定进行排污申报登记并报环保部门核准；

2）按要求规范排污口和危险废物贮存场所，并设立标志；

3）保证污染防治设施及自动监控仪器的正常使用，未经环保部门批准，不得拆除或闲置；

4）排污口位置和数量、排放方式、排放去向、排放污染物种类、排放浓度和排放量、执行的排放标准等符合排污许可证的规定，不得私设暗管或以其他方式逃避监管；

5）污染物排放的种类、数量等有改变的，及时向环保部门申请变更或报告；

6）按排污许可证规定的监测点位、监测因子、监测频次和相关监测技术规范开展自行监测并公开；

7）落实重污染天气应急管控措施、遵守法律规定的最新环境保护要求；

8）按规范进行台账记录，主要内容包括生产信息、燃料、原辅材料使用情况、污染防治设施运行记录、监测数据等；

9）按排污许可证规定，定期在国家排污许可证管理信息平台填报信息，编制排污许可证执行报告，及时报送有核发权的环境保护主管部门并公开，执行报告主要内容包括生产信息、污染防治设施运行情况、污染物按证排放情况等；

10）自觉接受环保部门的现场检查、排污监测和核查，主动出示排污许可证正副本以及相关资料；

11）按规定缴纳排污费；

12）法律、法规规定的其他义务。

（6）列入许可证管理的工业企业是否所有排污口均应纳入排污许可证申报范围，不能遗漏？

答：是的。《中华人民共和国环境保护法》第四十五条规定，国家依照法律规定实行排污许可管理制度。实行排污许可管理的企业事业单位和其他生产经营者应当按照排污许可证的要求排放污染物；未取得排污许可证的，不得排放污染物。

《中华人民共和国大气污染防治法》第十九条规定，排放工业废气或者本法第七十八条规定名录中所列有毒有害大气污染物的企业事业单位、集中供热设施的燃煤热源生产运营单位以及其他依法实行排污许可管理的单位，应当取得排污许可证。排污许可的具体办法和实施步骤由国务院规定。

《中华人民共和国水污染防治法》第二十条规定，企业事业单位和其他生产经营者向大气排放污染物的，应当依照法律法规和国务院环境保护主管部门的规定设置大气污染物排放口。第二十一条规定，直接或者间接向水体排放工业废水和医疗污水以及其他按照规定应当取得排污许可证方可排放的废水、污水的企业事业单位和其他生产经营者，应当取得排污许可证；城镇污水集中处理设施的运营单位，也应当取得排污许可证。排污许可证应当明确排放水污染物的种类、浓度、总量和排放去向等要求。排污许可的具体办法由国务院规定。禁止企业事业单位和其他生产经营者无排污许可证或者违反排污许可证的规定向水体排放前款规定的废水、污水。

（7）什么情况下排污许可证应办理变更手续？

答：在排污许可证有效期内，下列与排污单位有关的事项发生变化的，排污单位应当在规定时间内向核发环保部门提出变更排污许可证的申请：

1）排污单位名称、地址、法定代表人或者主要负责人等正本中载明的基本信息发生变更之日起三十个工作日内；

2）因排污单位原因许可事项发生变更之日前三十个工作日内；

3）排污单位在原场址内实施新建、改建、扩建项目应当开展环境影响评价的，在取得环境影响评价审批意见后，排污行为发生变更之日前三十个工作日内；

4）新制修订的国家和地方污染物排放标准实施前三十个工作日内；

5）依法分解落实的重点污染物排放总量控制指标发生变化后三十个工作日内；

6）地方人民政府依法制定的限期达标规划实施前三十个工作日内；

7）地方人民政府依法制定的重污染天气应急预案实施后三十个工作日内；

8）法律法规规定需要进行变更的其他情形。

发生本条第一款第三项规定情形，且通过污染物排放等量或者减量替代削减获得重点污染物排放总量控制指标的，在排污单位提交变更排污许可申请前，出让重点污染物排放总量控制指标的排污单位应当完成排污许可证变更。

（8）上海市同一法人位于不同地点的排污单位如何申领排污许可证？同一法人在同一场所从事两个以上行业生产经营是否要申请不同的排污许可证？

答：本市对排污单位排放水污染物、大气污染物、固体废弃物、噪声等排污行为实行综合许可管理。同一法人单位或其他组织所有，位于不同地点的排污单位，应当分别申请和领取排污许可证；不同法人单位或其他组织所有的排污单位，应当分别申请和领取排污许可证。企业事业单位和其他生产经营者在同一场所从事名录规定中两个以上行业生产经营的，申请一个排污许可证。

（9）排污单位的信息公开应包括哪些内容？

答：排污单位应当在国家排污许可证管理信息平台上按照要求公开排放污染物的名称、排放方式、排放总量、排放浓度、超标排放情况、防治污染设施的建设和运行情况以及排污许可证执行报告等信息。环保部门则应当在国家排污许可管理信息平台公开排污许可证监督管理和执法信息。

3. 企业管理重点

毫无疑问，排污许可证和总量控制制度作为现有环境管理制度的核心，适用于许可证管理的工业企业单位首先应在企业内部建立《排污许可证管理程序》（或者管理制度类的规章），管理程序中根据法律法规的要求明确以下管理内容。

1）根据企业内部组织机构及部门管理实际情况，按照以下环境管理活动，在企业内部管理程序中明确规定排污许可证管理中不同部门的管理职责与作用，主要可能涉及生产、设备、总务及环保等部门。

2）集团公司应对下属企业排污许可证情况明确规定，要求其定期向集团公司汇报的要求，以了解下属企业排污许可证实施进度情况。

3）企业环境保护部门应确认自身的污染物排放总量以及废水与废气排污口的具体数量，并按照排污口规范化的要求安放相关标志（包括噪声及固体废弃物),同时规定相关部门不得自设排污口,设立排污口必须获得企业环境管理部门的审核与批准。

4)具备条件的企业,通过安装必要的计量器具及监测设施,建立产量与排污总量自行核算要求,应将企业排污总量分解到相关部门,将排污物总量及浓度达标情况,包括环境管理要求执行情况,作为企业内部绩效考核依据,与企业经济效益一并纳入定期考核,使排污许可总量要求与企业经营情况密切挂钩,逐步建立不同生产经营状况及生产工艺参数条件下,生产单元与排污总量指标之间的数据规律。

5)企业应规定排污许可证申请、上报数据与资料以及发生变更情况、按规定实施环境监测、完成信息公开等具体事务的负责部门及岗位。

6)企业应按要求完成突发环境事件的应急预案,并配备相应的设施和装备;应明确规定确保污染防治设施及自动监控仪器的正常使用,接受环保部门现场检查等要求,枯水期、冬季及重污染天气污染物排放要求,无组织排放控制,重点减排工作任务和污染防治协议以及其他排污许可证列出的环境管理要求。

7)应规定相关部门保存好相应的数据、资料、报告及台账,以便于必要时出示符合排污总量的证据。

8)对于法规中的处罚要求,建议企业在《排污许可证管理程序》中明确提出相对应的具体处罚措施。

4. 总结

无论是总量核定还是具体管理要求,上海市排污许可证核发要求均严于国家要求。排污许可证的总量及相关管理要求的落实,在企业内部并非是单个部门就能够完成的,必须通过相应的管理与考核机制,将责任与要求分解及落实到对应部门才可能真正完成。建立企业层面的《排污许可证管理程序》就是将上述排污许可证管理要求在企业运营管理阶段,通过企业内部规章制度的形式,将排污总量要求及相关管理要求分解到对应部门,并辅之以相关技术手段,予以执行并落实。对于排污许可证申报及总量核定工作存在技术困难的企业,建议通过聘请具备能力的第三方来实施该项技术工作。对于排污许可证的符合性审视,是今后企业需要定期实施的一项基本工作。

以排污许可证为核心制度的环境管理工作在全国范围内刚刚起步,排污许可证管理不仅仅是形式上的合规要求,这一核心制度的最终本质是围绕着数据来对企业进行管理,企业应及早从制度上积累数据并做相应技术储备与数据管理。建议企业从宏观管理上,建立产能(产品)、能耗、物耗与污染物排放之间的数据关联和规律,以形成具备自身行业特点的数据系统,供企业管理者决策分析企业生产趋势状况;从微观上,企业环境管理者应对重要环保设施及单元处理能力、污染物排放、物耗与能耗之间形成数据关联,以形成具备特定处理工艺特点的数据系统,供企业环境管理者动态跟踪,同时也为证明自身符合排污许可证管理要求留下可验证的证据。从管理角度而言,这种生产与排污之间的规律关系建立得越早越好,无论企业内部自身提高生产效率,还是外部提供合规性,都是一种真正的促进与倒逼机制。同时,企业也应逐步积累数据形成自身生产活动的规律,为今后碳排放交易与排污许可证的结合做好初步准备。

二、环境影响评价与"三同时"制度

1. 制度基本情况

（1）环境影响评价制度

环境影响评价制度,是指对规划和建设项目实施后可能造成的环境影响进行分析、预测和评估,提出预防或者减轻不良环境影响的对策和措施,并进行跟踪监测的方法与制度。环境影响评价的目的是确保决策者在做出决定之前,对某项活动可能造成的环境影响进行考虑。

环境影响评价制度于 1978 年制定的《关于加强基本建设项目前期工作内容》中首次被提出,并在 1979 年颁布的《中华人民共和国环境保护法（试行）》中予以明确。随后,多项环保单行法及《建设项目环境保护管理办法》中明确提及了环境影响评价制度。2002 年,全国人民代表大会制定了《中华人民共和国环境影响评价法》,该项单项法作为中国环保方面的第八部法律,直接奠定了环评审批制度作为建设项目基本管理制度的地位,也是我国环境影响评价制度执行的主要参照法规。2014 年通过的《中华人民共和国环境保护法》修正案中,环境影响评价制度增加了新的规定:在制度执行方面,规定"未依法进行环境影响评价的建设项目,不得开工建设";在制度执行方面,规定"建设单位未依法提交建设项目环境影响评价文件或者环境影响评价文件未经批准,擅自开工建设的,由负责审批建设项目环境影响评价文件的部门责令停止建设,处以罚款,并可以责令恢复原状",在环境保护基本法中进一步加大了环境影响评价未批先建的违法责任。2017 年,国务院通过了《建设项目环境保护条例》的修订。

（2）"三同时"制度

建设项目"三同时"制度是指新建、改建、扩建项目和技术改造项目以及区域性开发建设项目的污染治理设施必须与主体工程同时设计、同时施工、同时投产使用。建设项目竣工环境保护验收是指建设项目竣工后，环境保护行政主管部门根本相关规定，依据环境保护验收监测或调查结果，并通过现场检查等手段，考核该建设项目是否达到环境保护要求的活动。

"三同时"制度是我国最早的一项环境管理制度，其出现较环境影响评价制度更早，同时也是我国特有的一项环境管理制度。1979 年，《中华人民共和国环境保护法（试行）》以法律形式对"三同时"制度作了明确规定。1981 年制定发布的《基本建设项目环境保护管理办法》，对"三同时"制度的内容、管理程序，违反"三同时"的处罚均作了较全面、较具体的规定。1994 年，国家环境保护总局颁布了《建设项目环境保护设施竣工验收管理规定》，使建设项目环境保护管理工作重点落在了环保设施竣工验收的监督检查上。1999 年，国务院颁布了《建设项目环境保护管理条例》，标志着建设项目环境保护管理上了一个新的台阶。2001 年，国家环境保护总局颁布《建设项目竣工环境保护验收管理办法》替代了1994 年的《建设项目环境保护设施竣工验收管理规定》，目前这两项规定是"三同时"制度和环保设施竣工验收的主要执行依据。2014 年，《中华人民共和国环境保护法》对"三同时"制度和环保设施竣工验收制度进行了调整，第四十一条规定："建设项目中防治污染设施，应当与主体工程同时设计、同时施工、同时投产使用。防治污染的设施应当符合经批准的环境影响评价文件的要求，不得擅自拆除或闲置。"这代替了原有"必须经验收合格后方可投入生产或使用"的要求，从而为未来推行排污许可管理制度、整合建设项目审批环节留下余地。《中华人民共和国水污染防治法》及《中华人民共和国大气污染防治法》也规定，建设项目的水污染防治设施，应当与主体工程同时设计、同时施工、同时投入使用。水污染防治设施应当符合经批准或者备案的环境影响评价文件的要求。2017 年 6 月 21 日国务院第 177 次常务会议通过《国务院关于修改〈建设项目环境保护条例〉的决定》，于 2017 年 10 月 1 日起施行。

2. 相关管理要求问答

（1）哪些项目要实施环境影响评价，分别需实施什么规格的评价工作？

答：国家根据建设项目对环境的影响程度，对建设项目的环境影响评价实行分类管理。建设单位应当按照下列规定组织编制环境影响报告书、环境影

报告表或者填报环境影响登记表(以下统称为环评文件):

1)可能造成重大环境影响的,应当编制环境影响报告书,对产生的环境影响进行全面评价;

2)可能造成轻度环境影响的,应当编制环境影响报告表,对产生的环境影响进行分析或者专项评价;

3)对环境影响很小、不需要进行环境影响评价的,应当填报环境影响登记表。

因此企业的建设项目情况要对应查询建设项目环境影响评价分类管理名录,才能确定实施不同要求的环境影响评价工作。

(2)什么情况下要重新报批建设项目环评文件?

答:建设项目的环境影响评价文件经批准后,建设项目的性质,规模,地点,采用的生产工艺或者防治污染、防止生态破坏的措施发生重大变动的,建设单位应当重新报批建设项目的环境影响评价文件。

建设项目的环境影响评价文件自批准之日起超过 5 年,方决定该项目开工建设的,其环境影响评价文件应当报原审批部门重新审核;原审批部门应当自收到建设项目环境影响评价文件之日起 10 日内,将审核意见书面通知建设单位。

(3)如何认定重大变动? 企业通过优化工艺增加产能需要实施环评吗?

答:以上海市为例,2016 年上海市环境保护局发布了《上海市建设项目变更重新报批环境影响评价文件工作指南(暂行)》,其中对于非辐射类及辐射类项目可能导致重大变动清单作出了明确规定。

中华人民共和国环境保护部于 2017 年 12 月制定了《制浆造纸等 14 个行业建设项目重大变动清单(试行)》征求意见稿,待其正式稿发布后,相关行业的建设项目重大变动就应该按照清单来进行管理。

因此即使企业未建设新项目,如通过工艺优化等措施扩大了产能,并超过了上述标准,应视为产能发生了重大变化。对于没有相关产能规定的情况,还是建议企业与当地环境保护主管部门就是否属于重大变化进行沟通,并在其指导下实施建设项目环评工作。

(4)环评文件在建设项目各阶段有什么作用?

答:1)建设项目的环境影响评价文件未依法经审批部门审查或者审查后未予批准的,建设单位不得开工建设;

2)建设项目建设过程中,建设单位应当同时实施环境影响报告书、环境影

响报告表以及环境影响评价文件审批部门的审批意见中提出的环境保护对策措施;

3)在项目建设、运行过程中产生不符合经审批的环境影响评价文件的情形的,建设单位应当组织环境影响的后评价,采取改进措施,并报原环境影响评价文件审批部门和建设项目审批部门备案;原环境影响评价文件审批部门也可以责成建设单位进行环境影响的后评价,采取改进措施。

(5)企业如何选择环境影响评价机构?

答:现阶段,企业除了价格因素,选择环境影响评价(简称为环评)机构可以从以下方面来考虑:

1)环评机构的资质等级,环评机构目前按资质管理要求分为甲级与乙级;

2)环评机构的行业范围,机构的环评资证书有行业范围要求,企业应予以对应;

3)环评机构的业内信誉,机构的信用情况可以登录环保部数据中心进行查询;

4)环评机构的业绩,可以由机构提供自身的业绩情况供企业选择。

今后如果国家取消了机构环评资质,企业可以侧重于后2项来选择环评机构。

(6)企业选择环评机构后,是否能够在合同中约定保证通过环评审批的内容?

答:由于环境影响评价业务是涉及行政许可范畴的工作,企业委托环评机构的合同内容中不能出现保证通过环境影响评价审批的承诺。

(7)不遵守环评要求会有什么处罚?

答:根据《中华人民共和国环境影响评价法》第四章第三十一条规定:建设单位未依法报批建设项目环境影响报告书、报告表,或者未依照本法第二十四条的规定重新报批或者报请重新审核环境影响报告书、报告表,擅自开工建设的,由县级以上环境保护行政主管部门责令停止建设,根据违法情节和危害后果,处建设项目总投资额百分之一以上百分之五以下的罚款,并可以责令恢复原状;对建设单位直接负责的主管人员和其他直接责任人员,依法给予行政处分。

建设项目环境影响报告书、报告表未经批准或者未经原审批部门重新审核同意,建设单位擅自开工建设的,依照前款的规定处罚、处分。

建设单位未依法备案建设项目环境影响登记表的,由县级以上环境保护行政主管部门责令备案,处五万元以下的罚款。

海洋工程建设项目的建设单位有本条所列违法行为的,依照《中华人民共和国海洋环境保护法》的规定处罚。

(8)关于新环境保护法实施前已经擅自开工建设的项目如何处理?

答:建设单位未依法提交建设项目环境影响评价文件或者环境影响评价文件未经批准,在2015年1月1日前已经擅自开工建设,并于2015年1月1日之后仍然进行建设的,立案查处的环保部门应当根据新修订的《中华人民共和国环境保护法》第六十一条的规定责令停止建设,处以罚款,并可以责令恢复原状;被责令停止建设,拒不执行,尚不构成犯罪的,除依照有关法律法规规定予以处罚外,应当根据新修订的《中华人民共和国环境保护法》第六十三条第一项的规定将案件移送公安机关处以拘留。

对已经建成投产或者使用的前述类型的违法建设项目,立案查处的环保部门应当按照全国人民代表大会常务委员会法制工作委员会《关于建设项目环境管理有关法律适用问题的答复意见》(法工委复〔2007〕2号)确定的法律适用原则,分别作出相应的处罚。换言之,对违反环评制度的行为,依据《中华人民共和国环境保护法》和《中华人民共和国环境影响评价法》作出相应处罚;同时,对违反"三同时"制度的行为,依据《中华人民共和国水污染防治法》《中华人民共和国固体废物污染环境防治法》《中华人民共和国环境噪声污染防治法》《中华人民共和国放射性污染防治法》《建设项目环境保护管理条例》等现行法律法规作出相应处罚。

(9)"未批先建项目"是否能够"限期补办手续"?

答:新《中华人民共和国环境保护法》第六十一条规定,建设单位未依法提交建设项目环境影响评价文件或者环境影响评价文件未经批准,擅自开工建设的,由负有环境保护监督管理职责的部门责令停止建设,处以罚款,并可以责令恢复原状。

原《中华人民共和国环境影响评价法》第三十一条规定,建设单位未依法报批建设项目环境影响评价文件,擅自开工建设的,由环保部门责令停止建设,限期补办手续;逾期不补办手续的,可以处以罚款。

2016年7月,新《中华人民共和国环境影响评价法》的第三十一条重新进行了修订,建设单位未依法报批建设项目环境影响报告书、报告表,或者未依照本法第二十四条的规定重新报批或者报请重新审核环境影响报告书、报告表,擅自开工建设的,由县级以上环境保护行政主管部门责令停止建设,根据违法情节和危害后果,处建设项目总投资额百分之一以上百分之五以下的罚款,并可以责令恢复原状;对建设单位直接负责的主管人员和其他直接责任人员,依法给予行政处分。

因此,对于未批先建项目不存在限期补办手续的问题,按法规要求,相关部门应责令停止建设,处以罚款并可以责令恢复原状。

（10）企业建设项目的污染物排放没有国家及地方标准,在环评中如何处理?

答:根据《环境影响评价技术导则　大气环境》（HJ 2.2—2008）的有关规定,在建设项目的环境影响评价过程中,国家和地方标准中没有规定的污染物,可参照国外有关标准选用,但应作出说明,报省级环境保护主管部门批准后执行。

（11）环境保护"三同时"竣工验收取消了吗?

答:环境保护"三同时"竣工验收作为行政许可事项被取消了,但竣工验收环节本身没有取消,而是其主体责任为企业本身,可自行委托第三方机构编制建设项目环境保护设施竣工验收报告。上海市环境保护局2017年12月12日发布了上海市环境保护局关于贯彻落实《建设项目竣工环境保护验收暂行办法》的通知。

（12）建设项目竣工环境保护验收条件是什么?

答:

1）建设前期,环境保护审查、审批手续完备,技术资料与环境保护档案资料齐全;

2）环境保护设施及其他措施等已按批准的环境影响报告书（表）或者环境影响登记表和设计文件的要求建成或者落实,环境保护设施经负荷试车检测合格,其防治污染能力适应主体工程的需要;

3）环境保护设施安装质量符合国家和有关部门颁发的专业工程验收规范、规程和检验评定标准;

4）具备环境保护设施正常运转的条件,包括经培训合格的操作人员,健全的岗位操作规程及相应的规章制度,原料、动力供应落实,符合交付使用的其他要求;

5）污染物排放符合环境影响报告书（表）或者环境影响登记表和设计文件中提出的标准及核定的污染物排放总量控制指标的要求;

6）各项生态保护措施按环境影响报告书（表）规定的要求进行落实，建设项目建设过程中受到破坏并可恢复的环境已按规定采取了恢复措施；

7）环境监测项目、点位、机构设置及人员配备，符合环境影响报告书（表）和有关规定的要求；

8）环境影响报告书（表）提出需对环境保护敏感点进行环境影响验证，对清洁生产进行指标考核，对施工期环境保护措施落实情况进行工程环境监理的，已按规定要求完成；

9）环境影响报告书（表）要求建设单位采取措施削减其他设施污染物排放，或要求建设项目所在地地方政府或者有关部门采取"区域削减"措施满足污染物排放总量控制要求的，其相应措施得到落实。

（13）企业试生产时要关注什么问题？

答：国务院发布《关于第一批取消62项中央指定地方实施行政审批事项的决定》，取消了建设项目试生产审批事项。2016年4月，中华人民共和国环境保护部发布公告，各级环境保护主管部门不再受理建设项目试生产申请，也不再进行建设项目试生产审批。

建设项目试生产行政审批取消，并不意味着企业可以放松相应的环境管理工作，而是原来试生产行政审批作为企业信用背书，现在则完全转为企业自行管理，仍应按规定落实环评要求，并符合建设项目环境保护竣工验收的内容。建议做好以下工作：

1）建立与完善环境保护管理机构、企业环境管理体系及环保设施操作规程与文件；

2）按照环评要求落实环境监测计划，定期实施环境监测；必要时配备相应的环境监测仪器及在线监测设施，完成在线设施的有效性验证，并确保正常运营；

3）按照环境监测要求，完成污染物监测平台的设置，为最终竣工验收准备好条件；

4）必要时，完成环境应急预案的备案工作，按规定建立环境应急组织机构，配备落实环境应急物资；

5）按照环评要求落实环境保护设施的相关技术要求，确保在设计产能75%的情况下，排放浓度能够稳定达标排放，总量符合规定要求；

6）完成固体废物及危险废物委托协议，并严格执行危险废物转移联单

制度;

7) 企业排污口、固体废物及危险废物贮存现场按照规定设置图形标志;

8) 按照相关规范完成环境保护治理设施安装试调工作,落实施工期环境监理要求,完成操作人员上岗培训工作,观察治理设施处理能力与效率及产能变化的关系,确保治理设施稳定达标排放;同时确保原料及动力供应充足。

项目调试运行前先要完成排污许可证或辐射安全许可证以及其他法定许可证的申领,方可进行调试运行。

(14) 上海市建设项目环保竣工验收要编制什么报告?

答:根据上海市环境保护竣工验收的要求,建设项目竣工后,建设单位应组织编制《环保措施落实情况报告》《非重大变动环境影响分析报告》及《验收监测(调查)报告》,并予以全文公开。验收监测过程有污染物超标排放的,应立即整改后再实施验收。

(15) 哪些情形建设项目无法验收合格?

答:根据《建设项目竣工环境保护验收暂行办法》第八条的要求,存在下列情形之一的,建设单位不得提出验收合格的意见:

1) 未按环境影响报告书(表)及其审批部门审批决定要求建成环境保护设施,或者环境保护设施不能与主体工程同时投产或者使用的;

2) 污染物排放不符合国家和地方相关标准、环境影响报告书(表)及其审批部门审批决定或者重点污染物排放总量控制指标要求的;

3) 环境影响报告书(表)经批准后,该建设项目的性质,规模,地点,采用的生产工艺或者防治污染、防止生态破坏的措施发生重大变动,建设单位未重新报批环境影响报告书(表)或者环境影响报告书(表)未经批准的;

4) 建设过程中造成重大环境污染未治理完成,或者造成重大生态破坏未恢复的;

5) 纳入排污许可管理的建设项目,无证排污或者不按证排污的;

6) 分期建设、分期投入生产或者使用依法应当分期验收的建设项目,其分期建设、分期投入生产或者使用的环境保护设施防治环境污染和生态破坏的能力不能满足其相应主体工程需要的;

7) 建设单位因该建设项目违反国家和地方环境保护法律法规受到处罚,被责令改正,尚未改正完成的;

8) 验收报告的基础资料数据明显不实,内容存在重大缺项、遗漏,或者验收

结论不明确、不合理的;

9)其他环境保护法律法规规章等规定不得通过环境保护验收的。

(16)企业申请建设项目竣工环境保护验收对产能有什么要求?

答:依据《关于建设项目环境保护设施竣工验收监测管理有关问题的通知》,工业生产型建设项目,建设单位应保证的验收监测工况条件为:试生产阶段工况稳定,生产负荷达75%以上(国家、地方排放标准对生产负荷有规定的按标准执行),环境保护设施运行正常。

对在规定的试生产期,生产负荷无法在短期内通过调整达到75%以上的,应分阶段开展验收检查或监测。

(17)建设项目环境保护的事中、事后监督包括哪些内容?

答:事中监督管理的内容主要是,经批准的环境影响评价文件及批复中提出的环境保护措施落实情况和公开情况;施工期环境监理和环境监测开展情况;竣工环境保护验收和排污许可证的实施情况;环境保护法律法规的遵守情况和环境保护部门做出的行政处罚决定的落实情况。

事后监督管理的内容主要是,生产经营单位遵守环境保护法律、法规的情况进行监督管理;产生长期性、累积性和不确定性环境影响的水利、水电、采掘、港口、铁路、冶金、石化、化工以及核设施、核技术利用和铀矿冶等编制环境影响报告书的建设项目,生产经营单位开展环境影响后评价及落实相应改进措施的情况。由上可见,事中监督管理的内容包括了竣工环境保护验收和排污许可证的实施情况。

3. 企业管理重点

作为企业管理者,首先应在企业内部建立《建设项目环境管理程序》(或者是管理制度类的规章),程序中根据法律法规的要求,明确以下管理内容:

1)根据企业内部组织机构及部门管理实际情况,按照以下环境管理活动,在企业内部管理程序中明确规定建设项目环境管理中不同部门的管理职责与作用,包括企业试生产及申请环境保护竣工验收的负责部门与相关职责。

2)集团公司应对下属企业建设项目环境影响评价实施情况规定定期向集团公司汇报的要求,以了解下属建设项目的环保合规情况。

3)根据《中华人民共和国环境影响评价法》(以下简称为《环评法》)第十六条的要求,对可能造成不同类型环境影响的项目,规定编制不同级别的环评文件,上海市的相关建设项目分类管理情况应按照上海市环境保护局的实施细化规定具体内容执行。

4）根据《环评法》第十九条的要求，企业管理程序应根据环评机构的资质等级、评价范围以及主管部门的处罚情况，选择有能力、有信誉的环评机构为企业提供环评技术服务，上述相关信息在环境保护主管部门的网站上均可以查询。《建设项目环境保护条例》修订后，未再对环评机构资质予以要求，企业应密切关注相关环评机构管理要求的变化，但选择有能力和有经验的机构要求宗旨应该是不变的。

5）根据《环评法》第二十四条，企业管理程序应明确，建设项目环评文件批准后，当发生建设项目的性质，规模，地点，采用的生产工艺或者防治污染、防止生态破坏的措施发生重大变动的，应重新实施环评。上述五大因素是判定建设项目是否发生重大变更的依据，企业内部应有相应的机制安排，来确保发生上述变化时有对应的信息反馈到企业管理者，避免企业内部信息不对称而导致发生违法环评要求的情况。上海市工业企业应按照《上海市建设项目变更重新报批环境影响评价文件工作指南（暂行）》，对应相应的情况来界定重大变化。

6）根据《环评法》第二十六条，建设项目环评文件批准后，企业适用的污染物排放标准也就明确了，应在相关管理程序或制度中予以明确，并保持一致。同时，环评文件及其批复中提出环境保护措施，包括环境治理措施、环境监测计划以及管理要求，均应由企业在运营管理活动中予以落实，其中环境监测计划尤其就注意环境监测的频次与指标的要求，上述要求如未实施，也视为违反环评法要求。

7）在程序中明确试运行及竣工验收的相关准备要求，可能包括按照环评要求落实环境监测计划，必要时配备相应的环境监测仪器及在线监测设施，完成污染物监测平台设置，在线设备有效性验证，环境应急预案的备案及落实工作，确保在设计产能75%的情况下能够稳定达标排放，完成固体废物及危险废物委托协议，严格执行危险废物转移联单制度，企业排污口、固体废物及危险废物贮存现场按照规定要求设置图形标志，完成环境保护治理设施操作人员上岗培训工作等。

8）实施调试运行前，在完成排污许可证及相关许可证的申领工作后，方可排污；环境保护竣工验收期限不得超过3个月，出现调试或者整改情况的最长不超过12个月。

9）同时建议企业建设项目管理程序中要对应环评法罚则第三十一条及第三十二条，明确企业内部对应上述情况的具体处罚措施。

10）企业应明确选择第三方实施环境保护竣工验收的程序及要求,完成竣工验收调查报告的编制工作,并予以公示,并组织验收。第三方机构应具备相应编制报告的能力及业绩,或具备相应的环境监测资质实施监测任务。

4. 总结

未批先建、产能超标、环评要求及环境监测计划要求不落实等情况是企业经常发生的现象,建立企业层面的《建设项目环境管理程序》就是要将上述现象在企业运营管理阶段,通过企业内部规章制度的形式,将环保法律法规的要求以向企业各责任部门予以宣贯并落地。在企业运营管理期间,企业环境管理者肩负着将企业上述要求在内部顺畅沟通、协调和指挥的重大责任。企业对建设项目环保合规性的审查,也应是企业生产经营活动中定期开展的工作。

三、清洁生产审核制度

1. 制度基本情况

清洁生产,是指不断采取改进设计、使用清洁的能源和原料、采用先进的工艺技术与设备、改善管理、综合利用等措施,从源头削减污染,提高资源利用效率,减少或者避免生产、服务和产品使用过程中污染物的产生与排放,以减轻或者消除对人类健康和环境的危害。

清洁生产审核,是指按照一定程序,对生产和服务过程进行调查和诊断,找出能耗高、物耗高、污染重的原因,提出降低能耗、物耗、废物产生以及减少有毒有害物料的使用、产生和废弃物资源化利用的方案,进而选定并实施技术经济及环境可行的清洁生产方案的过程。

2002 年 6 月 29 日,我国发布了《中华人民共和国清洁生产促进法》,确立了清洁生产及清洁生产审核的法律地位,2012 年 2 月,全国人民代表大会通过了修正后的《中华人民共和国清洁生产促进法》。

2. 相关管理要求问答

（1）清洁生产审核有哪些类型?

答:清洁生产审核分为自愿性审核和强制性审核两大类别。

（2）清洁生产审核的范围与对象是什么?

答:依据《中华人民共和国清洁生产促进法》,有下列情形之一的企业,应当实施强制性清洁生产审核:

1）污染物排放超过国家或者地方规定的排放标准,或者虽未超过国家或者地方规定的排放标准,但超过重点污染物排放总量控制指标的;

2）超过单位产品能源消耗限额标准构成高耗能的;

3）使用有毒、有害原料进行生产或者在生产中排放有毒、有害物质的。

污染物排放超过国家或者地方规定的排放标准的企业,应当按照环境保护相关法律的规定进行治理。

其中,有毒有害原料或物质包括以下几类:

第一类,危险废物,包括列入《国家危险废物名录》(简称《名录》)的危险废物,以及根据国家规定的危险废物鉴别标准和鉴别方法认定的具有危险特性的废物。

第二类,剧毒化学品,列入《重点环境管理危险化学品目录》的化学品,以及含有上述化学品的物质。

第三类,含有铅、汞、镉、铬等重金属和类金属砷的物质。

第四类,《关于持久性有机污染物的斯德哥尔摩公约》附件所列物质。

第五类,其他具有毒性,可能污染环境的物质。

（3）企业如何确定自己应实施哪一类清洁生产审核?

答:一方面,企业应根据自身的污染物排放、有毒有害原料使用及能耗情况确定是否属于强制性清洁生产审核单位。

另一方面,实施强制性清洁生产审核的企业名单,由所在地县级以上环境保护及节能主管部门按照管理权限提出,逐级报省级环境保护及节能主管部门核定后确定,根据属地原则,书面通知企业,并抄送同级清洁生产综合协调部门和行业管理部门。

（4）清洁生产审核如何开展实施?

答:清洁生产审核以企业自行组织开展为主。实施强制性清洁生产审核的企业,如果自行独立组织开展清洁生产审核,《清洁生产审核办法》第十六条第(二)款、第(三)款的条件。

不具备独立开展清洁生产审核能力的企业,可以聘请外部专家或委托具备相应能力的咨询服务机构协助开展清洁生产审核。

（5）清洁生产审核按什么程序开展?

答:清洁生产审核开展的程序原则上包括审核准备、预审核、审核、方案的产生和筛选、方案的确定、方案的实施、持续清洁生产等阶段,具体实施时可以按步骤细化,并结合企业自身的实际情况。

(6) 清洁生产评估验收如何实施?

答:按规定,县级以上地方人民政府有关部门应当对企业实施强制性清洁生产审核的情况进行监督,必要时可以对企业实施清洁生产的效果进行评估验收,所需费用纳入同级政府预算。承担评估验收工作的部门或者单位不得向被评估验收企业收取费用。清洁生产审核评估验收的结果可作为落后产能界定等工作的参考依据,即如果企业在清洁生产评估验收中确定为落后产能,将依法淘汰。

(7) 上海市企业实施清洁生产审核有哪些扶持政策?

答:上海市层面有《上海市工业节能和合同能源管理项目专项扶持办法》《上海市鼓励企业实施清洁生产专项扶持办法》,部分涉及挥发性有机物(VOCs)中高费减排的企业适用《上海市工业挥发性有机物减排企业污染治理项目专项扶持操作办法》。各区也有各种不同的清洁生产扶持政策,企业应询问本区的经信部门。针对清洁生产审核及中高费方案补贴的相关政策不定期会有所更新及变化,企业环境管理人员应密切关注相关政策动态。

3. 企业管理重点

对于可能实施清洁生产审核的行业,企业环境管理者应制定《清洁生产审核管理程序》,在程序中按照法规要求明确以下内容:

1) 根据企业内部组织机构及部门管理实际情况,在企业内部管理程序中明确规定,当企业进入政府相关部门实施清洁生产审核名单后,开展清洁生产审核时相关部门的管理职责与作用。

2) 集团公司应对下属企业自愿或强制实施清洁生产审核情况明确规定定期向集团公司汇报的要求,以了解下属清洁生产审核实施进度情况。

3) 明确规定清洁生产审核程序及频次(一般为5年一轮),同时规定在审核开展的各阶段,相关部门应配合开展的工作,包括相关资料及数据的提供与汇总。

4) 如果企业不具备自行实施清洁生产审核的能力,应确定选择清洁生产审核机构的标准,以确保清洁生产审核结果能够符合规定要求。

5) 明确负责公布能源水耗及重点污染物产生、排放情况的具体部门,以及信息发布的具体方式。

6) 清洁生产审核工作开展时,应考虑与企业内部其他管理体系及管理制度的融合,包括环境管理体系、能源管理体系以及质量管理体系要求,原有合理化建议的汇总渠道,并充分整合精益生产、5S 现场改善等管理资源。

7）企业内部清洁生产审核制度应结合清洁生产审核绩效情况,建立相应的奖励制度,以鼓励员工及相关部门积极参与审核过程。

8）企业有产品及包装设计能力的,应要求设计部门考虑产品及包装在其生命周期中对环境的影响,优先选择无毒、无害、易于降解或者便于回收利用的设计方案,贯穿于产品和包装的设计和开发策划、输入、输出、评审、验证及确认各阶段。

4. 总结

清洁生产审核是涵盖"节能减排"范畴,实现"减污增效"结果,侧重于技术,又与管理密不可分的工作,企业环境管理者在实施清洁生产审核过程中,应将其作为企业管理的一部分,制定专项管理制度,确立其企业内部的地位。从清洁生产审核分析问题的思想方法可以看出,其部分思路来源于质量管理的鱼刺图,因此清洁生产遵循的原理与质量管理其实是同宗同源。所以,在清洁生产审核实施过程中应充分调动相关人员及资源,使其投入清洁生产审核中,广开言路、广纳良议,同时要协调好设计开发、生产制造、设备能源、质量管理等相关部门,辅之以相关环境污染治理、节能等技术手段,才能真正实现其预期目标。

同时,在例行实施清洁生产审核过程中,最终通过评估验收固然非常重要,但更重要的是企业环境管理者应积累与分析自身水耗、能耗、物耗及污染物排放的相关统计数据,将这些数据形成对企业产能的关联性及趋势性分析。这不仅在内部管理上可以对比建设项目环评的分析数据,同时数据的规律性对企业形成精细化的环境管理标准有着重要的意义,也是企业挖掘节能减排潜力的重要基础。

四、危险废物管理制度

1. 制度基本情况

1995 年 10 月 30 日中华人民共和国主席令第 58 号公布了《中华人民共和国固体废物污染环境防治法》,明确了防治固体废物污染环境的法规。由于我国近几年来固体废物产生量逐年飞速增长,以及相应的危险废物处理能力不足等,国家对该法规进行了 4 次修订。2004 年 12 月 29 日发布了修订后的《中华人民共和国固体废物污染环境防治法》(以下简称为《固废法》),此后分别在

2013年6月29日、2015年4月24日及2016年11月7日发布了《固废法》修订版,以期能达到防治固体废物污染环境的目的。

危险废物定义:指列入《国家危险废物名录》或者根据国家规定的危险废物鉴别标准和鉴别方法认定的具有危险特性的废物。特指有害废物,具有易燃性、腐蚀性、反应性、传染性、毒性、放射性等特性,产生于各种有危险废物产物的生产企业。从危险废物的特性看,它对人体健康和环境保护有潜在的巨大危害。例如,引起或助长死亡率增高,使严重疾病的发病率增高,在管理不当时会给人类健康或环境造成重大急性、即时或潜在危害等。

危险废物产生单位管理制度:根据《中华人民共和国固体废物污染环境防治法》,明确危险废物产生单位为污染防治责任主体,落实危险废物产生、收集和贮存、转移和处置、运输过程中的相关要求与措施。相对而言,危险废物管理涉及环节和相关方众多,一旦对环境造成影响,涉及的环境介质包括水体污染、大气污染、土壤污染和地下水污染,因此在企业环境管理过程中应予以充分重视。

2. 相关管理要求问答

(1) 企业的固体废物仓库及危险废物贮存场所是否需要实施环评?

答:根据《中华人民共和国固体废物污染环境防治法》第十三条规定,建设产生固体废物的项目以及建设贮存、利用、处置固体废物的项目,必须依法进行环境影响评价,并遵守国家有关建设项目环境保护管理的规定。

所有危险废物产生者和危险废物经营者应建造专用的危险废物贮存设施,也可将原有构筑物改建成危险废物贮存设施。

同时,第三十四条要求,禁止擅自关闭、闲置或者拆除工业固体废物污染环境防治设施、场所;确有必要关闭、闲置或者拆除的,必须经所在地县级以上地方人民政府环境保护行政主管部门核准,并采取措施,防止污染环境。

(2) 对危险废物产生单位具体有什么管理要求?

答:

1) 对于危险废物的容器和包装物以及收集、贮存、运输、处置危险废物的设施、场所,必须设置危险废物识别标志。

2) 产生危险废物的单位,必须按照国家有关规定处置危险废物,不得擅自倾倒、堆放。

3) 产生危险废物的单位,必须按照国家有关规定制订危险废物管理计划,并向所在地县级以上地方人民政府环境保护行政主管部门申报危险废物的种类、产生量、流向、贮存、处置等有关资料。

危险废物管理计划应当报产生危险废物的单位所在地县级以上地方人民政府环境保护行政主管部门备案。

4）贮存危险废物必须采取符合国家环境保护标准的防护措施，并不得超过一年；确需延长期限的，必须报经原批准经营许可证的环境保护行政主管部门批准。禁止将危险废物混入非危险废物中贮存。

5）收集、贮存危险废物，必须按照危险废物特性分类进行。禁止混合收集、贮存、运输、处置性质不相容且未经安全性处置的危险废物。

6）转移危险废物的，必须按照国家有关规定填写危险废物转移联单。跨省、自治区、直辖市转移危险废物的，应当向危险废物移出地的省、自治区、直辖市人民政府环境保护行政主管部门申请。未经批准的，不得转移。

上海市规定危险废物产生者应当向所在地的区、县环境保护部门申报危险废物的种类、数量、成分特征、排放方式，并提供污染防治设施和废物主要去向等资料，同时抄报市环保局备案；同时规定产废企业应结合自身实际情况，建立完善危险废物台账制度，同时要求危险废物产生单位和经营单位应当对本单位工作人员进行培训，提高全体人员对危险废物管理的认识。

（3）对承担危险废物处理处置的单位有什么要求？

答：从事收集、贮存、处置危险废物经营活动的单位，必须向县级以上人民政府环境保护行政主管部门申请领取经营许可证；从事利用危险废物经营活动的单位，必须向国务院环境保护行政主管部门或者省、自治区、直辖市人民政府环境保护行政主管部门申请领取经营许可证。

禁止无经营许可证或者不按照经营许可证规定从事危险废物收集、贮存、利用、处置的经营活动。禁止将危险废物提供或者委托给无经营许可证的单位从事收集、贮存、利用、处置的经营活动。如果企业选择无证企业，实施了危险废物的收集、贮存、利用及处置活动，则应承担相应的法律连带责任。

（4）危险废物在应急和管理方面有什么要求？

答：

1）产生、收集、贮存、运输、利用、处置危险废物的单位，应当制定意外事故的防范措施和应急预案，并向所在地县级以上地方人民政府环境保护行政主管部门备案；

2）因发生事故或者其他突发性事件,造成危险废物严重污染环境的单位,必须立即采取措施消除或者减轻对环境的污染危害,及时通报可能受到污染危害的单位和居民,并向所在地县级以上地方人民政府环境保护行政主管部门和有关部门报告,接受调查处理。

（5）违反危险废物相关法律法规的行为会受到什么处罚?

答:违反有关危险废物污染环境防治法的规定,有下列行为之一的,由县级以上人民政府环境保护行政主管部门责令停止违法行为,限期改正,处以罚款:

1）不设置危险废物识别标志的;

2）不按照国家规定申报登记危险废物,或者在申报登记时弄虚作假的;

3）擅自关闭、闲置或者拆除危险废物集中处置设施、场所的;

4）不按照国家规定缴纳危险废物排污费的;

5）将危险废物提供或者委托给无经营许可证的单位来从事经营活动的;

6）不按照国家规定填写危险废物转移联单或者未经批准擅自转移危险废物的;

7）将危险废物混入非危险废物中贮存的;

8）未经安全性处置,混合收集、贮存、运输、处置具有不相容性质的危险废物的;

9）将危险废物与旅客在同一运输工具上载运的;

10）未经消除污染的处理,将收集、贮存、运输、处置危险废物的场所、设施、设备和容器、包装物及其他物品转作他用的;

11）未采取相应防范措施,造成危险废物扬散、流失、渗漏或者造成其他环境污染的;

12）在运输过程中沿途丢弃、遗撒危险废物的;

13）未制定危险废物意外事故防范措施和应急预案的。

有前款第1项、第2项、第7项、第8项、第9项、第10项、第11项、第12项、第13项行为之一的,处一万元以上十万元以下的罚款;有前款第3项、第5项、第6项行为之一的,处二万元以上二十万元以下的罚款;有前款第4项行为的,限期缴纳,逾期不缴纳的,处应缴纳危险废物排污费金额一倍以上三倍以下的罚款。

根据《中华人民共和国刑法》第三百三十八条及《最高人民法院最高人民检察院关于办理环境污染刑事案件适用法律若干问题的解释》,对工业企业而言,

"非法排放、倾倒、处置危险废物三吨以上的"可以入刑。

（6）对于危险废物贮存场所的要求是什么？

答：

1）危险废物贮存场所应按要求实施环评。

2）所有危险废物产生者和危险废物经营者应建造专用的危险废物贮存设施，也可将原有构筑物改建成危险废物贮存设施。

3）贮存场所具体要具备以下条件与要求：① 地面与裙脚要用坚固、防渗的材料建造，建筑材料必须与危险废物相容；② 必须有泄漏液体收集装置、气体导出口及气体净化装置；③ 设施内要有安全照明设施和观察窗口；④ 用以存放装载液体、半固体危险废物容器的地方，必须有耐腐蚀的硬化地面，且表面无裂隙；⑤ 应设计堵截泄漏的裙脚，地面与裙脚所围建的容积不低于堵截最大容器的最大储量或总储量的五分之一；⑥ 不相容的危险废物必须分开存放，危险废物堆放要防风、防雨、防晒；⑦ 危险废物贮存设施都必须按GB 15562.2—1995的规定设置警示标志；⑧ 危险废物贮存设施周围应设置围墙或其他防护栅栏；⑨ 危险废物贮存设施应配备通信设备、照明设施、安全防护服装及工具，并设有应急防护设施；⑩ 危险废物贮存设施内清理出来的泄漏物，一律按危险废物处理。

（7）上海市对危险废物自行处理处置单位有什么要求？

答：鼓励产废企业通过开展危险废物自行处理处置实现源头减量。产废企业应按照《关于规范本市危险废物自行处理处置行为的通知》（沪环保防〔2014〕268号）有关要求，加强对自行处理处置行为的过程管理，完善台账记录，并每季度向所在地环保部门进行报告。

（8）液态废物是按固体废物管理还是按废水来管理？

答：液态废物的污染防治，适用《中华人民共和国固体废物污染环境防治法》；但是，排入水体的废水的污染防治应适用《中华人民共和国水污染防治法》的管理要求。

（9）列入《危险废物豁免管理清单》中的废物是否不属于危险废物？确定某种废物是否符合豁免管理的流程是怎样的？

答：《危险废物豁免管理清单》仅豁免了危险废物特定环节的部分管理要求，并没有豁免其危险废物的属性。

确定某种废物是否符合豁免管理的流程为：① 确定该废物属于列入《危险

废物豁免管理清单》的危险废物(核对废物类别/代码和名称);② 确定该废物的豁免环节是否与《危险废物豁免管理清单》一致;③ 核对是否具备《危险废物豁免管理清单》列明的豁免条件。

(10) 列入《危险废物豁免管理清单》的危险废物,其豁免环节的前后环节如何衔接,以确保后续环节仍按危险废物管理?

答:《危险废物豁免管理清单》仅豁免了危险废物在特定环节的部分管理要求,在豁免环节的前后环节,仍应按照危险废物进行管理;且在豁免环节内,可以豁免的内容也仅限于满足所列条件下列明的内容,其他危险废物或者不满足豁免条件的此类危险废物的管理仍需执行危险废物管理的要求。例如,生活垃圾焚烧飞灰满足《生活垃圾填埋场污染控制标准》(GB 16889—2008)中6.3条要求且进入生活垃圾填埋场填埋,填埋过程可不按危险废物管理;如果不能满足《生活垃圾填埋场污染控制标准》(GB 16889—2008)中6.3条要求或不进入生活垃圾填埋场,则处置过程仍然需要按照危险废物管理。

(11) 危险废物与其他固体废物的混合物,以及危险废物处理后的废物的属性判定,按照国家规定的危险废物鉴别标准执行。对此应如何理解?

答:危险废物与其他固体废物混合后的属性判定应根据《危险废物鉴别标准 通则》(GB 5085.7—2007)的第5条"危险废物混合后判定规则"进行判定,具有毒性(包括浸出毒性、急性毒性及其他毒性)和感染性等一种或一种以上危险特性的危险废物与其他固体废物混合,混合后的废物属于危险废物。仅具有腐蚀性、易燃性或反应性的危险废物与其他固体废物混合,混合后的废物按《危险废物鉴别标准 腐蚀性鉴别》(GB 5085.1—2007)、《危险废物鉴别标准 易燃性鉴别》(GB 5085.4—2007)和《危险废物鉴别标准 反应性鉴别》(GB 5085.5—2007)进行鉴别,不再具有危险特性的,不属于危险废物。危险废物与放射性废物混合,混合后的废物应按照放射性废物管理。

危险废物处理后的属性判定应根据《危险废物鉴别标准通则》(GB 5085.7—2007)的第6条"危险废物处理后判定规则"进行判定,具有毒性(包括浸出毒性、急性毒性及其他毒性)和感染性等一种或一种以上危险特性的危险废物处理后的废物仍属于危险废物,国家有关法规、标准另有规定的除外(如铬渣)。仅具有腐蚀性、易燃性或反应性的危险废物处理后,按《危险废物鉴别标准 腐蚀性鉴别》(GB 5085.1—2007)、《危险废物鉴别标准 易燃性鉴别》(GB 5085.4—2007)和《危险废物鉴别标准 反应性鉴别》(GB 5085.5—2007)进行鉴别,不再具有危险特性的,不属于危险废物。

（12）《国家危险废物名录》中有很多类似于"不包括××××"的描述,是不是意味着这些"××××"就不属于危险废物了?

答:《国家危险废物名录》中关于"不包括××××"的描述,是根据当前环境管理的需要,明确不将此类废物包括在本名录里。但是《固体法》对于危险废物的定义是指列入《国家危险废物名录》或者根据国家规定的危险废物鉴别标准和鉴别方法认定的具有危险特性的固体废物。因此,此类废物虽未列入《名录》,但仍然需要根据国家规定的危险废物鉴别标准和鉴别方法认定是否属于危险废物。经鉴别不具有危险特性的,不属于危险废物。

3. 企业管理重点

对于危险废物产生单位,企业环境管理者应制定《固体废物污染防治管理程序》,在管理程序中按照法规要求,应明确以下内容:

1）建立健全污染环境防治责任制度,承担危险废物管理的主体责任,建立健全企业内部环境管理架构和专职管理人员结构,规范执行危险废物管理各项制度,做到内部管理严格、转移处置规范、管理台账清晰。

2）企业应对照新危险废物名录,明确自身存在哪些类型危险废物,如存在危险废物类别调整、代码变更等情况的,应向所在地环保部门说明其调整内容及相应依据。

3）集团公司应对下属企业危险废物管理明确规定定期向集团公司汇报的要求,以了解下属危险废物合规管理现状。

4）应根据《危险废物产生单位管理计划制定指南》（环境保护部 2016 年第 7 号公告,以下简称为《管理计划指南》）的有关要求,根据环评文件和自身实际运营情况,对照 2016 年发布的新版《国家危险废物名录》,从生产工艺、污染治理、事故应急、设备检修、场地清理、环境监测等方面全面分析危险废物的产生情况、代码特性和内部管理流程,科学制定本单位的危险废物管理计划,将危险废物管理计划向所在地环保部门进行备案。

5）产废单位应向所在地县级以上地方人民政府环境保护行政主管部门申报危险废物的种类、产生量、流向、贮存、处置等有关资料。

6）建设产生危险废物的项目以及建设贮存、利用、处置危险废物的项目,依法进行环境影响评价,并遵守国家有关建设项目环境保护管理的规定。

7）危险废物贮存设施满足《危险废物贮存污染控制标准》要求,现场贮存时间不得超过一年;确需延长期限的,必须报经原批准经营许可证的环境保护行政主管部门批准。贮存设施产生的有机废气应按照相关规定密闭或处理达标排放。

8)对危险废物的容器和包装物设置危险废物识别标志。对收集、贮存、运输、处置危险废物的设施、场所设置危险废物识别标志。

9)产废单位应在管理制度中明确以下要求,并严格执行:按照危险废物特性分类进行收集,分类进行贮存;禁止将危险废物混入非危险废物中贮存。禁止混合收集、贮存、运输、处置性质不相容而未经安全性处置的危险废物;收集、贮存、运输、处置危险废物的场所、设施、设备和容器、包装物及其他物品不得转作他用。

10)产废单位应当结合自身实际情况,建立完善危险废物台账制度,同时加强培训,提高全体员工的危险废物管理认识。

11)具备自行处置条件的产废单位,则按照《关于规范本市危险废物自行处理处置行为的通知》(沪环保防〔2014〕268号)的有关要求,加强对自行处理处置行为的过程管理,完善台账记录,并每季度向所在地环保部门进行报告。

12)若不能自行处置的,明确将危险废物提供或者委托给具有经营许可证的单位进行收集、贮存、利用、处置,定期确认承包方的危险废物经营许可资质有效期及经营范围。对于固体废物处理处置承包方,在合同中明确约定承包方处理处置的法律责任及资信要求,如发生由固体废物丢弃造成的环境事件,以便于追诉其应承担的法律责任。

13)在转移危险废物过程中,必须执行危险废物转移联单制度,涉及跨省、自治区、直辖市转移危险废物的,应当向危险废物移出地直辖市人民政府环境保护行政主管部门申请。未经批准的,不得转移。

14)危险废物处理处置单位应按照环评要求实施定期环境监测,同时按照上海市环境保护条例的要求,定期对土壤和地下水进行监测,并向环境保护主管部门汇报。

15)产废单位应制定危险废物意外事故的防范措施和应急预案,并向所在地县级以上地方人民政府环境保护行政主管部门备案。

16)产废单位应严格按照《危险废物规范化管理考核体系》(环办〔2015〕99号)的有关要求,对自身危险废物管理现状进行定期检查,发现问题时应及时予以纠正,同时配合相关执法部门的检查工作。

17)根据《固体废物鉴别导则(试行)》的要求,不经过贮存而在现场直接返回原生产过程或返回其产生过程的物质及物品不属于固体废物,对于某些生产过程中产生的废物,企业应寻求合适的技术供应商在生产现场提高生产现场废料的回用率。

4. 总结

产废单位应当对危险废物进行规范化管理,明确自身的防治主体责任,建立健全防治责任制度,完善管理架构,配备专职人员,确保从场地、分类、包装、收集、贮存、处置等完成危险废物全生命周期管理;确保遵守相应的管理制度,如标志制度、申报制度、管理计划备案制度、经营许可证制度、转移联单制度、环评制度、应急预案制度等;确保内部管理严格,台账清晰。建立相应的固体废物及危险废物管理制度,最终目的还是要从减废角度考虑,降低企业生产经营成本,因此减废计划如何与清洁生产审核及企业绩效考核结合,使其在企业内部得到广泛推行,应作为上述管理制度的重要组成部分。危险废物相对于其他污染物管理的复杂性,决定了其是企业内部环境管理的重要环节。

五、环境应急管理制度

1. 制度基本情况

为贯彻落实《中华人民共和国环境保护法》,加强对企业事业单位突发环境事件应急预案的备案管理,夯实政府和部门环境应急预案编制基础,根据《中华人民共和国环境保护法》《中华人民共和国突发事件应对法》等法律法规以及国务院办公厅印发的《突发事件应急预案管理办法》等文件,中华人民共和国环境保护部于2015年1月8日印发《企业事业单位突发环境事件应急预案备案管理办法(试行)》(环发〔2015〕4号)。上海市环保局于2015年12月18日发出《关于开展企业事业单位突发环境事件应急预案备案管理的通知》,发布了《上海市实施〈企业事业单位突发环境事件应急预案备案管理办法(试行)〉的若干规定》,对上海市的企业事业单位突发环境事件应急预案备案做出了进一步的规定。

环境应急预案定义:是指企业为了在应对各类事故、自然灾害时,采取紧急措施,避免或最大程度减少污染物及其他有毒有害物质进入厂界外大气、水体、土壤等环境介质,而预先制定的工作方案。

2. 相关管理要求问答

(1) 上海市工业企业要遵守的环境应急的管理制度有哪些?

答:上海市工业企业要遵守以下环境应急管理制度:

1)《企业事业单位突发环境事件应急预案备案管理办法(试行)》(环发〔2015〕4号);

2)《企业突发环境事件风险评估指南(试行)》(环办〔2014〕34号);

3)《上海市环境保护局关于开展企业事业单位突发环境事件应急预案备案管理的通知》(沪环保办〔2015〕517号);

4)《上海市企业事业单位突发环境事件应急预案编制指南(试行)》;

5)《上海市企业突发环境事件风险评估报告编制指南(试行)》。

(2) 有哪些类型的企业需要实施环境应急预案备案管理?

答:

1) 可能发生突发环境事件的污染物排放企业,包括污水、生活垃圾集中处理设施的运营企业;

2) 生产、储存、运输、使用危险化学品的企业,产生、收集、贮存、运输、利用、处置危险废物的企业;

3) 尾矿库企业,包括湿式堆存工业废渣库、电厂灰渣库企业;

4) 其他应当纳入适用范围的企业。

辐射环境应急预案的制定和备案按照《中华人民共和国放射性污染防治法》《放射性同位素与射线装置安全和防护条例》的有关规定执行。

建设单位应在建设项目竣工验收前完成备案工作。需要进行试生产的建设项目,应制定试生产期间专项环境应急预案,在建设项目试生产申请前完成备案或变更备案。

(3) 环境应急预案分哪些类型?

答:环境应急预案类型分以下三类:综合环境应急预案、专项环境应急预案和现场处置预案。

对环境风险种类较多、可能发生多种类型突发事件的,企业应当编制综合环境应急预案。综合环境应急预案应当包括本单位的应急组织机构及其职责、预案体系及响应程序、事件预防及应急保障、应急培训及预案演练等内容。

对某一种类的环境风险,企业应当根据存在的重大危险源和可能发生的突发事件类型,编制相应的专项环境应急预案。专项环境应急预案应当包括危险性分析、可能发生的事件特征、主要污染物种类、应急组织机构与职责、预防措施、应急处置程序和应急保障等内容。

对危险性较大的重点岗位,企业应当编制重点工作岗位的现场处置预案。现场处置预案应当包括危险性分析、可能发生的事件特征、应急处置程序、应急处置要点和注意事项等内容。

企业编制的综合环境应急预案、专项环境应急预案和现场处置预案之间应当相互协调,并与所涉及的其他应急预案相互衔接。

(4)如何确定不同企业环境应急预案编制的级别?

答:

1)重大环境风险的企业,应当按照环境应急综合预案、专项预案和现场处置预案的模式建立环境应急预案体系;

2)对于较大环境风险企业,综合预案和专项预案可合并编写;

3)对于一般环境风险企业,可以简化环境应急预案的内容,但至少包括组织指挥机制、应急队伍分工、信息报告、监测预警、不同情景下的应对流程和措施、应急资源保障等内容。

(5)如何开展环境应急预案的评审工作?

答:环境应急预案编制完成后,企业应组织专家和可能受影响的居民、单位代表对环境应急预案进行评审。专家人数应根据企业环境风险等级而定,风险等级为较大及以上环境风险的企业应邀请至少1名环境应急专家,环境应急专家可以从环境应急专家库中选取,专家与所评审的企业有利害关系的,应当回避。

应急预案评审方式:企业环境应急预案评审方式包括会议评审和函审。会议评审是指评审小组通过会议方式对企业环境应急预案进行审查并形成评审意见。函审是指评审小组成员各自对企业环境应急预案进行书面审查并提出意见,由评审小组组长汇总并形成评审意见。重大或者较大环境风险企业应采用会议评审,并根据实际情况,开展现场核查或演练,进行检验;一般环境风险企业可采用函审方式进行评审。

(6)如何实施环境应急预案的备案?

答:市级重点监管企业、涉密单位、涉及跨区县地域企业向市环保部门备案和变更备案,其他企业向所在地区县环保部门备案和变更备案。

企业应在签署发布环境应急预案之日起 20 个工作日内向受理备案的环境保护局备案,受理部门应当在 5 个工作日内进行核对。文件齐全的,出具加盖备案管理部门印章的突发环境事件应急预案表。备案企业应按照《备案办法》的规定提交相关文件,同时根据本市环境应急预案信息化管理的要求,提交符合要求的电子文件:

1) 突发环境事件应急预案备案表。

2) 环境应急预案及编制说明。环境应急预案包括环境应急预案的签署发布文件、环境应急预案文本;编制说明包括编制过程概述、重点内容说明、征求意见及采纳情况说明、评审情况说明。

3) 环境风险评估报告。

4) 环境应急资源调查报告。

5) 环境应急预案评审意见。

企业应急预案发生变化的,应在变更发布后 20 个工作日内向原受理备案的环保部门进行备案变更。

(7) 环境应急预案的信息公开有什么要求?

答:除涉及保密及商业秘密的,企业应当在环境应急预案发布后的 20 个工作日内,通过其网站、企业环境信息公开平台等便于公众知晓的方式主动公开企业环境应急预案。

3. 企业管理重点

对于需要开展环境风险评估及应急预案编制工作的企业,企业环境管理者应制定《环境风险评估及应急预案管理程序》,在管理程序中按照法规及规范要求明确以下内容。

1) 根据企业内部组织机构及部门管理实际情况,在企业内部管理程序中明确规定,当企业被列入重点企业需要开展环境风险评估及应急预案备案名单后,开展环境风险评估及应急预案备案工作时相关部门的管理职责与作用。

2) 明确环境风险评估及应急预案编制工作的程序及频次(一般来说,有效期是 3 年),但当企业发生如下情况时,应及时变更:本单位生产工艺和技术发生变化的;相关部门和人员发生变化或者应急组织指挥架构发生变化,职责发生调整的;周围环境或者敏感点发生变化的;环境应急预案依据的法律、法规、规章等发生变化的。

　　3）如企业不具备自行开展环境风险评估及应急预案编制工作的能力,应选择专业技术服务机构,以确保编制的环境风险评估及应急预案能够符合规定要求。

　　4. 总结

　　环境应急预案是环境应急管理工作的基础、环境应急准备工作的核心,其编制完善与有效实施对于控制突发环境事件事态发展、最大限度降低事件损失和环境影响有着至关重要的作用,是企业常态应急管理工作的抓手和非常态应急响应的依据。

　　企业应重视环境风险评估中识别出来的风险单元,制定严格的管理制度,配备必要的风险物质监测设备、装置和应急物资,加强风险源防范,编制切实可行的应急预案,并开展有针对性的应急演练。这样才能在发生环境事故时,科学、有序、快速、高效地应对环境事件,保障企业人员的生命财产安全和环境安全,维护社会稳定。

六、环境监测制度

　　1. 制度基本情况

　　环境监测,是指按照有关技术规范规定的程序和方法,运用物理、化学、生物、遥感等技术,监视、检测和分析环境污染因子及其可能对生态系统产生影响的环境变化,评价环境质量,编制环境监测报告的活动。

　　环境监测从不同对象角度可以分为三类,包括环境质量监测、污染源监测和突发环境事件应急监测。

　　环境质量监测,是指为掌握和评价环境质量状况及其变化趋势,对各环境要素所进行的环境监测活动。

　　污染源监测,是指对向环境排放污染物或者对环境产生不良影响的场所、设施、装置以及其他污染发生源所进行的环境监测活动,包括工业污染源监测、农业污染源监测、生活污染源监测、移动污染源监测和集中式污染治理设施监测等。污染源监测分为排污单位自行监测和环境保护主管部门依法实施的监督监测。

　　突发环境事件应急监测,是指发生环境污染和生态破坏等突发事件时,为向应急环境管理提供依据,降低突发事件对环境造成或者可能造成的危害,减少损失所进行的环境监测活动。

20 世纪 50 年代,早期的环境监测主要采用分析化学的方法对污染物进行分析,但由于环境污染物含量低(通常是 ppm 或 ppb 级别)、变化快,实际上是分析化学的发展,称为污染源监测阶段。从 60 年代起,人们逐渐认识到环境污染不仅包括化学物质的污染,也包括噪声污染;不仅包括污染源的监测,也包括环境背景值的监测,环境监测的范围扩大,手段更多,这个阶段称为环境监测阶段。进入 70 年代后,环境监测技术进入自动化、计算机化,发达国家相继建立全国性的自动化监测网络,这个阶段称为自动监测阶段。

1972 年 6 月,国务院批转的《关于官厅水库污染情况和解决意见的报告》中提出,由中华人民共和国卫生部负责提出建立全国"三废"监测检验系统的规划,拟定必要的监测检验制度。《关于保护和改善环境的若干规定(试行草案)》(1973 年)就"认真开展环境监测工作"作了专门规定,要求"以现有卫生系统的卫生防疫单位为基础"担负起监测任务,并规定了环境监测机构的职责。《环境保护规划要点和主要措施》则提出了"形成健全的环境监测系统"的目标。党的十一届三中全会以后,以环境保护部门的监测站为中心的环境监测网络开始形成。中共中央批转的《环境保护工作汇报要点》(1978 年)对"加强环境监测工作"提出了一系列重要措施,要求"国务院环境保护部门设立全国环境监测总站,并加强同卫生、水利、农林、水产、气象、地质、海洋、交通、商业、工业等部门的协作,合理分工,密切配合,组成全国的环境监测网络"。《环境保护法(试行)》(1979 年)将"统一组织环境监测,调查和掌握全国环境状况和发展趋势,提出改善措施"作为国务院设立的环境保护机构的一项主要职责。为了更好地组织、推进环境监测工作,中华人民共和国城乡建设环境保护部于 1983 年 7 月颁发了《全国环境监测管理条例》,对环境监测的任务、机构的职责与职能、监测站的管理、环境监测网、报告制度等作了明确规定。之后,国家有关部门相继制定了《环境污染治理设施运营资质许可管理办法》(2004 年)、《污染源自动监控管理办法》(2005 年)、《环境监测管理办法》(2007 年)、《污染源自动监控设施运行管理办法》(2008 年)、《近岸海域环境监测规范(HJ 442—2008)》(2008 年)、《污染源自动监控设施现场监督检查办法》(2012 年)、《环境污染治理设施运营资质许可管理办法》(2012 年)、《国家重点监控企业自行监测及信息公开办法(试行)》(2013 年)、《国家重点监控企业污染源监督性监测及信息公开办法(试行)》(2013 年)、《排污单位自行监测技术指南 总则》(2017 年)等规章、标准和政策文件。

环境监测在环境治理和保护中起着基础性的作用,为了获得准确、完整、有效的数据,必须完善环境监测工作。环境监测制度作为环境监测工作的指导,其完善与否对环境治理同样关键。《中华人民共和国环境保护法》第十七条规定,国家建立、健全环境监测制度。国务院环境保护主管部门制定监测规范,会同有关部门组织监测网络,统一规划国家环境质量监测站(点)的设置,建立监测数据共享机制,加强对环境监测的管理;第十八条规定,省级以上人民政府应当组织有关部门或者委托专业机构,对环境状况进行调查、评价,建立环境资源承载能力监测预警机制;该法第四十二条规定,重点排污单位应当按照国家有关规定和监测规范安装使用监测设备,保证监测设备正常运行,保存原始监测记录,环保部门对国控企业污染源自动监测设备定期进行监督考核,以确定其自动监测设备正常运行状态。

2. 相关管理要求问答

(1)哪些单位应安装使用环境监测设备,有什么义务?

答:《中华人民共和国环境保护法》第四十二条规定,重点排污单位应当按照国家有关规定和监测规范安装使用监测设备,保证监测设备正常运行,保存原始监测记录。严禁通过暗管、渗井、渗坑、灌注或者篡改、伪造监测数据,或者不正常运行防治污染设施等逃避监管的方式违法排放污染物。

《上海市环境保护条例》第三十五条规定,重点排污单位、产业园区以及建筑工地、堆场、码头、混凝土搅拌站等相关单位,应当按照国家和本市有关规定安装自动监测设备,与环保部门联网,保证监测设备正常运行,并对数据的真实性和准确性负责。对污染物排放未实行自动监测或者自动监测未包含的污染物,排污单位应当按照国家和本市的规定,定期进行排污监测,保存原始监测记录,并对数据的真实性和准确性负责。企业对其自行监测结果及信息公开内容的真实性、准确性、完整性负责。

第五十条规定,储油库及加油站、生活垃圾处置、危险废物处置等经营企业和其他重点污染物排放单位应当按照国家和本市的规定,定期对土壤和地下水进行监测,并将监测结果向市或者区环保部门报告。发现存在环境风险的,土地使用者应当采取风险防范措施;发现污染扩散的,土地使用者应当采取污染物隔离、阻断等治理措施。

(2)伪造环境监测数据有什么处罚?

答:《中华人民共和国环境保护法》第六十三条规定,企业事业单位和其他生产经营者有下列行为之一,尚不构成犯罪的,除依照有关法律法规规定予以处罚外,由县级以上人民政府环境保护主管部门或者其他有关部门将案件移送公安机关,对其直接负责的主管人员和其他直接责任人员,处十日以上十五日以下拘留;情节较轻的,处五日以上十日以下拘留:通过暗管、渗井、渗坑、灌注或者篡改、伪造监测数据,或者不正常运行防治污染设施等逃避监管的方式违法排放污染物的;生产、使用国家明令禁止生产、使用的农药,被责令改正,拒不改正的。

《上海市环境保护条例》第七十条规定,违反本条例第三十五条第二款、第三款规定,有下列行为之一的,由环保、住房城乡建设、交通等行政管理部门按照职责分工责令改正,处二万元以上二十万元以下的罚款;拒不改正的,责令停产整治:

1) 未按照规定安装、使用污染物排放自动监测设备,或者未按照规定与环保部门联网,并保证监测设备正常运行的;

2) 未按照规定进行排污监测并保存原始监测记录的。

违反本条例第五十条第二款规定,未按照规定定期对土壤和地下水进行监测,并报告监测结果,未采取风险防范措施或者未采取污染物隔离、阻断等治理措施的,由市或者区环保部门责令改正,处二万元以上二十万元以下的罚款。

(3) 企业制订自行监测方案的依据是什么,包括哪些主要监测要求?

答:企业应当按照国家或地方污染物排放(控制)标准、环境影响评价报告书(表)及其批复、环境监测技术规范的要求,制订自行监测方案。

自行监测方案内容应包括企业基本情况、监测点位、监测频次、监测指标、执行排放标准及其限值、监测方法和仪器、监测质量控制、监测点位示意图、监测结果公开时限等。

自行监测方案及其调整、变化情况应及时向社会公开,并报地市级环境保护主管部门备案,其中装机总容量30万kW以上的火电厂向省级环境保护主管部门备案。

企业自行监测内容应当包括以下方面:

1) 水污染物排放监测;

2) 大气污染物排放监测;

3) 厂界噪声监测;

4）环境影响评价报告书（表）及其批复有要求的,开展周边环境质量监测。

企业应当按照环境保护主管部门的要求,加强对其排放的特征污染物的监测。

企业应当按照环境监测管理规定和技术规范的要求,设计、建设、维护污染物排放口和监测点位,并安装统一的标识牌。

（4）重点企业自行监测有什么要求?

答:企业自行监测应当遵守国家环境监测技术规范和方法。国家环境监测技术规范和方法中未作规定的,可以采用国际标准和国外先进标准。

自行监测活动可以采用手工监测、自动监测或者手工监测与自动监测相结合的技术手段。环境保护主管部门对监测指标有自动监测要求的,企业应当安装相应的自动监测设备。

企业自行监测应当遵守国务院环境保护主管部门颁布的环境监测质量管理规定,确保监测数据科学、准确。企业应当定期参加环境监测管理和相关技术业务培训。

采用自动监测的,全天连续监测;采用手工监测的,应当按以下要求频次开展监测,其中,国家或地方发布的规范性文件、规划、标准中对监测指标的监测频次有明确规定的,按以下规定执行:

1）化学需氧量、氨氮每日开展监测,废水中其他污染物每月至少开展一次监测;

2）二氧化硫、氮氧化物每周至少开展一次监测,颗粒物每月至少开展一次监测,废气中其他污染物每季度至少开展一次监测;

3）纳入年度减排计划且向水体集中直接排放污水的规模化畜禽养殖场（小区）,每月至少开展一次监测;

4）厂界噪声每季度至少开展一次监测;

5）企业周边环境质量监测,按照环境影响评价报告书（表）及其批复要求执行。

（5）重点企业以手工监测方式开展自行监测应满足什么条件?

答:以手工监测方式开展自行监测的,应当具备以下条件:

1）具有固定的工作场所和必要的工作条件;

2）具有与监测本单位排放污染物相适应的采样、分析等专业设备、设施;

3）具有两名以上持有省级环境保护主管部门组织培训的、与监测事项相符的培训证书的人员；

4）具有健全的环境监测工作和质量管理制度；

5）符合环境保护主管部门规定的其他条件。

（6）重点企业以自动监测方式开展自行监测的应满足什么条件？

答：企业以自动监测方式开展自行监测的，应当具备以下条件：

1）按照环境监测技术规范和自动监控技术规范的要求安装自动监测设备，与环境保护主管部门联网，并通过环境保护主管部门验收；

2）具有两名以上持有省级环境保护主管部门颁发的污染源自动监测数据有效性审核培训证书的人员，对自动监测设备进行日常运行维护；

3）具有健全的自动监测设备运行管理工作和质量管理制度；

4）符合环境保护主管部门规定的其他条件。

（7）企业自行监测委托第三方的机构应满足什么条件？

答：企业自行监测采用委托监测的，应当委托经省级环境保护主管部门认定的社会检测机构或环境保护主管部门所属环境监测机构进行监测。承担监督性监测任务的环境保护主管部门所属环境监测机构不得承担所监督企业的自行监测委托业务。

（8）重点企业自行监测记录有哪些管理要求？

答：自行监测记录包含监测各环节的原始记录、委托监测相关记录、自动监测设备运维记录，各类原始记录内容应完整并有相关人员签字，保存三年。

（9）重点企业的自行监测数据报告有什么要求？

答：

1）月排污量报告。企业应当使用自行监测数据，按照国务院环境保护主管部门有关规定计算污染物排放量，在每月初的 7 个工作日内向环境保护主管部门报告上月主要污染物排放量，并提供有关资料。

2）超标报告。企业自行监测发现污染物排放超标的，应当及时采取防止或减轻污染的措施，分析原因，并向负责备案的环境保护主管部门报告。

3）年度报告。企业应于每年 1 月底前编制完成上年度自行监测开展情况年度报告，并向负责备案的环境保护主管部门报送。年度报告应包含以下内容：① 监测方案的调整变化情况；② 全年生产天数、监测天数，各监测点、各监测指标全年监测次数、达标次数、超标情况；③ 全年废水、废气污染物排放量；④ 固体废弃物的类型、产生数量，处置方式、数量以及去向；⑤ 按要求开展的周边环境质量影响状况监测结果。

（10）重点企业自行监测信息公开有哪些要求？

答：企业应将自行监测工作开展情况及监测结果向社会公众公开，公开内容应包括以下方面。

1）基础信息，包括企业名称、法人代表、所属行业、地理位置、生产周期、联系方式、委托监测机构名称等。

2）自行监测方案。

3）自行监测结果，包括全部监测点位、监测时间、污染物种类及浓度、标准限值、达标情况、超标倍数、污染物排放方式及排放去向。

4）未开展自行监测的原因。

5）污染源监测年度报告。

企业可通过对外网站、报纸、广播、电视等便于公众知晓的方式公开自行监测信息。同时，应当在省级或地市级环境保护主管部门统一组织建立的公布平台上公开自行监测信息，并至少保存一年。

企业自行监测信息按以下要求的时限公开：

1）企业基础信息应随监测数据一并公布，基础信息、自行监测方案如有调整变化时，应于变更后的五日内公布最新内容；

2）手工监测数据应于每次监测完成后的次日公布；

3）自动监测数据应实时公布监测结果，其中废水自动监测设备为每 2 h 均值，废气自动监测设备为每 1 h 均值；

4）每年一月底前公布上年度自行监测年度报告。

（11）企业拒不执行与自行监测相关的管理制度的，有什么处罚？

答：企业拒不开展自行监测，不发布自行监测信息、自行监测报告和信息公开过程中有弄虚作假行为，或者开展相关工作存在问题且整改不到位的，环境保护主管部门可视情况采取以下环境管理措施，并按照相关法律规定进行处罚：

1）向社会公布；

2）不予环保上市核查；

3）暂停各类环保专项资金补助；

4）建议金融、保险不予信贷支持或者提高环境污染责任保险费率；

5）建议取消其政府采购资格；

6）暂停其建设项目环境影响评价文件审批；

7）暂停发放排污许可证。

（12）如何判定环境监测数据弄虚作假行为？

答：

1）篡改监测数据，指利用某种职务或者工作上的便利条件，故意干预环境监测活动的正常开展，导致监测数据失真的行为，包括以下情形：① 未经批准部门同意，擅自停运、变更、增减环境监测点位或者故意改变环境监测点位属性的；② 采取人工遮挡、堵塞和喷淋等方式，干扰采样口或周围局部环境的；③ 人为操纵、干预或者破坏排污单位生产工况、污染源净化设施，使生产或污染状况不符合实际情况的；④ 稀释排放或者旁路排放，将部分或全部污染物未经规范的排污口排放，逃避自动监控设施监控的；⑤ 破坏、损毁监测设备站房、通信线路、信息采集传输设备、视频设备、电力设备、空调、风机、采样泵、采样管线、监控仪器或仪表以及其他监测监控或辅助设施的；⑥ 故意更换、隐匿、遗弃监测样品或者通过稀释、吸附、吸收、过滤、改变样品保存条件等方式改变监测样品性质的；⑦ 故意漏检关键项目或者无正当理由故意改动关键项目的监测方法的；⑧ 故意改动、干扰仪器设备的环境条件或运行状态，或者删除、修改、增加、干扰监测设备中存储、处理、传输的数据和应用程序，或者人为使用试剂、标样干扰仪器的；⑨ 未向环境保护主管部门备案，自动监测设备暗藏可通过特殊代码、组合按键、远程登录、遥控、模拟等方式进入不公开的操作界面对自动监测设备的参数和监测数据进行秘密修改的；⑩ 故意不真实记录或者选择性记录原始数据的；⑪ 篡改、销毁原始记录，或者不按规范传输原始数据的；⑫ 对原始数据进行不合理修约、取舍，或者有选择性地评价监测数据、出具监测报告或者发布结果，以致评价结论失真的；⑬ 擅自修改数据的；⑭ 其他涉嫌篡改监测数据的情形。

2）伪造监测数据，指没有实施实质性的环境监测活动，凭空编造虚假监测数据的行为，包括以下情形：① 纸质原始记录与电子存储记录不一致，或者谱图与分析结果不对应，或者用其他样品的分析结果和图谱替代的；② 监测报告与原始记录信息不一致，或者没有相应原始数据的；③ 监测报告的副本与正本不一致的；④ 伪造监测时间或者签名的；⑤ 通过仪器数据模拟功能，或者植入模拟软件，凭空生成监测数据的；⑥ 未开展采样、分析，直接出具监测数据或者到现场采样，但未开设烟道采样口，出具监测报告的；⑦ 未按规定对样品留样或保存,导致无法对监测结果进行复核的;⑧ 其他涉嫌伪造监测数据的情形。

3）涉嫌指使篡改、伪造监测数据,其行为包括以下情形:① 强令、授意有关人员篡改、伪造监测数据的;② 将考核达标或者评比排名情况列为下属监测机构、监测人员的工作考核要求,意图干预监测数据的;③ 无正当理由,强制要求监测机构多次监测并从中挑选数据,或者无正当理由拒签上报监测数据的;④ 委托方人员授意监测机构工作人员篡改、伪造监测数据或者在未作整改的前提下,进行多家或多次监测委托,挑选其中"合格"监测报告的;⑤ 其他涉嫌指使篡改、伪造监测数据的情形。

（13）国控企业污染源在线自动监测设施应符合哪些技术规范要求?

答:按照《国家重点监控企业污染源自动监测数据有效性审核办法》,国控企业依据《水污染源在线监测系统运行与考核技术规范(试行)》(HJ/T 355—2007)和《固定污染源烟气排放连续监测技术规范(试行)》(HJ/T 75—2007),对污染源自动监测设备进行日常运行管理,建立健全相关制度和台账。

1）国控企业废气污染源自动监测设备 1 个小时自动采样一次,废水污染源自动监测设备 2 个小时自动采样一次,并整小时实时传输污染源自动监测数据。国控企业对安装的自动监测设备的正常运行负责。

2）国控企业按照有关技术规范要求对污染源自动监测设备进行巡检、维护保养、定期校准和校验,对异常和缺失数据按规范进行标识和补充。

3）在国控企业污染源自动监测设备运行不正常或日常运行监督考核不合格期间,国控企业要采取人工监测的方法向责任环保部门报送数据,数据报送每天不少于 4 次,间隔不得超过 6 小时。

4）国控企业应当配合责任环保部门开展对污染源自动监测数据的有效性审核工作。

5）国控企业每季度第一个月的前 10 个工作日内应当向责任环保部门提交上个季度污染源自动监测设备日常运行自检报告。自检报告包括污染源自动监测数据准确性分析、数据缺失和异常情况说明以及企业生产情况等。

3. 企业管理重点

环境监测是企业环境管理的重要组成部分,通过监测数据的统计、分析,可以准确、及时地了解和掌握污染物排放情况、污染防治设施运行情况,为污染源控制、生产工艺优化、污染防治技术改进等提供科学依据。涉及污染物排放的企业应在企业内部建立《环境监测管理程序》(或者是管理制度类的规章),在建立管理程序时应考虑以下法律法规的具体要求。

(1)环境监测方案

国家重点监控企业以及纳入本市年度减排计划且向水体集中直接排放污水的规模化畜禽养殖场(小区)应根据《国家重点监控企业自行监测及信息公开办法(试行)》的要求制订自行监测方案。自行监测方案内容应包括企业基本情况、监测点位、监测频次、监测指标、执行排放标准及其限值、监测方法和仪器、监测质量控制、监测点位示意图、监测结果公开时限等。自行监测方案及其调整、变化情况应及时向社会公开,并报地市级环境保护主管部门备案。其他企业可参照执行。

(2)自动监测

国家、市级、区级重点排污单位和纳入排污许可证管理的排污单位(实施简化管理的除外)应根据《上海市固定污染源自动监测建设、联网运维和管理有关规定》的要求,完成固定污染源自动监测设备的建设、联网和备案工作,并对数据的真实性和准确性负责。企业可以按规定以手动或自动监测方式开展自行监测。

(3)监测频次

1)国控重点企业。企业采用手工监测的,应当按以下要求频次开展监测,其中国家或地方发布的规范性文件、规划、标准中对监测指标的监测频次有明确规定的,按规定执行:① 化学需氧量、氨氮每日开展监测,废水中其他污染物每月至少开展一次监测;② 二氧化硫、氮氧化物每周至少开展一次监测,颗粒物每月至少开展一次监测,废气中其他污染物每季度至少开展一次监测;③ 纳入年度减排计划且向水体集中直接排放污水的规模化畜禽养殖场(小区),每月至少开展一次监测;④ 厂界噪声每季度至少开展一次监测;⑤ 企业周边环境质量监测,按照环境影响评价报告书(表)及其批复要求执行。

2)排污许可证核发企业。根据国家环境保护部发布的《固定污染源排污许可分类管理名录(2017年版)》,至2020年,将完成所有行业固定污染源的排污许可证核发工作,目前已经发布了火电行业、造纸行业、钢铁工业、水泥工业、石化工业《排污许可证核申请与核发技术规范》,技术规范中明确了行业环境监测频次的要求。国家环保部后续将发布其他行业的《排污许可证核申请与核发技术规范》。

3)其他污染物排放企业。其他环保法律法规没有明确环境监测频次的企业,一般至少每年一次。

（4）监测信息上报和公开

1）国控重点企业。企业应当使用自行监测数据,按照国务院环境保护主管部门有关规定计算污染物排放量,在每月初的 7 个工作日内向环境保护主管部门报告上月主要污染物排放量,并提供有关资料。

企业应于每年 1 月底前编制完成上年度自行监测开展情况年度报告,并向负责备案的环境保护主管部门报送。

企业应将自行监测工作开展情况及监测结果向社会公众公开。

企业可通过对外网站、报纸、广播、电视等便于公众知晓的方式公开自行监测信息。同时,应当在省级或地市级环境保护主管部门统一组织建立的公布平台上公开自行监测信息,并至少保存一年。

2）排污许可证核发企业。企业自行监测信息公开内容及方式按照《企业事业单位环境信息公开办法》(中华人民共和国环境保护部令第 31 号)及《国家重点监控企业自行监测及信息公开办法(试行)》(环发〔2013〕81 号)执行。非重点排污单位的信息公开要求由地方环境保护主管部门确定。

（5）环境监测台账管理

企业应建立健全环境监测记录台账,包含监测各环节的原始记录、委托监测相关记录、自动监测设备运维记录等,并对数据的真实性和准确性负责。各类原始记录内容应完整并有相关人员签字,保存三年。篡改、伪造监测数据的将依法受到处罚。

（6）土壤和地下水监测

《上海市环境保护条例》第五十条规定,储油库及加油站、生活垃圾处置、危险废物处置等经营企业和其他重点污染物排放单位应当按照国家与本市的规定,定期对土壤和地下水进行监测,并将监测结果向市或者区环保部门报告。发现存在环境风险的,土地使用者应当采取风险防范措施;发现污染扩散的,土地使用者应当采取污染物隔离、阻断等治理措施。

4. 总结

环境监测是企业控制污染源排放和环境影响的重要手段,也是企业"自证守法"重要依据。污染物排放企业(特别重点企业)应建立环境监测相关管理标准,制订环境监测方案,根据要求配套环境监测仪器设备、人员或委托有资质的第三方监测机构,按计划开展污染物排放环境监测工作。环境监测开展情况和监测结果应按要求上报环境主管部门及向社会公众公开。环境监测的原始记录、委托监测相关记录、自动监测设备运维记录等应建立环境监测台账,并至少保存三年。同时,企业应按照《环境监测数据弄虚作假行为判定及处理办法》的要求,杜绝可能涉嫌篡改数据、伪造数据的行为。

七、VOCs 治理制度

1. 制度基本情况

2000 年 4 月,《中华人民共和国大气污染防治法》最早对有机烃类尾气、恶臭气体、有毒有害气体的排放提出了严格要求,这为后来对 VOCs 及其他有害气体治理政策的出台提供了基础。

2010 年 5 月,《关于推进大气污染物联防联控工作改善区域空气质量的指导意见》将 VOCs 和 SO_2、NO_x、颗粒物一起作为联防联控的重点污染物。要求按照有关技术规范对从事喷漆、石化、制鞋、印刷、电子、服装干洗等排放 VOCs 的生产作业进行污染治理。

2012 年 12 月,《重点区域大气污染防治"十二五"规划》开启了 VOCs 污染防治工作,新建排放 VOCs 的项目实行污染物排放减量替代,实现增产减污,同时提高 VOCs 排放类项目建设要求。2013 年 9 月,《大气污染防治行动计划》(大气国十条)明确在大气污染物排放的各个环节加大治理力度,提高治理效率;同时鼓励企业技术改造,将 VOCs 纳入排污费征收范围中。

由此,开启了 VOCs 全面管控要求。之后陆续发布了《挥发性有机物污染防治技术政策》《工业和信息化部关于石化和化学工业节能减排的指导意见》《关于落实大气污染物防治行动计划严格环境影响评价准入的通知》《大气挥发性有机物源排放清单编制技术指南(试行)》《石化行业挥发性有机物综合治理整治方案》《挥发性有机物排污收费试点办法》《上海市工业挥发性有机物治理和减排方案》《上海市工业挥发性有机物减排企业污染治理项目专项扶持操作办法》等 VOCs 技术管控和支持政策。

2. 相关管理要求问答

(1) 如何定义 VOCs?

答:

1) VOCs 广义定义。① 从物理特性角度——说明这类物质的可挥发性,有蒸汽压(0.01 MPa)和沸点(250℃或260℃)两种表述方式,侧重于生产领域,对

VOCs 产品(如涂料、油墨等)进行描述或检测。② 从环境保护角度——说明这类物质的污染特征,有狭义(如光化学反应性、健康毒性、臭味等)和广义(全部气态有机化合物)两种表述方式。侧重于环保领域,VOCs 作为污染物,反映它们的健康和环境效应。③ 从监测方法角度——侧重可操作性,测量确定的有机化合物为: 非甲烷总烃(NMHC)(HJ/T 38—1999 非甲烷总烃测量方法);室内有机气态物(TVOC)(GB/T 18883—2002 室内空气质量标准)。

2) VOCs 国外定义。① 欧盟(1999/13/EC)指令,将 VOCs 定义为在 293.15 K 温度下,蒸汽压大于或等于 0.01 kPa 的任何有机化合物。② 欧盟(2004/42/EC)指令,在 101.3 kpa 压力下,沸点最高可达 250℃ 的挥发性有机物。③ 世界卫生组织(WHO,1989),总挥发性有机化合物(TVOC)的定义为,熔点低于室温而沸点为 50~260℃ 的挥发性有机化合物的总称。④ 美国环保署(EPA),从环境保护角度将 VOCs 定义为除 CO、CO_2、H_2CO_3、金属碳化物、金属碳酸盐和碳酸铵外任何参加大气光化学反应的含碳化合物。

3) VOCs 国内定义。① 室内空气质量标准,按监测方法;TVOC,利用 Tenax GC 或 Tenax TA 采样,非极性色谱柱(极性指数小于 10)进行分析,保留时间在正己烷和正十六烷之间的挥发性有机化合物。② 合成革与人造革排放标准,类似欧盟排放标准定义;VOCs,常压下沸点低于 250℃,或者能够以气态分子的形态排放到空气中的所有有机化合物(不包括甲烷)。③ 北京地标(大气综合标准等)、天津地标[工业企业挥发性有机物(VOC)标准]、重庆地标(汽车涂装),采用欧盟排放标准定义。在 20℃ 条件下蒸气压大于或等于 0.01 kPa,或者特定适用条件下具有相应挥发性的全部有机化合物。④ 上海地标(生物制药、半导体标准)、广东地标(家具、印刷、汽车涂装、制鞋),按物理性质定义。在标准大气压下,任何沸点低于或等于 250℃ 的有机化合物。⑤ 石油炼制、石油化工、合成树脂排放标准中明确 VOCs 为参与大气光化学反应的有机化合物,或者根据规定的方法测量或核算确定的有机化合物。⑥ 北京新地标(石化标准修订、印刷、木质家具制造标准)、上海新地标(汽车涂装、印刷、涂料油墨、船舶工业,综合排放标准)采用了最新国家排放标准的定义。

参与大气光化学反应的有机化合物,或者根据规定的方法计算或测量确定的有机化合物。

20℃ 时蒸汽压不小于 10 Pa,或者 101.325 kPa 标准大气压下沸点不高于 260℃ 的有机化合物;或者实际生产条件下具有以上相应挥发性的有机化合物;

但是不包括甲烷。

采用规定方法测定的非甲烷总烃,或者上述①项有机化合物。

4）VOCs 分类。

烷烃类：乙烷、丙烷、丁烷、戊烷、己烷、环己烷。

烯烃类：乙烯、丙烯、丁烯、丁二烯、异戊二烯、环戊烯。

芳烃类：苯、甲苯、二甲苯、乙苯、异丙苯、苯乙烯。

醇类：甲醇、乙醇、异戊二醇、丁醇、戊醇。

酯类：丙烯酸甲酯、邻苯二甲酸二丁酯、醋酸乙烯。

醛酮类：甲醛、乙醛、丙醛、丁醛、甲基丙酮、乙基丙酮。

酸和酸酐类：乙酸、丙酸、丁酸、己二酸、邻苯二甲酸酐。

酰胺类：苯胺、二甲基甲酰胺。

（2）法规对 VOCs 的管理要求有哪些？

答：《中华人民共和国大气污染防治法》第二条规定,防治大气污染,应当加强对燃煤、工业、机动车船、扬尘、农业等大气污染的综合防治,推行区域大气污染联合防治,对颗粒物、二氧化硫、氮氧化物、挥发性有机物、氨等大气污染物和温室气体实施协同控制。

该法第四十五条规定,产生含挥发性有机物废气的生产和服务活动,应当在密闭空间或者设备中进行,并按照规定安装、使用污染防治设施;无法密闭的,应当采取措施减少废气排放。

该法第四十六条规定,工业涂装企业应当使用低挥发性有机物含量的涂料,并建立台账,记录生产原料、辅料的使用量、废弃量、去向以及挥发性有机物含量。台账保存期限不得少于三年。

该法第一百零八条规定,违反本法规定,有下列行为之一的,由县级以上人民政府环境保护主管部门责令改正,处二万元以上二十万元以下的罚款;拒不改正的,责令停产整治：产生含挥发性有机物废气的生产和服务活动,未在密闭空间或者设备中进行,未按照规定安装、使用污染防治设施,或者未采取减少废气排放措施的;工业涂装企业未使用低挥发性有机物含量涂料或者未建立、保存台账的;石油、化工以及其他生产和使用有机溶剂的企业,未采取措施对管道、设备进行日常维护、维修,减少物料泄漏或者对泄漏的物料未及时收集处理的。

（3）石油炼制与石油化工行业有哪些控制 VOCs 的污染防治技术措施？

答：主要包括鼓励采用先进的清洁生产技术,提高原油的转化和利用效率。

设备与管线组件、工艺排气、废气燃烧塔(火炬)、废水处理等过程产生的含 VOCs 废气污染防治技术措施包括以下方面。

1)对于泵、压缩机、阀门、法兰等易发生泄漏的设备与管线组件,制订泄漏检测与修复(LDAR)计划,定期检测,及时修复,防止或减少跑、冒、滴、漏现象;

2)对于生产装置排放的含 VOCs 工艺排气,宜优先回收利用,不能(或不能完全)回收利用的经处理后达标排放;应急情况下的泄放气可导入燃烧塔(火炬),经过充分燃烧后排放;

3)废水收集和处理过程产生的含 VOCs 的废气经收集处理后达标排放。

(4)煤炭加工与转化行业有哪些控制 VOCs 的污染防治技术措施?

答:煤炭加工与转化行业,鼓励采用先进的清洁生产技术,实现煤炭高效、清洁转化,并重点识别、排查工艺装置和管线组件中 VOCs 泄漏的易发位置,制定预防 VOCs 泄漏和处置紧急事件的措施。

(5)油类(燃油、溶剂)的储存、运输和销售过程中有哪些 VOCs 污染防治技术措施?

答:

1)储油库、加油站和油罐车宜配备相应的油气收集系统,储油库、加油站宜配备相应的油气回收系统;

2)油类(燃油、溶剂等)储罐宜采用高效密封的内(外)浮顶罐,当采用固定顶罐时,通过密闭排气系统将含 VOCs 气体输送至回收设备;

3)油类(燃油、溶剂等)运载工具(汽车油罐车、铁路油槽车、油轮等)在装载过程中排放的 VOCs 密闭收集输送至回收设备,也可返回储罐或送入气体管网。

(6)涂料、油墨、胶粘剂、农药等以 VOCs 为原料的生产行业有哪些 VOCs 污染防治技术措施?

答:

1)鼓励符合环境标志产品技术要求的水基型、无有机溶剂型、低有机溶剂型的涂料、油墨和胶粘剂等的生产和销售;

2)鼓励采用密闭一体化生产技术,并对生产过程中产生的废气分类收集后处理。

(7)涂装、印刷、粘合、工业清洗等含 VOCs 产品的使用过程中有哪些 VOCs 污染防治技术措施?

答：

1）鼓励使用通过环境标志产品认证的环保型涂料、油墨、胶粘剂和清洗剂；

2）根据涂装工艺的不同，鼓励使用水性涂料、高固分涂料、粉末涂料、紫外光固化（UV）涂料等环保型涂料，推广采用静电喷涂、淋涂、辊涂、浸涂等效率较高的涂装工艺，应尽量避免无VOCs净化、回收措施的露天喷涂作业；

3）在印刷工艺中推广使用水性油墨，印铁制罐行业鼓励使用紫外光固化（UV）油墨，书刊印刷行业鼓励使用预涂膜技术；

4）鼓励在人造板、制鞋、皮革制品、包装材料等粘合过程中使用水基型、热熔型等环保型胶粘剂，在复合膜的生产中推广无溶剂复合及共挤出复合技术；

5）淘汰以三氟三氯乙烷、甲基氯仿和四氯化碳为清洗剂或溶剂的生产工艺，清洗过程中产生的废溶剂宜密闭收集，有回收价值的废溶剂经处理后回用，其他废溶剂应妥善处置；

6）含VOCs产品的使用过程中，应采取废气收集措施，提高废气收集效率，减少废气的无组织排放与逸散，并对收集后的废气进行回收或处理后达标排放。

（8）建筑装饰装修、服装干洗、餐饮油烟等生活源有哪些VOCs污染防治技术措施？

答：

1）在建筑装饰装修行业推广使用符合环境标志产品技术要求的建筑涂料、低有机溶剂型木器漆和胶粘剂，逐步减少有机溶剂型涂料的使用；

2）在服装干洗行业应淘汰开启式干洗机的生产和使用，推广使用配备压缩机制冷溶剂回收系统的封闭式干洗机，鼓励使用配备活性炭吸附装置的干洗机；

3）在餐饮服务行业鼓励使用管道煤气、天然气、电等清洁能源；倡导低油烟、低污染、低能耗的饮食方式。

（9）末端治理与综合利用中有哪些VOCs污染防治技术措施？

答：

1）在工业生产过程中鼓励VOCs的回收利用，并优先鼓励在生产系统内回用。

2）对于含高浓度VOCs的废气，宜优先采用冷凝回收、吸附回收技术进行回收利用，并辅以其他治理技术实现达标排放。

3）对于含中等浓度VOCs的废气，可采用吸附技术回收有机溶剂，或采用催化燃烧和热力焚烧技术净化后达标排放。当采用催化燃烧和热力焚烧技术进行净化时,应进行余热回收利用。

4)对于含低浓度 VOCs 的废气,有回收价值时,可采用吸附技术、吸收技术对有机溶剂回收后达标排放;不宜回收时,可采用吸附浓缩燃烧技术、生物技术、吸收技术、等离子体技术或紫外光高级氧化技术等净化后达标排放。

5)含有有机卤素成分 VOCs 的废气,宜采用非焚烧技术处理。

6)恶臭气体污染源可采用生物技术、等离子体技术、吸附技术、吸收技术、紫外光高级氧化技术或组合技术等进行净化。净化后的恶臭气体除满足达标排放的要求外,还应采取高空排放等措施,避免产生扰民问题。

7)在餐饮服务业推广使用具有油雾回收功能的油烟抽排装置,并根据规模、场地和气候条件等采用高效油烟与 VOCs 净化装置净化后达标排放。

8)严格控制 VOCs 处理过程中产生的二次污染,对于催化燃烧和热力焚烧过程中产生的含硫、氮、氯等无机废气,以及吸附、吸收、冷凝、生物等治理过程中所产生的含有机物废水,应处理后达标排放。

9)对于不能再生的过滤材料、吸附剂及催化剂等净化材料,应按照国家固体废物管理的相关规定进行处置。

(10)上海市有哪些工业企业挥发性有机物排放量核算办法与技术指南?

答:目前的核算办法有:

1)《上海市石化行业 VOCs 排放量计算方法(试行)》;

2)《上海市印刷业 VOCs 排放量计算方法(试行)》;

3)《上海市涂料油墨制造业 VOCs 排放量计算方法(试行)》;

4)《上海市汽车制造业(涂装)VOCs 排放量计算方法(试行)》;

5)《上海市船舶工业 VOCs 排放量计算方法(试行)》;

6)《上海市涂料、油墨及其类似产品制造工业挥发性有机物控制技术指南》;

7)《上海市船舶工业涂装过程挥发性有机物控制技术指南》;

8)《设备泄漏挥发性有机物排放控制技术(泄漏检测与修复)规程》。

(11)上海市对 VOCs 的具体管理要求与罚则是什么?

答:《上海市环境保护条例》第五章"防治废气、尘和恶臭污染"规定:

第四十九条　本市鼓励生产、使用低挥发性有机物含量的原料和产品。

第五十条　本市在化工、表面涂装、包装印刷等重点行业逐步推进低挥发性有机物含量产品的使用。

第五十一条 产生含挥发性有机物废气的生产经营活动,应当在密闭空间或者设备中进行,设置废气收集和处理系统,并保持其正常使用;造船等无法在密闭空间进行的生产经营活动,应当采取有效措施,减少挥发性有机物排放。

第九十四条 违反本条例第五十一条第一款、第四款、第五款规定,单位违反挥发性有机物排放标准、技术规范进行运行管理的,由市或者区、县环保部门责令改正,可以处五千元以上五万元以下的罚款。违反本条例第五十一条第二款、第三款规定,未配备挥发性有机物回收装置的,或者未在密闭空间或者设备中进行产生含挥发性有机物废气的生产经营活动,或者未设置废气收集和处理系统的,由环保部门责令停止违法行为,可以处一万元以上十万元以下罚款。

(12) VOCs排放涉及哪些污染物排放标准?

答:

1)《半导体行业污染物排放标准》(DB 31/374—2006),VOCs排放浓度限制100 mg/m³;

2)《生物制药行业污染物排放标准》(DB 31/373—2010),NMHC排放浓度限制120/80 mg/m³,排放速率限制10 kg/h,无组织排放限制2.0 mg/m³;

3)《表面涂装(汽车制造业)大气污染物排放标准》(DB 31/859—2014),NMHC排放浓度限制30 mg/m³,排放速率限制32 kg/h;

4)《印刷业大气污染物排放标准》(DB 31/872—2015),NMHC排放浓度限制50 mg/m³,排放速率限制1.5 kg/h,厂界排放限制4.0 mg/m³;

5)《涂料、油墨及其类似产品制造工业大气污染物排放标准》(DB 31/881—2015),NMHC排放浓度限制50 mg/m³,排放速率限制2.0 kg/h,厂界排放限制4.0 mg/m³;

6)《船舶工业大气污染物排放标准》(DB 31/934—2015),对于预处理,NMHC排放浓度限制50 mg/m³,排放速率限制1.5 kg/h,厂界排放限制2.0 mg/m³;

7) 对于室内涂装,NMHC排放浓度限制70 mg/m³,排放速率限制14 kg/h,厂界排放限制2.0 mg/m³;

8)《大气污染物综合排放标准》(DB 31/933—2015),NMHC排放浓度限制70 mg/m³,排放速率限制3.0 kg/h,厂界排放限制4.0 mg/m³;

9)《家具制造业大气污染物排放标准》(DB 31/1059—2017)。

3. 企业管理重点

对于现阶段的 VOCs 管控要求,企业应当对以下几点进行重点管理:

1)排放源全面辨识。首先必须能够对照标准规定,根据自身所用的化学品的 MSDS,全面判断自身 VOCs 的使用点和相关排放源。

2)严格建设项目环境准入。在新扩改建项目中,通过工艺设计、提升技术标准等方式实现设备、装置、管线、采样等密闭化,从源头减少 VOCs 泄漏环节。工艺、储存、装卸、废水废液废渣处理等环节应采取高效的有机废气回收与治理措施。

3)严格执行排放要求。根据《上海市大气污染防治条例》,上海企业产生的VOCs,必须通过"密闭—收集—治理—排放"4 个工作环节,只有 4 个环节全部做到技术符合、管理符合,才能真正意义上称之为达标排放。

4)VOCs 全过程的管理。企业应当从"加强有组织工艺废气治理、严格控制储存、装卸损失、强化废水废液废渣系统逸散废气治理、加强非正常工况污染控制"这几个方面对 VOCs 排放实施全过程管理。企业应建立健全 VOCs 治理设施的运行维护规程和台账等日常管理制度,并根据工艺要求定期对各类设备、电气、自控仪表等进行检修维护,确保设施的稳定运行。

5)VOCs 排放总量的核定。企业应根据环保部门发布的各行业 VOCs 排放量计算方法(如《上海市石化行业 VOCs 排放量计算方法(试行)》《上海市印刷业 VOCs 排放量计算方法(试行)》等),掌握 VOCs 排放总量的计算方法,定期计算 VOCs 排放总量。其中上海排污许可证总量核发的污染物总量控制指标为"8+X",其中大气污染物为:二氧化硫、氮氧化物、颗粒物、VOC 这 4 项。所以VOCs 排放总量的核定是企业必须落实的。

6)VOCs 监测。企业自行开展 VOCs 监测,并及时主动向当地环保行政主管部门报送监测结果。监测过程中,企业务必确认好各项 VOCs 的污染物排放因子。另外对于符合要求的企业应根据《污染源自动监控管理办法》要求安装污染物排放自动监控设备。

4. 总结

VOCs 的监管目前已经成为废气排放重点企业的监管要点,企业应关注相关的政策变化与要求,根据当前政策法规标准制定《VOCs 管理与控制程序》,明确源头控制、过程管理、污染治理、总量核定内容,完善相关管理机构及人员职责,建立相应作业指导书及应急响应措施。

八、化学品环境管理制度

1. 制度基本情况

化学品是工业发展的重要原材料,种类繁多,性质各异,随着工业技术发展及世界领域内的技术贸易交流,越来越多的新型化学品在我国出现,截至 2016 年底,原中华人民共和国环境保护部(中华人民共和国生态环境部)颁布的《中国现有化学物质名录》中共录入化学品 45 633 种,其中的有毒有害化学品具有毒害、腐蚀、爆炸、燃烧、长期生物累积损害等性质,对人体健康和地球环境具有严重危害。随着工业技术发展,新化学物质不断出现,这些新出现的新型化学品具有不确定的潜在环境和人身健康风险,必须加以管理。

为预防有毒有害化学物质可能造成的环境污染,从源头保护环境和人体健康,中华人民共和国环境保护部在 1994 年联合海关总署和对外贸易经济合作部发布《化学品首次进口及有毒化学品进出口环境管理规定》;在 2010 年发布了《新化学物质环境管理办法》;在 2017 年 12 月 27 日发布《优先控制化学品名录(第一批)》;2000 年,《蒙特利尔议定书》生效;2004 年,《关于持久性有机污染物的斯德哥尔摩公约》生效;2016 年,《关于汞的水俣公约》生效。

为监控全国持久性有机污染物的产生及管理状况,我国目前执行 POPs 统计报表制度,根据该项制度,涉及持久性有机污染物化学品的相关企业于每年 4 月 30 日前,填报二噁英(PCDD/Fs)和多氯联苯(PCBs)类污染物的产生排放情况,向所在地环保主管部门报告,并最终汇总到中华人民共和国生态环境部。

根据 2016 年 4 月 28 日生效的《关于汞的水俣公约》,我国禁止开采新的原生汞矿;禁止新建的乙醛、氯乙烯单体、聚氨酯的生产工艺使用汞、汞化合物作为催化剂或使用含汞催化剂;禁止新建的甲醇钠、甲醇钾、乙醇钠、乙醇钾的生产工艺使用汞或汞化合物;禁止使用汞或汞化合物生产氯碱(特指烧碱);自 2019 年 1 月 1 日起,禁止使用汞或汞化合物作为催化剂生产乙醛;自 2027 年 8 月 16 日起,禁止使用含汞催化剂生产聚氨酯,禁止使用汞或汞化合物生产甲醇钠、甲醇钾、乙醇钠、乙醇钾,禁止生产含汞开关和继电器;自 2021 年 1 月 1 日起,禁止进出口含汞开关和继电器(不包括每个电桥、开关或继电器的最高含汞量为 20 毫克的极高精确度电容和损耗测量电桥及用于监控仪器的高频射频开关与继电器);禁止生产汞制剂(高毒农药产品),含汞电池(氧化汞原电池及电池组、锌汞电池、含汞量高于 0.000 1% 的圆柱型碱锰电池、含汞量高于 0.000 5% 的扣式碱锰电池);自 2021 年 1 月 1 日起,禁止生产和进出口《关于汞的水俣公约》生效公告中所列含汞产品;自 2026 年 1 月 1 日起,禁止生产含汞体温计和含汞血压计。自 2017 年 8 月 16 日起,进口、出口汞应符合《关于汞的水俣公约》及我国有毒化学品进出口的有关管理要求。

《新化学物质环境管理办法》和《化学品首次进口及有毒化学品进出口环境管理规定》都是通过在新化学品或者有毒化学品的使用、进口前进行申报登记和批准的管理手段,进行化学品风险的源头预防与控制。

《新化学物质环境管理办法》规定,凡中国境内从事研究、生产、进口和加工使用新化学物质活动的企业,必须在生产前或者进口前进行申报,领取新化学物质环境管理登记证(以下简称为"登记证")。未取得登记证的新化学物质,禁止生产、进口和加工使用。未取得登记证或者未备案申报的新化学物质,不得用于科学研究。

《化学品首次进口及有毒化学品进出口环境管理规定》要求外商或其代理人向中国出口所经营的未曾在中国登记(除农药以外)的任何化学品,必须向中华人民共和国生态环境部提出化学品首次进口环境管理登记申请,并按规定填写《化学品首次进口环境管理登记申请表》,免费提供试验样品(一般不少于二百五十克)。国家环境保护局在审批化学品首次进口环境管理登记申请时,对符合规定的,准予化学品环境管理登记并发给准许进口的《化学品进(出)口环境管理登记证》。对于经审查,认为不适于中国进口的化学品不予登记发证,并通知申请人。对于经审查,认为需经进一步试验和较长时间观察方能确定其危险性的首次进口化学品,可给予临时登记并发给《临时登记证》。对于未取得化学品进口环境管理登记证和临时登记证的化学品,一律不得进口。

针对有毒化学品,中华人民共和国生态环境部联合海关总署发布《中国严格限制进出口的有毒化学品目录》(最新版本于 2014 年颁布)。每次外商及其代理人向中国出口和国内从国外进口列入此名录中的工业化学品或农药之前,均需向中华人民共和国生态环境部提出有毒化学品进口环境管理登记申请。对准予进口的发给《化学品进(出)口环境管理登记证》和《有毒化学品进(出)口环境管理放行通知单》,该通知单实行一批一证制,每份通知单在有效时间内只能报关使用一次。

原国家环保部(现国家生态环境部)于2017年12月27日印发《优先控制化学品名录》,重点识别和关注固有危害属性较大,环境中可能长期存在的并可能对环境和人体健康造成较大风险的化学品。该文件还规定,排放名录中所列的有毒有害大气污染物的企业事业单位,应当取得排污许可证,并要求实施强制性清洁生产审核的企业,应当采取便于公众知晓的方式公布企业相关信息,包括使用有毒有害原料的名称、数量、用途,排放有毒有害物质的名称、浓度和数量等。

2. 相关管理要求问答

(1)《关于持久性有机污染物的斯德哥尔摩公约》中的特定豁免条件的具体规定是什么?

答:持久性有机污染物特定豁免用途和可接受用途如表4-1所示。

表4-1 特定豁免用途

物 质 名 称	特定豁免用途
林丹	控制头虱和治疗疥疮的人类健康辅助治疗药物的使用
硫丹	用于防治棉花棉铃虫、烟草烟青虫的生产和使用
全氟辛基磺酸及其盐类和全氟辛基磺酰氟	半导体和液晶显示器(LCD)行业所用的光掩膜、金属电镀(硬金属电镀)、金属电镀(装饰电镀)、某些彩色打印机和彩色复印机的电子和电器元件、用于控制红火蚁和白蚁的杀虫剂、化学采油的生产和使用
全氟辛基磺酸及其盐类和全氟辛基磺酰氟	照片成像、半导体器件的光阻剂和防反射涂层、化合物半导体和陶瓷滤芯的刻蚀剂、航空液压油、只用于闭环系统的金属电镀(硬金属电镀)、某些医疗设备(如乙烯-四氟乙烯共聚物(ETEE)层和无线电屏蔽ETEE、体外诊断医疗设备和CCD滤色仪)、灭火泡沫的生产和使用
六溴环十二烷	对六溴环十二烷用于建筑物中的发泡聚苯乙烯和挤塑聚苯乙烯的生产与使用进行了特定豁免登记的缔约方,且采取必要措施,确保含有六溴环十二烷的发泡聚苯乙烯和挤塑聚苯乙烯在其整个生命周期内,能够通过使用标签或其他方式而易于识别

(2) 如何界定新化学物质和重点环境管理危险类新化学物质?

答:新化学物质是指未列入《中国现有化学物质名录》的化学物质。《中国现有化学物质名录》由中华人民共和国生态环境部制定、调整并公布。有可能涉及新化学物质的企事业单位应根据最新发布的《中国现有化学物质名录》进行检索。

具有持久性、生物蓄积性、生态环境和人体健康危害特性的化学物质,以及列为重点环境管理危险类新化学物质,目前可参照《优先控制化学品名录》

执行。

（3）根据《新化学物质环境管理办法》规定，新化学物质申报单位应向中华人民共和国生态环境部提交登记资料，包括新化学物质的毒性检测报告数据。对提供新化学物质的物理化学性质、毒理学和生态毒理学特性的测试报告的测试机构有什么资格要求？

答：为新化学物质申报目的提供测试数据的境内测试机构，应当为中华人民共和国生态环境部公布的化学物质测试机构，并接受中华人民共和国生态环境部的监督和检查。境内测试机构应当遵守中华人民共和国生态环境部颁布的化学品测试合格实验室导则，并按照化学品测试导则或者化学品测试的相关国家标准，开展新化学物质生态毒理学特性测试。在境外完成新化学物质生态毒理学特性测试并提供测试数据的境外测试机构，必须通过其所在国家主管部门的检查或者符合合格实验室规范。

（4）获取新化学物质登记证的组织有什么法律义务？

答：常规申报的登记证持有人和相应的加工使用者，应当按照登记证的规定，采取下列一项或者多项风险控制措施：

1）进行新化学物质风险和防护知识教育；

2）加强对接触新化学物质人员的个人防护；

3）设置密闭、隔离等安全防护，布置警示标志；

4）改进新化学物质生产、使用方式，以降低释放和环境暴露；

5）改进污染防治工艺，以减少环境排放；

6）制定应急预案和应急处置措施；

7）采取其他风险控制措施。

另外，危险类新化学物质（含重点环境管理危险类新化学物质）的登记证持有人以及加工使用者，应当遵守《危险化学品安全管理条例》等现行法律、行政法规的相关规定。其中的重点环境管理危险类新化学物质的登记证持有人和加工使用者，还应当采取下列风险控制措施：

1）在生产或者加工使用期间，应当监测或者估测重点环境管理危险类新化学物质向环境介质排放的情况。不具备监测能力的，可以委托地市级以上环境保护部门认可的环境保护部门所属监测机构或者社会检测机构进行监测。

2）在转移时，应当按照相关规定，配备相应设备，采取适当措施，防范发生突发事件时重点环境管理危险类新化学物质进入环境,并提示发生突发事件时的紧急处置方式。

3)在重点环境管理危险类新化学物质废弃后,按照有关危险废物处置规定进行处置。

登记证持有人发现获准登记新化学物质有新的危害特性时,应当立即向登记中心提交该化学物质危害特性的新信息。

常规申报的登记证持有人应当在化学品安全技术说明书中明确新化学物质的危害特性,并向加工使用者传递下列信息:

1)登记证中规定的风险控制措施;

2)化学品安全技术说明书;

3)按照化学品分类、警示标签和警示性说明安全规范的分类结果;

4)其他相关信息。

常规申报的登记证持有人,不得将获准登记的新化学物质转让给没有能力采取风险控制措施的加工使用者。

新化学物质的科学研究活动以及工艺和产品的研究开发活动,应当在专门设施内,在专业人员指导下严格按照有关管理规定进行。以科学研究或者以工艺和产品的研究开发为目的,生产或者进口的新化学物质,应当妥善保存,且不得用于其他目的。需要销毁的,应当按照有关危险废物的规定进行处置。

常规申报的登记证持有人,应当在首次生产活动30日内,或者在首次进口并已向加工使用者转移30日内,向登记中心报送新化学物质首次活动情况报告表。重点环境管理危险类新化学物质的登记证持有人,还应当在每次向不同加工使用者转移重点环境管理危险类新化学物质之日起30日内,向登记中心报告新化学物质流向信息。简易申报的登记证持有人,应当于每年2月1日前向登记中心报告上一年度获准登记新化学物质的实际生产或者进口情况。

危险类新化学物质(含重点环境管理危险类新化学物质)的登记证持有人,应当于每年2月1日前向登记中心报告上一年度获准登记新化学物质的下列情况:

1)实际生产或者进口情况;

2)风险控制措施落实情况;

3）环境中暴露和释放情况；

4）对环境和人体健康造成影响的实际情况；

5）其他与环境风险相关的信息。

重点环境管理危险类新化学物质的登记证持有人，还应当同时向登记中心报告本年度登记新化学物质的生产或者进口计划，以及风险控制措施实施的准备情况。

登记证持有人应当将新化学物质的申报材料以及生产、进口活动实际情况等相关资料保存十年以上。

（5）是否涉及臭氧层消耗物质的单位都必须领取生产或者使用配额许可证？

答：使用单位有下列情形之一的，不需要申请领取使用配额许可证：

1）维修单位为了维修制冷设备、制冷系统或者灭火系统使用消耗臭氧层物质的；

2）实验室为了实验分析少量使用消耗臭氧层物质的；

3）出入境检验检疫机构为了防止有害生物传入、传出，而使用消耗臭氧层物质实施检疫的；

4）国务院环境保护主管部门规定的不需要申请领取使用配额许可证的其他情形。

但从事含消耗臭氧层物质的制冷设备、制冷系统或者灭火系统的维修、报废处理等经营活动的单位，应当向所在地县级人民政府环境保护主管部门备案。

3. 企业管理重点

因为新化学品物质、有毒化学品进出口等管理属于政府行政许可管理范畴，企业必须安排专人负责新化学品物质识别、有毒化学品识别，以确保相关物质的进口、使用或者生产满足国家法律法规要求。

根据中华人民共和国生态环境部的规定，涉及持久性有机污染物的企事业单位应按规定格式和要求在每年 4 月如实申报、登记二噁英（PCDD/Fs）和多氯联苯（PCBs）类污染物的产生排放情况。日常工作中应维护运行好二噁英（PCDD/Fs）和多氯联苯（PCBs）类污染物排放的环保处理设施，确保排放满足环保部门规定的限值。

对于获取新化学品物质登记证的单位，最重要的管理工作就是落实登记证规定的各项环保控制措施,以满足所在地环境保护主管部门的监督管理和检查。

1)确保新化学物质的生产、加工使用过程中的废气、废水、废物等环保设施的类型、状态和运行方式与新化学物质环境管理登记证(以下简称为"登记证")风险控制措施中的要求一致。

2)配备个人防护设施,并对操作人员进行法规、风险防护、应急知识的培训和教育,并保留培训记录。

3)编制突发环境事件应急预案并开展培训演练,做好相关记录。并按要求配备好应急设备或物资,如气体或液体泄漏侦测器、堵漏、收集器材、吸收剂或者中和剂等,设置合格适用的紧急疏散通道、事故应急池、防护围堰、地面防渗,以及其他应急设施设备。

4)在使用新化学品物质的现场做好标识,包括废弃物收集设备的标识。

5)保存好新化学物质生产、加工使用的活动记录,以及新化学物质仓储出入库记录或者台账。

6)保存好对重点环境管理危险类新化学物质的环境排放进行监测或者估测的记录。

7)向下游加工使用者转移前,做好对加工使用者新化学物质风险控制能力的调查记录;并向加工使用者提供包括新化学物质风险控制措施、化学品安全技术说明书,以及按照化学品分类、警示标签和警示性说明安全规范的分类结果等信息。

8)安排专人保管新化学品物质登记证、年报、管理记录。管理记录保存10年。

4. 总结

我国的危险化学品环境管理制度重点在于对化学品污染及风险的源头控制。主要管理对象是环境污染风险和人身健康危害具有长久影响的有毒有害化学品。通过禁用、限制使用、使用和进口申报及许可、鼓励清洁生产和无害替代等管理手段,从源头预防风险。

对于使用化学品的工矿企业、科研事业单位,应在使用化学品的过程中遵守环保行政主管部门对化学品物质的风险管理要求,依法申报和申领相关的生产、使用或者进口许可证,并严格在许可证规定的范围内生产和使用,严格落实许可证规定的各项环境污染预防措施和要求。坚决避免非法生产、使用或者进口相关的限制类和禁止类有毒有害化学品。同时企业必须建立规范的化学品管理制度,加强人员培训,重视风险预防和过程控制,在危险化学品的生产、销售、运输、储存、使用等全过程中满足安全生产的各项规定,保护生态环境和职工人身安全。

九、土壤污染防治制度

1. 制度基本情况

2016 年 5 月 28 日,为切实加强我国土壤污染防治,逐步改善土壤环境质量,国务院发布了《土壤污染防治行动计划》(国发〔2016〕31 号,简称为"土十条"),要求立足我国国情和发展阶段,着眼经济社会发展全局,以改善土壤环境质量为核心,以保障农产品质量和人居环境安全为出发点,坚持预防为主、保护优先、风险管控,突出重点区域、行业和污染物,实施分类别、分用途、分阶段治理,严控新增污染,逐步减少存量,形成政府主导、企业担责、公众参与、社会监督的土壤污染防治体系,促进土壤资源永续利用。

2016 年 12 月 31 日,为加强污染地块环境保护监督管理,防控污染地块环境风险,中华人民共和国环境保护部发布了《污染地块土壤环境管理办法》(部令第 42 号),自 2017 年 7 月 1 日起施行。

2018 年 5 月 3 日,为加强工矿用地土壤和地下水环境保护监督管理,防治工矿用地土壤和地下水污染,生态环境部发布了《工矿用地土壤环境管理办法(试行)》,自 2018 年 8 月 1 日起施行。

2018 年 8 月 31 日,第十三届全国人民代表大会常务委员会第五次会议通过了《中华人民共和国土壤污染防治法》,将于 2019 年 1 月 1 日起施行。该法将为保护和改善生态环境、防治土壤污染、保障公众健康、推动土壤资源永续利用、推进生态文明建设、促进经济社会可持续发展起重要作用。

2. 相关管理要求问答

(1)土壤污染的监管重点是哪些领域?

答:《土壤污染防治行动计划》明确了监管重点,以镉、汞、砷、铅、铬等为重点重金属,以多环芳烃、石油烃等为重点有机污染物,以有色金属矿采选、有色金属冶炼、石油开采、石油加工、化工、焦化、电镀、制革等为重点行业,以产粮(油)大县、地级以上城市建成区为重点区域,建立专项环境执法机制,全面强化土壤环境监管。

实施农用地分类管理。按污染程度将农用地划为三个类别：未污染和轻微污染的划为优先保护类；轻度和中度污染的划为安全利用类；重度污染的划为严格管控类。以耕地为重点，分别采取相应管理措施。

实施建设用地准入管理，建立建设用地调查评估制度，逐步建立污染地块名录及其开发利用的负面清单，分用途明确管理措施。严格用地准入，将土壤环境质量作为用地和供地等的必要条件，合理确定土地用途，加强城市规划和供地管理。落实监管责任，实行部门联动。

强化未污染土壤保护，严控新增土壤污染。严格查处向未利用地非法排污等环境违法行为。防范建设用地新增污染，对于相关建设项目，在环评中增加土壤污染防治要求。根据土壤等环境承载能力，合理确定区域功能定位、空间布局。

加强污染源监管，严控工矿污染，建立重点监管企业名单。严防矿产资源开发、涉重金属行业、工业废物处理和企业拆除活动污染土壤。控制农业污染，加强化肥、农药、农膜、畜禽养殖污染防治和灌溉水水质管理。减少生活污染，做好城乡生活垃圾分类和减量，整治非正规垃圾填埋场，建立村庄保洁制度，强化铅酸蓄电池等含重金属废物的安全处置。

（2）污染地块有哪些管理要求？

答：《污染地块土壤环境管理办法》明确：

1）开展土壤环境调查。对疑似污染地块开展土壤环境初步调查，判别地块土壤及地下水是否受到污染；对污染地块开展土壤环境详细调查，确定污染物种类和污染程度、范围和深度。

2）开展土壤环境风险评估。对污染地块，开展风险等级划分；在土壤环境详细调查基础上，结合土地具体用途，开展风险评估，确定风险水平，为风险管控、治理与修复提供科学依据。

3）开展风险管控。对需要采取风险管控措施的污染地块，制订风险管控方案，实行针对性的风险管控措施。例如，防止污染地块土壤或地下水中的污染物扩散，降低危害风险。

4）开展污染地块治理与修复。对于需要采取治理与修复措施的污染地块，强化治理与修复工程监管，加强二次污染防治。

5）开展治理与修复效果评估。治理与修复工程完工后，土地使用权人应当委托第三方机构对治理与修复效果进行评估。

3. 企业管理重点

对于工业企业而言,预防工业用地的土壤(地下水)污染是首要工作,其次是按照法规要求加强对所在地土壤及地下水污染现状的监控。企业环境管理者应制定《土壤污染防治管理程序》,在管理程序中按照法规要求明确以下内容:

1)根据企业内部组织机构及部门管理实际情况,在企业内部管理制度中明确规定与土壤污染防治相关的职责,包括土壤及地下水环境质量评估、污染预防、土壤污染修复等。

2)集团公司应了解下属企业所在地块的土壤及地下水环境质量评估现状,下属企业应定期向集团公司汇报土壤及地下水环境质量现状。

3)企业事业单位拆除设施、设备或者建筑物、构筑物的,采取相应的土壤污染防治措施。土壤污染重点监管单位拆除设施、设备或者建筑物、构筑物的,制定包括应急措施在内的土壤污染防治工作方案,报地方人民政府生态环境、工业和信息化主管部门备案并实施。

4)被纳入《土壤污染重点监管企业名单》的企业,应按规定建立土壤和地下水环境现状调查制度、土壤和地下水污染隐患排查制度、地下储罐备案制度、设施防渗漏管理制度、企业自行监测制度、企业拆除污染防控制度、企业退出土壤和地下水修复制度。

5)应对工业企业土壤和地下水环境质量现状进行全生命周期管理,建设项目阶段、运营阶段、停运阶段应对工业用地土壤质量进行有效管理与控制。如企业存在租赁厂房的情况,也应对承租方可能产生的土壤和地下水污染予以重点关注。

6)在运营阶段,识别生产经营活动对可能产生土壤(地下水)污染的现场与设施,如危险化学品储罐、危险废物贮存场所、废水处理站、生产现场等。生产、销售、贮存液体化学品或者油类的企业还应当进行防渗处理,企业应制订有效的管理制度与措施,预防潜在的土壤和地下水污染及环境风险。

4. 总结

土壤及地下水污染问题是近阶段环境保护部门最为关注的环境问题,企业应关注土壤污染相关的政策变化与要求。由于历史的原因,土壤及地下水污染的关注时间点对于工业企业而言存在一定的滞后。一些建设项目在初期阶段对厂区所在地的土壤和地下水环境质量背景现状不明,也未制订相关的环境监测计划。当前阶段,工业企业应按照《土壤污染重点监管企业名单》的要求,严格执行相关管控制度。

同时,未列入名单的企业,也应建立相应的《土壤污染防治管理程序》,减轻生产经营活动可能对土壤及地下水造成的影响与危害。

十、放射性物质环境安全管理制度

1. 制度基本情况

《中华人民共和国放射性污染防治法》由中华人民共和国第十届全国人民代表大会常务委员会第三次会议于 2003 年 6 月 28 日通过,自 2003 年 10 月 1 日起施行。

《放射性废物安全管理条例》是为加强对放射性废物的安全管理,保护环境,保障人体健康,根据《中华人民共和国放射性污染防治法》制定的,由国务院于 2011 年 12 月 20 日发布,自 2012 年 3 月 1 日起施行。

放射性:放射性是指元素从不稳定的原子核自发地放出射线(如 α 射线、β 射线、γ 射线等)而衰变形成稳定的元素而停止放射(衰变产物),这种现象称为放射性。其放出的粒子或光子,会对周围介质或机体产生电离作用,造成放射污染或危害。衰变时放出的能量称为衰变能量。原子序数在 83(铋)或以上的元素都具有放射性,但某些原子序数小于 83 的元素(如锝)也具有放射性。

放射性固体废物:主要是指被放射性物质污染而不能再用的各种物体。放射性固体废物,又称核固体废物,是指任何含有放射性核素或被其污染的固体物质,其中放射性核素的浓度或活度水平超过主管部门确定的豁免值,而且这些物质在可预见的将来无可利用(不包括未处理的乏燃料)。

2017 年 10 月 27 日,世界卫生组织国际癌症研究机构公布的致癌物清单初步整理参考,X 射线和 γ 射线辐射在一类致癌物清单中。

2. 相关管理要求问答

(1) 放射性物质管理有哪些禁止行为?

答:禁止利用渗井、渗坑、天然裂隙、溶洞或者国家禁止的其他方式排放放射性废液。禁止在内河水域和海洋上处置放射性固体废物。禁止未经许可或者不按照许可的有关规定从事贮存和处置放射性固体废物的活动。禁止将放射性固体废物提供或者委托给无许可证的单位贮存和处置。

（2）对专门从事放射性固体废物贮存活动的单位有什么要求?

答：专门从事放射性固体废物贮存活动的单位,应当符合下列条件,并依照本条例的规定申请领取放射性固体废物贮存许可证：

1）有法人资格;

2）有能保证贮存设施安全运行的组织机构和 3 名以上放射性废物管理、辐射防护、环境监测方面的专业技术人员,其中至少有 1 名注册核安全工程师;

3）有符合国家有关放射性污染防治标准和国务院环境保护主管部门规定的放射性固体废物接收、贮存设施和场所,以及放射性检测、辐射防护与环境监测设备;

4）有健全的管理制度以及符合核安全监督管理要求的质量保证体系,包括质量保证大纲、贮存设施运行监测计划、辐射环境监测计划和应急方案等。

核设施营运单位利用与核设施配套建设的贮存设施,贮存本单位产生的放射性固体废物的,不需要申请领取贮存许可证;贮存其他单位产生的放射性固体废物的,应当依照本条例的规定申请领取贮存许可证。

（3）放射性固体废物贮存许可证有效期是多久?

答：放射性固体废物贮存许可证的有效期为 10 年。许可证有效期届满,放射性固体废物贮存单位需要继续从事贮存活动的,应当于许可证有效期届满 90 日前,向国务院环境保护主管部门提出延续申请。环境保护主管部门应当在许可证有效期届满前完成审查,对符合条件的准予延续;对不符合条件的,书面通知申请单位并说明理由。

3. 管理重点

对于可能涉及放射源的企业,企业环境管理者应制定《放射性物质管理制度》,在管理制度及程序中按照法规要求明确以下内容：

1）根据国家颁布的《中华人民共和国放射性同位素与射线装置放射条例》,结合公司使用放射性装置的实际情况,为安全使用、防护、管理好公司放射性装置,各使用单位应制定放射性装置管理机构及管理负责人、放射性装置防护负责人、放射性装置管理人员、放射性装置工作维护人员等岗位职责。

2）明确规定防护负责人对放射性装置的保管、使用、防护负全面责任,负责管理放射性装置的使用达到国家规定的安全防护要求,确保放射防护工作符合国家有关规定。制定放射性装置的安全防护管理制度及安全操作规程,从技术措施上保证放射性装置的安全使用。组织有关人员对放射性装置防护、使用、保管,每季度的检查不少于一次,并做好检查记录。

3)安全操作规程。遵守国家颁布的放射性同位素与射线装置的有关规定和条例,按照标准安装、使用操作与维护,包括操作时的距离要求、工作人员个人防护要求、轮岗要求、操作维修的注意事项等。

4)安全防护管理制度。明确放射性装置防护组织机构与职责,按照有关规定对放射性同位素许可登记,定期实施监测、检查,对维护工作人员作定期专业培训及体检。规定放射性装置的安装、拆卸、转移、维护、测试技术规定与要求,并建立定期检查制度,定期实施放射管理人员的安全预防意识培训和法规教育。

5)放射性装置应急准备及响应管理制度。企业应制订放射性装置应急预案,包括建立事故报告制造,事故发生后的放射源关闭、人员疏散、封锁放射源事故地点、组织救护要求等。

6)放射性固体废物的处理和处置。企业产生的废旧放射源和其他放射性固体废物应分类收集,并送交取得相应许可证的放射性固体废物贮存单位集中贮存,或者直接送交取得相应许可证的放射性固体废物处置单位进行处置。

4. 总结

放射性物质环境安全问题越来越引起环境保护部门的关注,企业应关注放射性物质污染控制相关的政策变化与要求。根据当前政策法规标准,涉及企事业单位应制定《放射性物质管理程序》,明确机构及管理人员职责,建立相应作业指导书及应急响应措施,规范相应处理处置工作流程。

十一、限期治理制度

1. 制度基本情况

企业限期治理制度是指对排放污染物超过排放标准,超过污染物总量控制指标或者造成严重环境污染的排污者,由有权限的行政机关责令其在一定期限内治理污染,实现治理目标的制度。企业限期治理制度可以说是我国特有的一项环境管理制度。

1979年,我国环境保护基本法首次颁布后,限期治理作为一项本法律制度被提出,并在1989年通过的修订案中予以正式确立;其中,第二十九条明确提出,"对造成环境严重污染的企业事业单位,限期治理"。该项制度在其后的《中华人民共和国环境噪声污染防治法》《中华人民共和国海洋环境保护法》《中华人民共和国大气污染防治法》《中华人民共和国固体废物污染环境防治法》《中华人民共和国水污染防治法》等法律中均有所提及。2009 年 6 月,中华人民共和国环境保护部通过了《限期治理管理办法(试行)》,对于限期治理的程序性规则进行了详细规定。

　　2014 年修订的《中华人民共和国环境保护法》和 2015 年修订的《中华人民共和国大气污染防治法》对超标、超总量的违法行为规定的处理措施是限制生产和停产整治。环境保护部已于 2014 年 12 月出台,细化对超标超总量的违法行为实施限制生产、停产整治的规定。

　　企业限期治理制度具有法律强制性,未按规定实施限期治理决定的排污单位将被给予严厉的法律制裁,并可采取强制措施。限期治理的实施对象是排放的污染物超过污染物排放标准或者超过重点污染物排放总量控制指标的企事业单位和其他生产经营者。治理内容根据治理对象的实际情况进行规定,环境保护行政主管部门作出的《限期治理决定书》中将明确限期治理任务,即排污单位在限期治理后应当稳定达排放标准或总量控制指标。具体治理措施由排污单位负责自行选择;对于限期治理期间排放水污染物超标或超总量的,环境保护行政主管部门可以直接责令限产限排或者停产整治。限期治理期间,排污单位排放的水污染物不得超标或者超总量,污染物处理设施需要试运行并排放污染物的应事先书面报告环境保护行政主管部门。

　　2. 相关管理要求问答

　　(1) 什么情况下环境保护主管部门可以要求排污者限产?

　　答:排污者超过污染物排放标准或者超过重点污染物日最高允许排放总量控制指标的,环境保护主管部门可以责令其采取限制生产措施。

　　(2) 什么情况下环境保护主管部门可以要求排污者停产整治?

　　答:排污者有下列情形之一的,环境保护主管部门可以责令其采取停产整治措施:

　　1) 通过暗管、渗井、渗坑、灌注或者篡改、伪造监测数据,或者不正常运行防治污染设施等逃避监管的方式排放污染物,超过污染物排放标准的;

　　2) 非法排放含重金属、持久性有机污染物等严重危害环境、损害人体健康的污染物超过污染物排放标准三倍以上的;

3）排放污染物超过重点污染物排放总量年度控制指标的；

4）被责令限制生产后排放污染物仍然超过污染物排放标准的；

5）因突发事件造成污染物排放超过排放标准或者重点污染物排放总量控制指标的；

6）法律、法规规定的其他情形。

（3）什么情况下环境保护主管部门可以责令排污者停业、关闭？

答：

1）两年内因排放含重金属、持久性有机污染物等有毒物质超过污染物排放标准受过两次以上行政处罚，又实施前列行为的；

2）被责令停产整治后拒不停产或者擅自恢复生产的；

3）停产整治决定解除后，通过跟踪检查发现又实施同一违法行为的；

4）法律法规规定的其他严重违反环境相关法律情节的。

3. 企业管理重点

对于限期治理这种特殊情况，企业也应纳入环境管理体系之中进行管理，建议如下。

1）根据企业内部组织机构及部门管理实际情况，在企业内部管理程序中明确规定，当企业接收到限期治理要求后相关部门的管理职责与作用，包括对限期治理发生的内部原因进行调查，提出短期内相应的整改措施，包括减产、削减调整生产计划、改变生产工艺、强化治理设施维护保养等，并采取确保其造成的环境影响不再扩大的控制措施。

2）将限期治理任务进行分解、考核与落实，限期治理要求应由企业最高管理者确保相应的财务预算，由企业环保部门负责遴选合格的承包方完成，并在委托合同中对相关技术要求及完成时限予以把关。

3）建立环境管理体系的企业，应将限期治理要求纳入体系的环境目标指标及方案实施内容之中，并予以定期跟踪检查；企业年度管理评审应对限期治理任务完成情况进行评估。

十二、其他环境管理制度

相对于以上工业企业日常管理经常使用的环境管理制度，以下管理制度之所以将其分类在其他环境管理制度中，并非是因为其重要性不足，而是因为有些环境管理制度更为常规,而有些环境管理制度则可能更具有前瞻性。

（一）环境税收管理制度

1. 制度基本情况

我国于 1978 年首次提出排污收费制度[9],1982 年 12 月国务院颁布《征收排污费暂行办法》,并正式在全国实行;2003 年,国务院颁布了《排污费征收使用管理条例》,明确规定对排污单位实行按污染物的种类、数量以污染当量为单位的总量多因子排污收费,标志着我国的排污收费制度逐步完善。此外,《中华人民共和国环境保护法》《中华人民共和国大气污染防治法》《中华人民共和国水污染防治法》《中华人民共和国固体废物污染环境保护法》《中华人民共和国海洋环境保护法》等法律均有对排污费作出相应规定。2014 年,《中华人民共和国环境保护法》修正案对排污收费的规定进行调整,删除原环保法中对于排污申报登记的条文,规定"排放污染物的企业事业单位和其他生产经营者,应当按照国家有关规定缴纳排污费。排污费应当全部专项用于环境污染防治,任何单位和个人不得截留、挤占或者挪作他用。依照法律规定征收环境保护税的,不再征收排污费",这为之后实行环境保护"费转税"奠定了基调。

2014 年 9 月,中华人民共和国环境保护部下发《关于排污申报和排污费征收有关问题的通知》(环办〔2014〕80 号),对原有排污申报制度进行精简改革,将原申报表格及申报程序进行了调整,申报程序上,对企业基本信息不再重复填报,取消年度预申报,实行根据实际排污状况采用月度、季度等阶段动态申报。

2016 年 12 月 25 日,全国人大通过了《中华人民共和国环境保护税法》,在中华人民共和国领域和中华人民共和国管辖的其他海域,对直接向环境排放应税污染物的企业事业单位和其他生产经营者征收环境保护税。整个排污费改税的进程将按照"税负平移"的原则稳步推进。

2. 相关管理要求问答

（1）如何确定环境保护税目、税额?

答: 环境保护税目、税额按照《中华人民共和国环境保护税法》所附的《环境保护税税目税额表》执行。

应税大气污染物和水污染物的具体适用税额的确定和调整,由省、自治区、直辖市人民政府统筹考虑本地区环境承载能力、污染物排放现状和经济社会生态发展目标要求,在《环境保护税税目税额表》规定的税额幅度内提出,报同级人民代表大会常务委员会决定,并报全国人民代表大会常务委员会和国务院备案。

(2) 环境保护税的计税依据和应纳税额如何确定?

答:应税污染物的计税依据,按照下列方法确定:

1) 应税大气污染物按照污染物排放量折合的污染当量数确定;

2) 应税水污染物按照污染物排放量折合的污染当量数确定;

3) 应税固体废物按照固体废物的排放量确定;

4) 应税噪声按照超过国家规定标准的分贝数确定。

应税大气污染物、水污染物的污染当量数,通过该污染物的排放量除以该污染物的污染当量值来计算。每种应税大气污染物、水污染物的具体污染当量值,依照《中华人民共和国环境保护税法》所附的《应税污染物和当量值表》执行。

(3) 什么情况下可以免征环境保护税?

答:对于下列情形,暂予免征环境保护税:

1) 农业生产(不包括规模化养殖)排放应税污染物的;

2) 机动车、铁路机车、非道路移动机械、船舶和航空器等流动污染源排放应税污染物的;

3) 依法设立的城乡污水集中处理、生活垃圾集中处理场所排放相应的应税污染物,不超过国家和地方规定的排放标准的;

4) 纳税人综合利用的固体废物,符合国家和地方环境保护标准的;

5) 国务院批准免税的其他情形。

有下列情形的,将予以环境保护税收的减免,纳税人排放应税大气污染物或者水污染物的浓度值低于国家和地方规定的污染物排放标准百分之三十的,减按百分之七十五征收环境保护税。纳税人排放应税大气污染物或者水污染物的浓度值低于国家和地方规定的污染物排放标准百分之五十的,减按百分之五十征收环境保护税。

(4) 排污费与环境税之间有什么关系?

答:根据《中华人民共和国环境保护税法》,在中华人民共和国领域和中华人民共和国管辖的其他海域,直接向环境排放应税污染物的企业事业单位和其他生产经营者,从 2018 年 1 月 1 日起应依法缴纳环境保护税,不再对其征收排污费。

有下列情形之一的,不属于直接向环境排放污染物,不缴纳相应污染物的环境保护税：① 企业事业单位和其他生产经营者向依法设立的污水集中处理、生活垃圾集中处理场所排放应税污染物的；② 企业事业单位和其他生产经营者在符合国家和地方环境保护标准的设施、场所贮存或者处置固体废物的。

（5）未按时缴纳环境税会有什么处罚？

答：纳税人未按时缴纳环境税收属于违法行为，应依照《中华人民共和国税收征收管理法》《中华人民共和国环境保护法》和有关法律法规的规定追究法律责任。

（6）缴纳环境保护税后，污染物排放造成环境损害是否不承担责任？

答：直接向环境排放应税污染物的企业事业单位和其他生产经营者，除依照法律要求规定缴纳环境保护税外，应当对所造成的损害依法承担责任。

3. 企业管理重点

1）企业应建立《环境税收管理程序》或标准，明确规定负责核实、缴纳环境税收的负责部门及相关职责，主要涉及环境管理部门及财务部门，避免涉税工作在企业中由于职责不明确而形成相应的法律风险。

2）主要涉及的流程可能包括环境税收的申报与确认、环境税收的缴纳与确认，并确保及时完成环境税收的缴纳工作。

3）鉴于碳核查相关职责已经纳入生态环境保护部，建议环境税收管理制度应考虑将碳核查所需的能源核查相关记录、发票及台账纳入该制度一并进行管理。

（二）现场检查制度

1. 制度基本情况

现场检查制度是环境保护行政主管部门或其他依法行使环境监督管理权限的部门对管辖范围内的排污单位进行现场检查的法律规定。根据《中华人民共和国环境保护法》《中华人民共和国水污染防治法》和《中华人民共和国大气污染防治法》等法律规定，县级以上人民政府环境保护主管部门或其他依法行使环境监督管理权的部门，有权对管辖范围内的排污单位进行现场检查，但同时有责任为被检查单位保守技术秘密和业务秘密。被检查单位必须如实反映情况和提供必要的资料，如拒绝接受者弄虚作假，则必须承担相应的法律责任。

对环境保护主管部门现场检查时所出具的行政处罚不服的，可能会涉及环境行政听证、环境行政复议及环境行政诉讼等途径。《环境行政处罚办法》是实施环境处罚的依据。

2. 相关管理要求问答

(1) 环境处罚有哪些类型?

答:根据法律、行政法规和部门规章,环境行政处罚有以下种类:

1) 警告;

2) 罚款;

3) 责令停产整顿;

4) 责令停产、停业、关闭;

5) 暂扣、吊销许可证或者其他具有许可性质的证件;

6) 没收违法所得、没收非法财物;

7) 行政拘留;

8) 法律、行政法规设定的其他行政处罚种类。

(2) 责令改正有哪几种形式?

答:责令改正或者限期改正违法行为的行政命令的具体形式有以下几种:

1) 责令停止建设;

2) 责令停止试生产;

3) 责令停止生产或者使用;

4) 责令限期建设配套设施;

5) 责令重新安装使用;

6) 责令限期拆除;

7) 责令停止违法行为;

8) 责令限期治理;

9) 法律、法规或者规章设定的责令改正或者限期改正违法行为的行政命令的其他具体形式。

(3) 拒绝、阻挠环境保护主管部门或者其他依照本法规定行使监督管理权的部门的监督检查,或者在接受监督检查时弄虚作假,会受到什么处罚?

答:《中华人民共和国水污染防治法》第八十一条规定,以拖延、围堵、滞留执法人员等方式拒绝、阻挠环境保护主管部门或者其他依照本法规定行使监督管理权的部门的监督检查,或者在接受监督检查时弄虚作假的,由县级以上人民政府环境保护主管部门或者其他依照本法规定行使监督管理权的部门责令改正,处二万元以上二十万元以下的罚款。

《中华人民共和国大气污染防治法》第九十八条规定,违反本法规定,以拒绝进入现场等方式拒不接受环境保护主管部门及其委托的环境监察机构或者其他负有大气环境保护监督管理职责的部门的监督检查,或者在接受监督检查时弄虚作假的,由县级以上人民政府环境保护主管部门或者其他负有大气环境保护监督管理职责的部门责令改正,处二万元以上二十万元以下的罚款;构成违反治安管理行为的,由公安机关依法予以处罚。

(4)企业收到环境处罚通知后,是否要出席听证进行申辩?

答:根据《环境行政处罚办法》第四十八条【处罚告知和听证】的要求,在作出行政处罚决定前,应当告知当事人有关事实、理由、依据和当事人依法享有的陈述、申辩权利。在作出暂扣或吊销许可证、较大数额的罚款和没收等重大行政处罚决定之前,应当告知当事人有要求举行听证的权利。

第四十九条【当事人申辩的处理】环境保护主管部门应当对当事人提出的事实、理由和证据进行复核。当事人提出的事实、理由或者证据成立的,应当予以采纳。不得因当事人的申辩而加重处罚。

因此,出席听证进行申辩是企业当事人依据《中华人民共和国行政处罚法》所拥有的一项权利,企业应充分利用这一机会,提出相应的证据和事实来进行陈述与申辩,法律也保障企业这个应有的权利,并规定不得因当事人的申辩而加重处罚。

(5)企业对环境保护主管部门的行政许可或行政处罚不服,该如何处理?

答:依据《中华人民共和国行政复议法》《中华人民共和国行政处罚法》及《中华人民共和国行政强制法》的规定,不服行政机关的行政许可、处罚或强制决定的,可以依法提起申请行政复议或行政诉讼。

中华人民共和国环境保护部2008年发布的《环境行政复议办法》规定,有下列情形之一的,公民、法人或者其他组织可以依照办法要求在60日之内申请行政复议:

1)对环境保护行政主管部门作出的查封、扣押财产等行政强制措施不服的;

2)对环境保护行政主管部门作出的警告、罚款、责令停止生产或者使用、暂扣、吊销许可证、没收违法所得等行政处罚决定不服的;

3)认为符合法定条件,申请环境保护行政主管部门颁发许可证、资质证、资格证等证书,或者申请审批、登记等有关事项,环境保护行政主管部门没有依法

办理的;

4）对环境保护行政主管部门有关许可证、资质证、资格证等证书的变更、中止、撤销、注销决定不服的;

5）认为环境保护行政主管部门违法征收排污费或者违法要求履行其他义务的;

6）认为环境保护行政主管部门的其他具体行政行为侵犯其合法权益的。

有下列情形之一的,环境行政复议机关不予受理并说明理由:

1）申请行政复议的时间超过了法定申请期限又无法定正当理由的;

2）不服环境保护行政主管部门对环境污染损害赔偿责任和赔偿金额等民事纠纷作出的调解或者其他处理的;

3）申请人在申请行政复议前已经向其他行政复议机关申请行政复议或者已向人民法院提起行政诉讼,其他行政复议机关或者人民法院已经依法受理的;

4）法律、法规规定的其他不予受理的情形。

3. 企业管理重点

1）企业应在相应的管理制度或程序中,明确企业职能部门配合环境保护主管部门或者其他依照本法规定行使监督管理权的部门的监督检查的要求,如实提供相关信息与资料。

2）企业应建立环境保护图形标志的管理要求（包括废水、废气、固废及噪声,见附件）,以及企业自身内部定期实施现场检查的要求,并结合环境管理体系建立环境管理问题的自我发现及自我纠正机制。

3）企业应对相关人员培训环境保护主管部门现场检查的相关法律法规要求。

4）建议企业人员了解《环境行政处罚办法》及《环境行政复议办法》的相关要求。

（三）环境信息公开制度

1. 制度基本情况

环境信息公开,是指依据和尊重公众知情权,政府和企业以及其他社会行为主体向公众通报和公开各自的环境行为,以利于公众参与和监督。因此,环境信息公开制度既要公开环境质量信息,也要公开政府和企业的环境行为,为公众了解和监督环保工作提供必要条件,这对于加强政府、企业、公众的沟通和协商,形成政府、企业和公众的良性互动关系具有重要的作用,有利于社会各方共同参与环境保护。

《中华人民共和国环境保护法》规定信息公开要求涉及企业的有以下要求:

1)县级以上地方人民政府环境保护主管部门和其他负有环境保护监督管理职责的部门,应当将企业事业单位和其他生产经营者的环境违法信息记入社会诚信档案,及时向社会公布违法者名单。

2)重点排污单位应当如实向社会公开其主要污染物的名称、排放方式、排放浓度和总量、超标排放情况,以及防治污染设施的建设与运行情况,接受社会监督。

3)对依法应当编制环境影响报告书的建设项目,建设单位应当在编制时向可能受影响的公众说明情况,充分征求意见。负责审批建设项目环境影响评价文件的部门在收到建设项目环境影响报告书后,除涉及国家秘密和商业秘密的事项外,应当全文公开。

4)《中华人民共和国清洁生产促进法》规定,实施强制性清洁生产审核的企业,应当将审核结果向所在地县级以上地方人民政府负责清洁生产综合协调的部门、环境保护部门报告,并在本地区主要媒体上公布,接受公众监督,但涉及商业秘密的除外。

2. 相关管理要求问答

(1)未按照《中华人民共和国清洁生产促进法》的要求公开信息,会受到什么处罚?

答:如未按照规定公布能源消耗或者重点污染物产生、排放情况的,由县级以上地方人民政府负责清洁生产综合协调的部门、环境保护部门按照职责分工责令公布,可以处十万元以下的罚款。

3. 企业管理重点

企业应建立《环境信息公开管理程序》,明确规定负责环境信息公开的部门及相关职责,随着环境信息公开要求及内容越来越深入与敏感,负责企业环境信息公开后对外发布信息的部门在了解相关事实的同时必须具备一定的沟通技巧。对于上市公司建议由董事长秘书承担相应的职能,其他类型企业可以由负责公共关系的部门承担,也可以由企业环境管理部门承担。

(四) 环境信用评价制度

1. 制度基本情况

环境信用评价制度,是指环保部门根据企业环境行为信息,按照规定的指标、方法和程序,对企业环境行为进行信用评价,确定信用等级,并向社会公开,供公众监督和有关部门、机构及组织应用的环境管理手段。

2013 年 12 月 18 日,中华人民共和国环境保护部会同中华人民共和国发展与改革委员会、中国人民银行、中国银行业监督管理委员会联合发布了《企业环境信用评价办法(试行)》(以下简称为《办法》),指导各地开展企业环境信用评价,督促企业履行相关环境保护的法定义务和社会责任,约束和惩戒企业环境失信行为。

2. 相关管理要求问答

(1)企业环境信用分为哪几类?

答:企业的环境信用,分为环保诚信企业、环保良好企业、环保警示企业、环保不良企业四个等级,依次以绿牌、蓝牌、黄牌、红牌表示。

(2)对环保警示企业有何约束性措施?

答:环保警示企业有以下约束性措施:

1)责令企业按季度向组织实施环境信用评价工作和直接对该企业实施日常环境监管的环保部门,书面报告信用评价中发现问题的整改情况;

2)从严审查其危险废物经营许可证、可用作原料的固体废物进口许可证以及其他行政许可申请事项;

3)加大执法监察频次;

4)从严审批各类环保专项资金补助申请;

5)在环保部门组织的有关评优评奖活动中,暂停授予其有关荣誉称号;

6)建议银行业金融机构严格贷款条件;

7)建议保险机构适度提高环境污染责任保险费率;

8)将环保警示企业名单通报有关国有资产监督管理部门、有关工会组织、有关行业协会以及其他有关机构,建议对环保警示企业及其负责人暂停授予先进企业或者先进个人等荣誉称号;

9)国家或者地方规定的其他约束性措施。

(3)对环保不良企业有何失信惩戒机制?

答:对环保不良企业,采取以下惩戒性措施:

1)责令其向社会公布改善环境行为的计划或者承诺,按季度向实施环境信用评价管理和直接对该企业实施日常环境监管的环保部门,书面报告企业环境信用评价中发现问题的整改情况;改善环境行为的计划或者承诺的内容,应当包括加强内部环境管理,整改失信行为,增加自行监测频次,加大环保投资,落实环保责任人等具体措施及完成时限。

2)结合其环境失信行为的类别和具体情节,从严审查其危险废物经营许可证、可用作原料的固体废物进口许可证以及其他行政许可申请事项;

3)加大执法监察频次;

4)暂停各类环保专项资金补助;

5)建议财政等有关部门在确定和调整政府采购名录时,取消其产品或者服务;环保部门在组织有关评优评奖活动中,不得授予其有关荣誉称号;

6)建议银行业金融机构对其审慎授信,在其环境信用等级提升之前,不予新增贷款,并视情况逐步压缩贷款,直至退出贷款;

7)建议保险机构提高环境污染责任保险费率;

8)将环保不良企业名单通报有关国有资产监督管理部门、有关工会组织、有关行业协会以及其他有关机构,建议对环保不良企业及其负责人不得授予先进企业或者先进个人等荣誉称号;

9)国家或者地方规定的其他惩戒性措施。

(4)哪些企业应纳入环境信用评价范围?

答:污染物排放总量大、环境风险高、生态环境影响大的企业,应当纳入环境信用评价范围。

1)环境保护部公布的国家重点监控企业;

2)设区的市级以上地方人民政府环保部门公布的重点监控企业;

3)重污染行业内的企业,重污染行业包括火电、钢铁、水泥、电解铝、煤炭、冶金、化工、石化、建材、造纸、酿造、制药、发酵、纺织、制革和采矿业16类行业,以及国家确定的其他污染严重的行业;

4)产能严重过剩行业内的企业;

5)从事能源、自然资源开发、交通基础设施建设,以及其他开发建设活动,可能对生态环境造成重大影响的企业;

6)污染物排放超过国家和地方规定的排放标准的企业,或者超过有关地方人民政府核定的污染物排放总量控制指标的企业；

7）使用有毒、有害原料进行生产的企业，或者在生产中排放有毒、有害物质的企业；

8）上一年度发生较大及以上突发环境事件的企业；

9）上一年度被处以5万元以上罚款、暂扣或者吊销许可证、责令停产整顿、挂牌督办的企业；

10）省级以上环保部门确定的应当纳入环境信用评价范围的其他企业。

3．企业管理重点

针对环境信用评价管理要求，企业应了解该制度的实施要求，对照评价标准进行自我评价，发现自身存在的环境管理问题，在政府发布文件实施该评价时，积极参与评价过程，最终是否要建立企业层面的管理制度由企业自主决定。

（五）绿色供应链倡议制度

2014年，中华人民共和国商务部、中华人民共和国环境保护部、中华人民共和国工业和信息化部联合发布《企业绿色采购指南（试行）》（简称为《指南》），指导企业实施绿色采购，构建企业间绿色供应链，推进资源节约型、环境友好型社会建设，促进绿色流通和可持续发展。《指南》的主要内容包括以下方面：一是明确绿色采购的理念和主要指导原则，推动企业将环境保护的要求融入采购全过程，努力实现经济效益与环境效益兼顾。二是引导、规范企业绿色采购全流程，包括引导企业树立绿色采购理念、制订绿色采购方案，加强产品设计、生产、包装、物流、使用、回收利用等各环节的环境保护，更多采购绿色产品、绿色原材料和绿色服务，并根据供应商的环境表现采取区别化的采购措施等内容。三是有效发挥政府部门和行业组织的指导、规范作用。推动建立绿色采购和供应链的管理体系、宣传机制、信息平台和数据等，为企业绿色采购提供保障和支撑。

《指南》主要提出了建议企业避免采购的产品"黑名单"，包括被列入中华人民共和国生态环境部制定的《环境保护综合名录》中的"高污染、高环境风险"产品等。供应商被评定为环保诚信企业或者环保良好企业的，对其产品可优先选购；对于被评定为环保不良企业的供应商，避免采购其产品。同时，建议企业在采购合同中作出绿色约定，包括对于有重大环境违法行为的供应商，采购商可以降低采购份额、暂停采购或者终止采购合同；供应商隐瞒环保违法行为，使采购商造成损失的，采购商有权依法维护其权益；另外，强调采购商可以通过适当提高采购价格、增加采购数量、缩短付款期限等方式，对供应商予以激励。通过市场机制的激励和约束作用，推动供应商强化环境保护，切实减少环境污染、降低环境风险。

第五章
企业环境管理体系

管理是一种实践,其本质不在于知,而在于行;其验证不在于逻辑,而在于成果,其唯一的权威性就是成就。

——彼得·德鲁克
美国管理学家

一、企业理论对环境管理工作的启示

在企业理论的发展史中,有不少经济学家的观点对环境管理及管理体系的构建起到了非常重点的作用。

(一) 新奥地利学派企业理论的观点

基于人类行为学方法论[10],新奥地利学派把企业视为社会结构,是人类有目的行为产物。在现实中,经济活动是通过企业家承担协调责任的一个更大的实体——企业来实现的,因为人们希望通过建立企业这种组织与制度形态来协调个人经济行为,抵抗和降低不确定性。

从这个角度而言,企业的环境管理体系则是企业将内外部环境管理的不确定性整合起来进入企业制度的一种形式,企业组织通过管理制度明确的企业环境目标、规则、惯例以及企业文化,可以为参与者提供一个有关环境保护的共识框架,使企业能够协调分配相关资源,稳定持续地应对可能会影响企业经营的外部变化。

基于企业家理论[10],处于持续不断变化的经济社会中,企业的决策必须以对未来可能发生事件的预期为基础。企业家往往具备发现市场机会的超常"嗅觉",而且是能够轻易"闻到"商机的人。但当现有知识不能解释新生事物的时候,有人会把它看作障碍而拒绝它,有的人会把它视为无用之物而漠视它,只有企业家能跳出常规思维的模式,创造性地发现新生事物的崭新含义。

绿色发展在当今中国是时代潮流与机遇,在这个大趋势下,有机会也会有挑战。对企业家而言,如何正确认识机遇、挑战和风险,如何以自身独特的知识结构去把握这个大时代的机会,以灵敏的嗅觉感知企业未来机遇,也是企业家应该独立思考的发展性问题。

(二)演化经济学的观点

基于企业能力差异,演化经济学认为企业业绩差异来自企业能力差异,而企业能力差异又来自企业惯例的效率差异[10]。现有惯例的效率或对环境的适应性决定了企业的能力和运营效率:能较好适应环境的企业惯例倾向于推动企业能力的提高与企业成长,而不能适应环境的企业惯例则会降低企业的盈利能力,减少企业的成长机会。

从这个角度而言,当前外部与日俱增的环保压力也对企业内部惯例提出了新的变化要求,能否适应这种变化,化压力为动力,找到企业发展的新机遇、新方向及新动能,形成企业成长的新盈利点,成为企业之间竞争的核心与分水岭。

基于新奇性与创新的认识,演化经济学认为企业组织的演进过程中,新奇性的出现是企业惯例发生"变异"的一个主要标志,它来源于企业的创新活动[10]。对新奇性的理解可以有两个角度[10],一个是从客观的或历史的角度,即新奇性是指现实中以前不曾存在的东西,如一种新的产品、行为、做事的方式,也可以一种观念、感觉;另一个角度是主观的或心理上的,在这里,新奇性是行为人自身在以前未曾经历过的东西。因此按照熊彼特的说法,创新是指:① 引进一种新产品;② 采用一种新的生产方式;③ 开辟一处新市场;④ 获得一项新的供给来源;⑤ 实现一种新的企业组织形式。因此新奇性是现有资源的新组合。

因此,企业在绿色发展潮流下可以从研发绿色产品、革新绿色生产技术、开拓绿色销售市场、获得绿色金融方面的支持等,以及从自身的组织变革探索新的组织方式,来实现绿色经营观的创新,形成企业差异化核心竞争力,实现企业间能力的差异。

(三)企业能力理论的观点

基于企业能力理论的认识,彭罗斯[8]认为企业是一个为了控制生产性资源而人为设计的经济组织,企业的命运主要掌握在企业内部成员中(而非由外部市场力量决定)。企业同时也是一个不断学习的动态的实体,在企业经营过程中,管理团队通过学习会获得更多的有关资源提供服务的知识。

企业组织在本质上是一个基于知识的能力集合,企业之间的异质性是因为其拥有的能力不同,应该以能力为切入点来研究市场经济体系中企业的行为。企业的能力是企业拥有的主要资产和资源,是使一个企业比其他企业做得好的特殊才能或特殊物质。有价值的、稀缺的、不可模仿和不可替代的核心能力是企业持续竞争优势的最直接来源。

从上述角度出发,在当前大形势下,企业的绿色发展能力可以成为企业之间的核心竞争力,企业对于开发绿色产品、绿色管理、绿色市场的技能与知识是企业拥有的独特能力,企业可以通过不同途径的学习获得有关绿色价值观的知识,环境保护的法律法规知识,来淘汰原有不重视绿色发展的旧知识。与绿色发展有关的产品、管理及市场营销技能与知识,是企业获取利润的主要竞争优势来源,也完全具备了稀缺、不可模仿和不可替代的特性。

二、环境管理体系的起源及在我国的发展历程

全球化的世界以及环境问题给管理者带来了新的挑战,特别是在文化不同的国家和地区进行管理工作,每个国家和地区都有不同的价值观、道德观、风俗习惯、政治和经济体制以及法律法规,所有这一切都会影响企业管理的方式。这就需要管理者具备一个适用于各种情景下的管理工具,以适应大多数情况下的企业管理;同时,当前绿色发展理念和可持续性问题已经提上了企业领导者以及众多公司董事会的议程。从经营管理角度来看,可持续性可以理解为企业通过整合经济、环境和社会机会到自身的业务战略中,从而实现企业目标且提升长期股东价值的能力。于是,环境管理体系在此全球化背景下应运而生。

考虑到各国、各地区、各组织采用的环境管理手段工具及相应的标准要求不一致,可能会为一些国家制造新的"保护主义"和技术壁垒提供条件,从而对国际贸易产生影响,国家标准化组织(ISO)认识到自己的责任和机会,并为响应联合国实施可持续发展的号召,于 1993 年 6 月成立了 ISO/TC 207 环境管理技术委员会,正式开展环境管理标准的制定工作,期望通过环境管理工具的标准化工作,规范企业和社会团体等组织的自愿环境管理活动,促进组织环境绩效的改

进,支持全球的可持续发展和环境保护工作。

1996 年,ISO 首批颁布了与环境管理体系及其审核有关的 5 个标准,引起了各国政府和产业界的高度重视。到 1997 年底,标准颁布仅一年时间,全世界就有 1491 家企业通过 ISO 14001 标准的认证;到 1998 年底,这一数字达到 5017 家;到 1999 年底,通过认证的企业已超过一万家。

ISO 组织在 1996 年发布 ISO 14000 环境管理体系系列标准后,根据世界各国认证机构使用推广中的经验和建议,分别在 2004 年和 2015 年对 ISO 14001 系列标准进行修订改版。其中 2004 版的 ISO 14001 标准与 1996 版的 ISO 14001 标准相比,无实质性突破,仅在部分标准术语和定义方面作了更详细的规定。

相比于 2004 版 ISO 14001 标准的补充性质的修订,ISO 组织在 2015 年发布的《ISO 14001:2015 环境管理体系　规范及使用指南》中做出了创新性的突破,首次引入了风险管理的理念、战略层面外部大环境和相关方需求的考量,并直接明确了环境管理中贯彻生命周期思想的要求,同时根据近 20 年标准贯彻中存在的问题,更强调标准的可操作性和方便性,对企业贯彻标准的方法和途径提供了更灵活与可操作的选择,如鼓励与企业现有管理过程的融合,弱化文件控制等。

自 ISO 组织 1996 年发布 ISO 14000 环境管理体系系列标准以来,我国政府对环境管理标准化的推广工作十分重视,于 1997 年引进 ISO 发布的环境管理体系相关的 5 个标准,并等同转化为国家标准,分别为如下的 5 个标准:

1) GB/T 24001—1996 idt ISO 14001　环境管理体系　规范及使用指南;

2) GB/T 24004—1996 idt ISO 14004　环境管理体系　原则、体系和支持技术指南;

3) GB/T 24010—1996 idt ISO 14010　环境审核体系　通用原则;

4) GB/T 24011—1996 idt ISO 14011　环境审核体系　审核程序　环境管理体系审核;

5) GB/T 24012—1996 idt ISO 14012　环境审核体系　环境审核员资格要求。

根据来自中国合格评定国家认可委员会《2017 年认证机构认可年报》的数据,截至 2017 年 6 月底,我国共有 100 家环境管理体系认证机构,共颁发 ISO 14001 认证证书 102 837 份,我国已经成为 ISO 14001 认证大国。

作为一项政府环境管理辅助工具,环境管理体系认证自 1997 年引进我国以来,经历了以破除贸易壁垒为目的,到以供应链驱动环境管理体系认证,再到作为普通企业必备的内部环境工具这几个阶段。从 20 余年来环境管理体系认证实际效果来看,环境管理体系认证的普及,更多的是从企业自身利益的角度出发来引导企业实际认证,无论是认证机构还是认证主管部门,并没有将其重点放在与专业管理密切结合上。这导致一种现象,即中国的环境管理体系认证证书的数量是全球发放最多的,但同时企业造成的环境污染也非常突出。

决策是管理的本质[11]。尽管组织中每个人都有做决策的时候,但它对管理者来说尤为重要。几乎一半的管理者依靠直觉,而非正式分析,去制定公司的决策。决策也可以分为两类,程序化的和非程序化的。对于结构性问题,即可以使用重复性、常规解决方案的问题,应使用程序、规则、政策来进行决策。当遇到问题是非结构性的,没有固定方案可以解决的,管理者为了制订独特的方案需要依靠非程序化决策。

结构性问题与程序化决策相对应,非结构性问题需要非程序化决策[11]。中低层管理者主要处理熟悉的、重复发生的问题,因此他们主要依靠标准操作那样的程序化决策。组织层级中,管理者层次越高,他们所面临的问题越有可能是非结构性的问题。真实的情况是,只有极少的管理决策是完全程序化或者是完全非程序化的,大多数决策介于两者之间。上述情况,也存在于企业的环境管理之中,环境管理体系实际上将程序化决策框架大体建立起来了,而将非程序化决策机制赋予了管理评审这一要素,环境管理体系本身融合上述两种决策机制于一体,关键在于体系运行者自身的理解能力和水准。

因此从环境管理的本质出发来看,环境管理体系不是孤立存在的,而是企业整体经营决策的一部分,是环境管理工作依托实施的系统化工具,任何将环境管理体系只单纯视为获取供应链商业利益的观点都是无益于环境管理工作本身的。从这个角度出发,可以看到,2015 年新版的环境管理体系标准(ISO 14001:2015)修订后,明确了基于风险管理的思路来设计环境管理体系,强调了环境管理体系必须是企业经营管理与决策的重要组成部分,强调了体系也重视外部环境的变化,也更加强调企业经营的合规性,这对环境管理体系自身的可持续发展而言,无疑是非常重大的突破。

随着政府简政放权的深入以及环境监管思路的转变,以排污许可证为核心的管理制度不断完善,对"企业主责、自证守法"的要求也越来越高,环境管理体系如何发挥其程序化、制度化特点,作为企业自证守法的证据体系就尤显重要。

三、企业环境管理中的重要定律

落后与先进的差距,并非只是单纯购买大量先进机器或者引进一些先进技术就能够弥补的,落后最可怕的地方是思维方式的落后。思维模式的转变是最大的转变,人类历史上的跨越性、革命性的技术进步和管理模式变革无一不是思维模式转变的终极产物。

在具备一些基本的环境保护基础知识以后,在理解企业环境管理体系以前,先需要介绍以下一些重要定律,也是对环境管理体系要素深入理解的基础,具备了这些思考问题的角度,可以对企业管理者将复杂的环境问题简单化提供不同视角的帮助。因此,以下定律或思维方式的应用,完全是基于企业环境管理者具备了一定的环境保护基础知识的条件下,从管理角度提供的思维方式,并不意味着具备了以下思维就必定能够使企业环境管理实现预期的目标。

(一) 系统思维

世间万物,本质上都可以视为做系统,而"框架"就是对系统构成元素以及元素间有机联系的简化体现[12]。系统思维就是以系统为基本模式的思维形态,它的客观依据是事物存在的普遍方式和属性。"框架"是系统思维的核心组成部分,将系统思维简化为以"框架"为核心的思考,极大地简化了人们对事物的认知。如果人们一开始就知道某个事物系统的成熟"框架",而用这个"框架"进行有效思考,肯定比重新开展探索性思考更快、更直接。"框架"一般有以下三个来源。[12]

1. 考虑现成框架

人类经过长期发展,针对万事万物的系统积累了丰富的认知框架(各种理论模型、思考工具),在思考和表达时,可以优先考虑选择人类已有成熟的框架,而无需重新发明新框架,从而有效地提高管理成效。对环境管理工作而言,ISO 14001环境管理体系就是国际标准化组织总结人类环境管理经验,而得出的已有环境管理"框架"。

2. 基于已有框架改善

由于受限于客观环境和人类认知水平,所有理论模型实际上都是对事物系统的近似模拟,都有一定的局限性,同时要满足其前提与边界条件。纵观整部人类发展史,就是在对前人成果不断完善的基础上实现的。基于已有框架的改善将有助于节约足够的时间和成本来推动管理改善。ISO 14001 环境管理体系本身构建了持续改善,同时也是全人类在环境管理长期积累的经验分享,因此应用该现成的框架与机制将有利于企业循序渐进地推动企业环境管理的不断深入。

3. 全新构建框架

全新构建框架是一个创造性活动,挑战相对较大,当碰到以下情况时,可能就要必须要考虑创建全新框架。

1) 暂时没有合适的框架适用于希望管理的对象;

2) 有合适的框架,但由于种种原因,尚不知道或者未能想到。

习近平总书记指出:"要像对待生命一样对待生态环境,保护生态环境就是保护生产力,要以系统工程思路抓生态建设"。环境管理体系本质上是一种系统思维,系统思维就是把认识对象作为系统,从系统和要素、要素和要素、系统和环境的相互联系、相互作用中综合地考察认识对象的一种思维方法。系统思维是以系统论为思维基本模式的思维形态,它不同于创造思维或形象思维等本能思维形态。系统思维能极大地简化人们对事物的认知,带来整体观。系统思维是一种逻辑抽象能力,也可以称为整体观、全局观。系统论作为一种普遍的方法论,是迄今为止人类所掌握的最高级思维模式。

(二) 过程思维[11]

过程概念是现代组织管理最基本的概念之一,在 ISO 9000: 2000 中,将过程定义为:"一组将输入转化为输出的相互关联或相互作用的活动"。过程的任务在于将输入转化为输出,转化的条件是资源,通常包括人、机、料、法、环及检测。增值是对过程的期望,为了获得稳定和最大化的增值,组织应当对过程进行策划,建立过程绩效测量指标和过程控制方法,并持续改进和创新。

过程思维是一种把期望并能够实现持续、良好的结果视为规范和完善的管理过程自然而然形成产物的一种思想方法,基于这种思维方式管理上则更加关注于过程的完善与规范,这种对过程的完善与规范包括了对资源的合理分配和实现的具体措施与方法。避免只关注结果,而导致管理过程不恒定,无法形成持续稳定的良好结果。这一思路在环境管理中尤其重要,目前对企业而言,要形成环境管理的持续、有效、恒定的结果,合规企业往往要付出较大的代价,但企业环境管理者一定要有这样的意识,随着环境保护法律法规要求得越来越严,市场信用机制越来越完善,为合规结果付出的代价在今后的企业间竞争中是值得的。

(三) PDCA 循环

经典管理学中,法国的工业经济学家亨利·法约尔首先提出,所有的管理者都要执行五项管理活动[11],这五项管理活动是计划、组织、指挥、协调和控制(POCCC),今天这些职能已经被简化四项,即计划、组织、领导和控制。

PDCA 管理循环,最先是由休哈特博士提出来的,由戴明把 PDCA 发扬光大,并运用到质量领域,故称为质量环和戴明环。它是全面质量管理所应遵循的科学程序。PDCA 循环作为全面质量管理体系运转的基本方法,综合运用各种管理技术和方法。全面质量管理活动的全部过程,就是质量管理计划的制订和组织实现的过程。当今社会,PDCA 循环实际上已经融入管理的方方面面,无论是管理学基本原则,还是项目管理,都遵循了这样的要求。

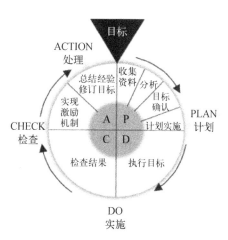

图 5.1　PCDA 整体循环示意图

1. PDCA 的基本涵义

PDCA 四个英文字母及其在 PDCA 循环中所代表的含义如下:

1) P(plan)——计划,确定方针和目标,确定活动计划。

2) D(do)——执行,实地去做,实现计划中的内容。

3) C(check)——检查,总结执行计划的结果,注意效果,找出问题。

4) A(action)——行动,对总结的检查结果进行处理,成功的经验加以肯定,并适当推广、标准化;失败的教训加以总结,以免重现,未解决的问题放到下一个 PDCA 循环。

如果结果不符合预期,就返回到策划阶段,如果对结果满意,就将解决方案进行标准化,通过标准化固化绩效,保持企业管理现状不出现下滑,同时积累、沉淀经验,也是企业治理水平不断提升的基础。标准化是企业管理系统的动力源,没有标准化,企业就缺少持续改进的基石。

每一件事情先制订计划,计划结束后再去实施,实施过程中开展检查,再根据检查结果实施改进、落实和改善,这样可以不断把没有改善的问题又放到下一个循环里面去,就形成一个一个的 PDCA 循环。

2. PDCA 循环的特点

图 5.2　PDCA 循环特点图

（1）周而复始

PDCA 循环的四个阶段不是运行一次就结束,而是周而复始地进行。一个循环结束了,解决了一部分问题,可能还有其他问题没有解决,或者又出现了新的问题,再进行下一个 PDCA 循环,依此类推。因此,PDCA 循环实际上存在于任何一个活动与流程中,并不仅仅存在于宏观管理层面。

（2）大循环带小循环

PDCA 循环类似行星轮系,一个公司或组织整体运行的体系与其内部各子体系的关系,是大循环带小循环的有机逻辑组合体。

（3）阶梯式上升

PDCA 循环不是停留在一个水平上的循环,不断解决问题的过程就是水平逐步上升的过程。

3. PDCA 的八个步骤

八个步骤包括：① 分析现状、发现问题;② 分析影响因素;③ 分析主要因素;④ 采取措施;⑤ 执行;⑥ 检查;⑦ 标准化;⑧ 把没有解决或新出现的问题转入下一个 PDCA 循环中去解决。

每个问题不一定靠一个 PDCA 循环就能够解决掉,有时能一次解决掉,有时候可能要循环地运转几次。而其中最重要环节是标准化,也就是要把成功经验总结出来,制定相应标准,这是企业管理中一项重要原则,企业建立标准化就是建立了企业技术和经营状况的复制能力,后续将单独论述标准化的价值及作用。

PDCA循环是能使任何一项活动有效进行的一种合乎逻辑的工作程序,特别是在质量管理中得到了广泛应用的PDCA循环,是开展所有质量活动的科学方法,以后逐步扩展到环境管理、职业健康安全管理、能源管理等企业管理活动之中。PDCA循环是企业环境管理体系的重要原则,通过统一的管理原则,企业的全方位管理工作形成了统一的思路、行为模式和共同语言,并达成管理者所需要的预期结果。这项原则是企业环境管理者在实际开展环境管理工作中应非常关注的实用性原则,需要依托和利用好这一原则,借助不同部门的力量来推动企业环境管理在产品、设计、生产、原辅材料选择、供应商管理、人员培训等非传统环境领域的深入,只有这样,才能将企业环境管理工作与实际经营管理密切结合。

(四) 黑箱理论

在人类的认知世界里,尤其是在从事科学研究时,经常会遇到这种情况,有一些所要认识或控制的客体,由于种种内外条件的限制,其内部的结构一时不能够(不允许或者不容易)被我们直接观测到,它好像是一个既不透明又密封的箱子,人们无法从外部或者无法直接打开来探察其内部的奥秘。控制论创始人维纳起先称它为"闭盒",后来艾什比、维纳又称它为"黑箱"。

企业面对的情况是环境法律法规的要求不断提升、社会对环境保护的日益关注,环境保护领域技术要求的层出不穷。即使是环境专业背景的人员也既要跟踪国家与地方不断变化的环保法规要求,又要像污染治理专家一样了解市场上所有的污染治理技术、动态和趋势,同时还要协调企业内部各种管理事务。不停地转换思维方式往往会使企业环境管理的人员觉得力不从心。

在新古典经济学中,企业也被简化为一个点或一个无法看清的"黑箱"[10],暂且不论其是否完全正确,但黑箱理论给人们的启示是,企业环境管理者的角色与污染治理技术专家的角色不同,完全可以应用上述理论原理来转换视角,将管理对象(工厂、车间、设施)等视为一个观察单元,以企业原辅材料为单元输入,以环境法律法规及标准要求为衡量标准,以企业生产工艺的知识为基础,对观察单元的输出状态及数据进行动态跟踪与分析评估,并通过改变外部各种条件,包括市场供应商提供的治理技术、委托合同约束、同行评审等,来逐步改进整个系统、设施或单元的成效,控制自身系统可能存在的风险。

从环境管理体系的整体或者要素而言,可以将要素或整个体系视为一个黑箱,将外部环境变化条件及要素实施参数及指标视为输入,不断对输入条件及参数进行调整,将要素及体系整体预期目标视为输出,有利于企业环境管理者从管理的角度来进行观察、评估与分析输出结果,寻找问题,采取措施,持续改进系统整体绩效。

总之,从工程技术到社会领域,从无生命到有生命系统,从宏观世界到微观念世界,黑箱方法都有其用武之地。当然,黑箱方法同任何其他方法一样,也有局限性。黑箱方法强调从整体、从整体与外部环境联系中认识事物,而不去深究其内部结构和局部细节,这是它的长处,也是它的不足。正确的态度应当是把黑暗方法与其他科学方法结合起来,取长补短,相得益彰。

（五）帕累托定律[13]

1897 年,意大利经济学者帕累托偶然注意到 19 世纪英国人的财富和收益模式。在调查取样中,发现大部分的财富流向了少数人手里。同时,他还从早期的资料中发现,在其他国家,都有这种微妙关系一再出现,而且在数学上呈现出一种稳定的关系。于是,帕累托从大量具体的事实中发现:社会上 20% 的人占有 80% 的社会财富,即财富在人口中的分配是不平衡的。

二八定律不仅在经济学、管理学领域应用广泛,它对我们的自身发展也有重要的现实意义:学会避免将时间和精力花费在琐事上,要学会抓主要矛盾。一个人的时间和精力都是非常有限的,要想真正"做好每一件事情"几乎是不可能的,要学会合理分配的时间和精力。与其面面俱到,还不如重点突破,把 80% 的资源花在能出关键效益的 20% 的方面,这 20% 的方面又能带动其余 80% 的发展。

同样,环境管理体系在重要环境因素识别与评价的过程中,也运用了该定律,可以认为 80% 的环境影响实际上来自相对重要的 20% 的环境因素,而另外 80% 的环境因素所造成的影响实际上只占 20%。因此只要将相对重要的 20% 的环境因素进行有效控制,就可以有效地控制组织对环境的整体影响,而无需对所有 100% 的环境因素投入大量精力、物力和财力进行管理。因此,企业重要环境因素的确定就非常重要了,因为这决定了企业环境管理的重点及方向,一旦出现重大偏差,在当前环保法律法规越来越严的情况下,可能会对企业形成潜在的法规风险,造成不可预计的后果。

（六）SMART 原则[11]

目标管理是使管理者的工作由被动变为主动的一个很好的管理手段,实施目标管理不仅是为了利于员工更加明确高效地工作,更是为管理者将来对员工实施绩效考核提供了考核目标和考核标准,使考核更加科学化、规范化,更能保证考核的公正、公开与公平,以下是 SMART 原则的基本要求。

1) 环境绩效指标必须是具体的(specific) ;

2) 环境绩效指标必须是可以衡量的(measurable) ;

3) 环境绩效指标必须是可以达到的(attainable) ,指绩效指标在付出努力的情况下可以实现,避免设立过高或过低的目标;

4) 环境绩效指标是要与其他目标具有一定的相关性(relevant) ;

5) 环境绩效指标必须具有明确的截止期限(time-bound) 。

无论是制定团队的工作目标还是制定员工的绩效目标,都必须符合上述原则,五个原则缺一不可。制定的过程也是自身能力不断增长的过程,企业管理者必须和员工一起在不断制定高绩效目标的过程中共同提高绩效能力。

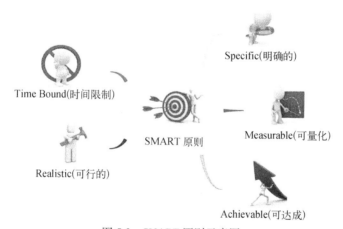

图 5.3　SMART 原则示意图

（七）底线思维

"底线"原意是指足球、排球、羽毛球等球场两端的边端,现在一般包含三层含义:人们对于某种事态心理上可以承受的最低限度;人们主观设定的不可逾越的某种警戒线;进行某项行动、任务前预定的期望目标的最低要求。"底线思维"也就是以底线为基本导向,调控事物朝着预定目标发展的一种思维方法和艺术,它要求"凡事从坏处准备,努力争取最好结果,做到有备无患,牢牢把握主动权"。它体现了马克思主义唯物辩证法中主观能动性与客观规律性的关系、质变与量变的原理。

同样,环境管理体系中也运用了底线思维的基于风险的管理理念,以及将法律法规及相关标准作为体系输入及衡量体系运行有效性的合规性评审重要标准,这些要求无不体现了底线思维及底线管理的精神。

(八)逆向管理思维

企业环境管理者,无论是最高管理者、分管领导,还是部门经理,都属于一个企业中的领导人物。目前传统的领导力培训或辅导的目的是改变思考的方式,将自省与反思作为培训的黄金法则,教学员学会反思自己是谁以及自己要成为谁的问题[14]。但在企业实际管理中,这些方法非常具有局限性。虽然在很大程度上,它们能帮助认识当前的能力以及领导方式,但是在管理实践中会发现,人自身当前具有的一些想法恰恰是阻碍自身继续前行的绊脚石。所以改变思维方式的途径往往是通过改变做事方法,也就是首先行动起来,在行动中思考,在行动中总结与摸索,在行动中成为企业环境管理的行家里手。这种视角及思维方式与前述的多种思维并不矛盾,对一名企业环境管理者而言,多一种看问题的视角,多一种推动管理的纬度,将只会有益无害。对此,德鲁克精辟地阐述了管理的本质:"管理是一种实践,其本质不在于知,而在于行;其验证不在于逻辑,而在于成果;其唯一的权威性就是成就"。管理经典正是源自对管理实践的关注与洞察,并通过与实践的互动来引领实践,这也就是管理经典的实践性。

(九)大数据思维[15]

机械思维曾经是改变人类工作和思维方式的革命性方法论,并且在工业革命和后来的全球工业化进程中起到了十分重要与决定性作用。今天它在很多地方依然能够指导我们的行动,如果我们能够找到确定性(或者可预测性)和因果关系,这仍然是最好的结果。但当今我们面临的复杂情况,已经不是机械时代用数个定律公式就能描述清楚的了,不确定性或者说难以找到确定性,是当今社会的常态与现状。在无法确定因果关系时,海量数据为我们勾勒出解决问题的新思路和方法,大数据中所包含的趋势性信息可以帮助我们消除不确定性,而大量数据之间的相关性在某种程度上可以取代原来直接的因果关系,帮助我们得到期望的答案,这是大数据思维的核心。

在企业环境管理中,环境数据的缺乏,尤其是海量数据的缺乏以及相关数据无法交叉验证,在某种程度上是无法实现环境管理精细化的重要原因,在今后的企业环境管理工作中,合规性不应是企业追求的目标,企业内部重视自身各方面数据的积累,以此来验证环境管理工作的有效性和精确性,通过数据来找到提升企业生产经营的潜力与空间,是今后值得探索和深入的重要方向。

环境管理本质上是基于证据的管理体系,而证据又来源于数据,所以企业环境管理体系未来的发展方向将是由各方面数据汇集而成的证据体系,以此来证实企业自身行为的合规性,同时为企业生产经营活动服务。某种程度上,大数据是量子管理思维的技术实现路径。

(十) 量子思维

量子管理学是近期最为热门的话题,从其角度来看,当今的管理体系及管理理论学说都是建立在牛顿理论思维体系之上,都是假设将复杂系统还原为简单的标准化部件与单元,并按既定的规则运作的模块[16]。以牛顿学说为基础的管理理论及模式,假定公司与市场如同机器,能够简单地遵守预定法则,实现稳定运行,而且可以人为地进行控制,虽然这种管理本质上是基于对人不相信假设之上的。在某种情况下,这些运作确实实现了降低风险与确保过程受控,并实现了取得收益的目标。

如果说以下提及的环境管理体系是基于牛顿学说而构建的管理型框架,那么这确实没有任何异议,尤其是在目标指标这一要素上,似乎隐含着目标指标能够按照预定规则及方法措施实现预期结果的含义。如果一个管理体系大部分的目标指标没有实现,其管理体系的有效性必定在逻辑上大打折扣。但这未必的正确的,很多目标指标及管理方案实际上从设定开始就是在试错。而不符合纠正这一要素,仿佛更加确认了管理体系实施者能够找出所有出现问题的根源,这一点其实也并不符合事实。

无论如何,以牛顿学说来实施环境管理有一定的优点,因为环境管理体系的重要目标之一就是确保企业在环境管理上合规,这一点尤其符合环境保护法律法规对企业的特性要求,因为环保法规事实上是刚性的,对企业而言,实施管理体系的重要目标之一就是合规。因此,从目标导向来看环境管理体系,采用牛顿学说为基础的管理理论来实现环境管理再合适不过,毕竟环境活动与营销、市场、设计与生产活动相比,其可能发生的变数与影响相对较小。

但从另一角度来看,则认为环境管理体系的框架实际上也给了环境管理者不少弹性,毕竟管理体系只提出了要素性的目标要求,而这些目标如何实现取决于实施者的资源及其智慧。环境管理体系确实也存在一定的缺陷,例如,对参与管理体系的人的因素考虑较少,只从能力角度提出目标性要求,其他一些环节,如文化、薪酬、建议、激励等因素却没有具体的设定内容。这一方面由于各国文化与法规在这些环节上差异较大,作为一个国际化标准无法兼顾,只能将其隐含在法律法规这一要素上,但实际上也给管理体系实施者一定的空间来个性化体系的这些过程。例如,信息交流这一要素,可以将企业文化、合理化建议等渠道整合进来;培训这一要素,则可以将员工研讨、新的管理思想等内容引进来。虽然程序及规则本身并不能穷尽所有可能的方面,但至少这些相对灵活的要素,增加了员工真正全心全意参与到管理体系的深度,提供了人与人之间的信任基础,给予了实施者去谋求改进与提升的想象区域,这隐约体现了环境管理体系牛顿式框架中的量子管理思维。在实际情况中,管理体系虽然是基于牛顿学说的,但在中国,实施管理体系糅合了东方管理思维,因此很多案例表明,实践中的体系实施并非完全是西式僵化的基于对人不信任的牛顿假说所能够顺利运作的。

当今社会,随着互联网信息技术的发展与不断升级,管理思想朝着思维网状、基于知识的组织方向转向。知识经常与环境相关,知识应用的环境越广,就越有意义,优势也就越多。组织整体或部分不能与其环境分离,创造性的未来只能出现在自由的对话中,在与更宽泛的经济、政治、社会和生态环境的基础之上,其多样的涌现性才可以呈现,组织则可以在此基础上充分挖掘各部门潜能,实现整体超过各部分的简单加总。

四、标准化与企业环境管理

(一) 标准化的历史

标准化历史尽管悠久,但作为一门学科来讲,发展的历史只有一个世纪左右的历史。1947 年,国际标准化组织(ISO)成立,该组织于 1952 年建立了标准化科学原理研究常设委员会(STACO),开始了标准化概念、标准化基本原理和标准化方法的研究[17]。标准化领域里，世界各国对标准化概念都十分关注和重视，并且几十年来一直在进行研究和修改。德国国家标准对标准化的定义为："标准化是指为了公众的利益，由各有关方面共同进行的，有计划地使物质和非物质的对象统一化"。美国材料试验协会对标准化的定义为："标准化是为各有关方面的共同利益和在其合作下，对某一专门活动的规律性方法制订和应用规章的过程。"日本质量管理术语对标准化定义为："制订并有效地运用标准的有组织行为"。我国官方对标准化的定义始于1983年，在《标准化基本术语第一部分》（GB 3935.1—1983）中发布，这是中国官方的第一个标准化定义："在经济、技术、科学及管理等社会实践中，对重复性事物和概念，通过制定、发布和实施标准，达到统一，以获得最佳秩序和社会效益。"

研究表明[17]，标准化参考科技和经济的发展有着突出的贡献，经英国统计，标准化对英国2015年生产效率提升的贡献高达37.4%，相当于年度GDP增长28.4%，德国和法国也得出类似结论。

麦绿波在《标准化学——标准化的科学理论》中指出："标准化学科内容的科学性体现在主观设计的范式要符合客观性、可复现、验证见效、可观察、实践应用可靠、可数学表达。标准化是构建文明化社会、科学化劳动、有效化知识的一种合理范式，这种范式在引导、控制事物发展。标准化是从混乱中理出秩序的条理，从耗费中剔除多余支付，在阻塞中建立畅通关系，在分散中汇聚效能"。环境管理作为标准化内容之一，良好的作业规范无疑将直接使企业从节能减耗减排受益效果。

麦绿波指出："标准化使随意行为状态转变成有方向的矢量行为状态，使无目的的状态转变为有目的状态。标准调节和规范人们的行为和社会秩序。标准化的价值体现出：统一的重复性生产带来降低成本和提高效率；统一的公认准则带来秩序；统一信息规则带来交流、识别。标准化在改变设计模式、生产模式、试验模式中发挥作用，企业建立标准化就是建立了企业技术和经营状况的复制能力。标准化是在与无序化、重复性、多样化、多品种状态的竞争中产生的，不是能轻而易举搭建的"。标准化的上述特征也是确保企业在环境保护领域合规经营、提升效能的有效途径。

因此麦绿波认为："标准化创造价值，保护利益，防范风险。事物达到标准化的高度，是进程中的光辉顶点，标准化是竞争优胜的、可持续生存的结果，是现实的顶层境界。"对企业环境管理者而言，要实施好环境管理工作，必须重视标准化与环境管理的结合,标准化的未来实际上将与智能化的社会发展方向密切结合。

(二) 企业标准化管理工作的意义

现代的企业生产,以先进的科学技术和生产高度社会化为特征。其特点是生产规模庞大,劳动分工细化,协作关系复杂,生产速度快捷,对产品的质量有很高要求,对作业要求准确无误等。基于这些现代企业的生产特征和组织特征之上的有效管理,只有通过标准化工作才能实现。企业标准化管理工作已经成为现代企业管理的综合性基础工作,是衡量现代化生产技术、经营科学管理水平的主要尺度。发挥标准化管理的功能,用标准化的方法对生产经营的各要素、各环节进行合理约束和协调,实现现代化管理,使生产经营活动有序进行,是实现企业的生产经营目标、增强竞争力的重要手段。

国际标准作为各国标准化机构反复协商协调的产物,具有世界范围内的统一性和通用性,采用国际标准成为企业标准化的最高追求。对一个企业来说,规范化和法律化的技术生产是企业生产标准化的前提和基础,企业在生产、管理、经营中执行的标准向国际标准靠拢,是企业缩短标准采用的差距,提高生产效率,提高产品质量,是产品打入国际市场、获得理想经济效益必须努力的方向,也是企业与国际市场接轨的必经之路。

标准化管理对企业发展的促动作用主要体现在以下几个方面。

1) 从企业管理角度看,标准化是企业的一种整体行为,贯穿于企业的生产、管理、经营之中,标准化的实施,特别是标准制度的实施,要求企业按照国家或国际的标准,用规范化的生产运作体系确保产品质量和服务质量,进行严格的成本管理、财务管理、质量管理,建立起国际承认的质量保证体系。

2) 从贸易角度看,标准化国际贸易自由化市场的统一开放,公平竞争提供了一个公开的、共同的标准,为企业提供了一种固定标准的贸易条件,为消除贸易壁垒,特别是贸易技术壁垒,提供了一个准则。

3) 从信息化建设的角度看,统一的标准化信息使企业节约了市场调研成本、企业内部信息沟通成本以及技术研发费用。

4) 从企业发展的角度看,企业因科技水平的差距,对标准的采用要求不一致。技术标准作为衡量产品科技含量的标志之一,企业为提高产品质量,达到国内外同类产品先进水平,必然要进行技术创新,修订技术标准,采用最新技术,严格控制产品质量,努力跟上世界先进水平,向更高的层次迈进。

5）从社会资源的配置来看,激烈的竞争必然要优胜劣汰,行业内科技含量低、生产水平能力低下的企业必然要遭到淘汰,科技创新能力强、技术标准发达的企业必定会发展壮大,行业的结构调整必定会因技术标准的有效采用而趋于合理。

（三）标准化管理工作的依据及其主要内容

我国企业标准化管理工作主要借鉴 ISO 的标准化方法,自 20 世纪 80 年代开展标准化管理工作以来,我国借鉴 ISO/IEC 的标准化管理方法,发布了一系列标准化工作导则,对我国标准化工作的开展发挥了重要的指导作用。我国发布的标准化工作导则包括如下内容。

1）《标准化工作导则 第 1 部分：标准的结构和编写》（GB/T 1.1—2009）；

2）《标准化工作指南 第 1 部分：标准化和相关活动的通用词汇》（GB/T 20000.1—2002）；

3）《标准化工作指南 第 2 部分：采用国际标准》（GB/T 20000.2—2009）；

4）《标准化工作指南 第 3 部分：引用文件》（GB/T 20000.3—2003）；

5）《标准化工作指南 第 4 部分：标准中涉及安全的内容》（GB/T 20000.4—2003）；

6）《标准化工作指南 第 5 部分：产品标准中涉及环境的内容》（GB/T 20000.5—2004）；

7）《标准化工作指南 第 6 部分：标准化良好行为规范》（GB/T 20000.6—2006）；

8）《标准化工作指南 第 7 部分：管理体系标准化的论证和制定》（GB/T 20000.7—2006）；

9）《标准编写规则 第 1 部分：术语》（GB/T 20001.1—2001）；

10）《标准编写规则 第 2 部分：符号》（GB/T 20001.2—2001）；

11）《标准编写规则 第 3 部分：信息分类编码》（GB/T 20001.3—2001）；

12）《标准编写规则 第 4 部分：化学分析方法》（GB/T 20001.4—2001）；

13）《标准中特定内容的起草 第 1 部分：儿童安全》（GB/T 20002.1—2008）；

14）《标准中特定内容的起草 第 2 部分：老年人和残疾人的需求》（GB/

T 20002.2—2008）；

　　15）《文后参考文献著录规则》（GB/T 7714—2005）；

　　16）《标点符号用法》（GB/T 15834—2011）；

　　17）《出版物上数字用法》（GB/T 15835—2011）；

　　18）《安全出版物的编写及基础安全出版物和多专业共用安全出版物的应用导则》（GB/T 16499—2008）。

　　上述标准化管理的基础标准在我国各行各业的标准化管理工作中发挥了重要的基础作用和指导作用。作为企业，亦可应用上述标准开展企业标准化管理工作。企业开展标准化管理，一般可归结为如下 3 个领域的标准化管理。

　　1. 技术标准

　　技术标准是标准化管理体系的核心，是实现产品质量的重要前提，其他标准都要围绕技术标准进行，并为技术标准服务。具体来说，技术标准是对生产相关的各种技术条件，包括生产对象、生产条件、生产方式等所作的规定，如产品标准、半成品标准、原材料标准、设备标准、工艺标准、计量检验标准、包装标准、安全技术标准、环保卫生标准、设备维修标准、设计标准、能源标准等。

　　企业技术标准的形式可以是标准、规范、规程、守则、操作卡、作业指导书等。

　　2. 管理标准

　　管理标准是生产经营活动和实现技术标准的重要措施，它把企业管理的各个方面以及各个单位、部门岗位有机地结合起来，统一到产品质量的管理上，以获得最大的经济效益。

　　管理标准是对有关生产、技术、经营管理各个环节运用标准化原理所作的规定，它涉及各个管理方面，包括企业经营决策管理、生产管理、技术管理、质量管理、计划管理、人事管理、财务管理、设备管理、物资供运销管理、经济实体管理，以及标准化管理等。

　　3. 工作标准

　　工作标准是对企业标准化领域中需要协调统一的工作事项制定的标准，是以人或人群的工作为对象，对工作范围、责任、权限以及工作质量等所作的规定。工作标准主要是研究各个具体人在生产经营活动中应尽的职责和应有的权限，对各种工作的量、质、期以及考核要求所作出的规定。企业工作标准化管理，主要是明确工作标准的内容和对象，科学制定工作标准；认真组织实施工作标准；对工作标准的完整性、贯彻情况、取得的成效进行严格考核。

企业标准化管理实质上就是对由技术标准、管理标准、工作标准这三大标准体系所构成的企业标准化系统或者体系的建立与贯彻执行。

（四）企业环境管理制度与标准化管理工作的关系

随着我国环保法律法规越来越严格和公众环境意识的觉醒,企业环境管理工作作为企业管理工作的一个方面,越来越成为企业关注的重要内容。大部分企业都建立了内部环境管理制度,越来越多的企业积极开展 ISO 14001 环境管理体系认证,以国际通行的标准化的环境管理方法进行企业环境管理。

从范畴上来说,企业的上述环境管理制度或者经过认证的 ISO 14001 环境管理体系都是企业标准化管理工作的一个方面的内容,根据其发挥的作用,可以分别归结到上述企业标准化管理工作的环境技术标准、环境管理标准或者环境工作标准中去。对开展 ISO 14001 环境管理体系认证的企业,其环境管理制度更会从结构、要素、定义、格式等各方面满足企业标准化管理的要求,可以很方便地整合融入企业的整体标准化管理工作中。

例如,《标准化工作导则 第 1 部分:标准的结构和编写》(GB/T 1.1—2009)中,规定了标准结构、起草表述规则和编排格式,并提供具体样式。企业起草内部管理标准时可以参照执行。该标准化工作导则对文件进行格式、结构规定,正是 ISO 14001 环境管理体系文件控制要求。而该标准化工作导则对文件的表述规则的规定,又与 ISO 14001:2015 环境管理体系 8.1 运行控制的"建立准则"相一致。在实际工作中,企业可以依据该标准化工作导则要求,将 ISO 14001 环境管理体系文件控制和运行控制要求,纳入企业整体标准化管理中。

《电工电子安全出版物的编写及基础安全出版物和多专业共用安全出版物的应用导则》(GB/T 16499—2017)和《标准化工作指南第 5 部分 产品标准中涉及环境的内容》(GB/T 20000.5—2004),对应于 ISO 14001:2015 标准中 8.1 运行控制要素中"组织应考虑提供与其产品或服务的运输或交付、使用、寿命结束后处理和最终处置相关的重大环境影响的信息的需求"。企业开展标准化管理工作执行上述标准时,也正是在执行 ISO 14001:2015 的 8.1 运行控制的对产品和服务的生命周期末端的控制要求。所以,对正在进行 ISO 14001 认证的企业而言,企业现有产品标准文件或者说明书等,是可以直接作为环境管理体系的运行控制文件来使用的。

《标准中特定内容的起草 第 1 部分:儿童安全》(GB/T 20002.1—2008)和

《标准中特定内容起草　第 2 部分：老年人和残疾人的需求》（GB/T 20002.2—2008）为开展职业健康安全管理体系（OHSAS 18001）的企业提供了充分识别和评审职业健康安全风险的模板及案例，可作为企业开展危险源辨识和评价的依据。

其他 ISO 14001：2015 环境管理体系中有关支持性要素要求和绩效评价、持续改进方面的要求，则均可统一在企业标准化管理的大框架下，采用企业标准化格式及规则，将环境管理体系要素融入企业相关的管理标准、技术标准或工作标准中。对 ISO 14001 标准而言，其最新版本也要求将环境管理措施深入融合到企业管理过程中，以体现其管理有效性。所以一个成功的 ISO 环境管理体系必然是深度融合到企业标准化管理框架之中的，这也正是 ISO 14001 标准对使用者的最终期望。

从标准化的历史来看，质量标准化为中国成为世界制造大国起到了决定性的作用，质量标准化方法论的大规模应用使得中国产品质量得到了世界范围的认可，赢得了全球市场。在新时代新形势下，标准化应用于环境管理领域，不仅使企业的规模化生产从环境保护角度得到标准化管理并予以规范，同时也通过标准化使得重要生产流程的关键参数实现有效监控，并为后续的环境管理信息化做好了技术准备。从管理学的历史来看，标准化工作是牛顿学说思维的产物，基于现有规则情景下使被管理对象按照预期的目标实现结果，即是标准化的初衷。

五、管理体系与环境管理之间的相互关系

毋庸置疑，管理体系从其开始的确源于牛顿学说的思维基础，所有的活动要有程序，程序中要有标准与关键参数，所有活动都要受控，最终实现对整个体系的受控，并按规则实现预期目标。当环境管理体系 PDCA 循环出现，同时体系提出了持续改进要求时，管理体系牛顿式假说实际上出现了些微的松动。之所以这样认为，是持续改进在现有的认知框架与既定规则下总有尽头，而突破这些极限则往往要打破现有的规则，并且需要一种容错和试错机制，但管理体系的不符合纠正机制，往往认为人类无所不能，所有的错误都有能才实现纠正，这恰恰是不符合逻辑的，而这又是量子管理思维的特长。而近期，当基于风险角度改版的管理体系标准纷纷出台后，尽管力图控制风险的思维仍是牛顿式的，但其管理流

程中提出将法律法规及环境变化因素纳入管理体系范畴的想法,已经有了将管理体系视为生命体并对外界变化及时反馈的思路,这不得不说是管理体系在变革过程中的一种进步。

　　某种程度上,管理体系可以视为被设计成兼具大脑与躯干于一体的生命一样,P(策划)如同大脑一样进行思维,D(运行)像躯干一样执行大脑的决策,C(检查)如同大脑一样进行检查,同时 A(提高)也需要像大脑一样来进行总结提升,管理体系更像是一台模仿大脑的机器在运行着,虽然它总体上遵守着牛顿假说。

　　同时,管理体系与技术之间也存在一种微妙的关系。企业中存在非常重视技术的惯例,认为技术可以替代管理,事实上技术本身受限于管理,当管理活动有利于技术应用或其升级时,技术可以发挥其最大的功效,而当管理活动抑制了技术发挥时,技术往往无用武之地。同时,两者之间又是一种竞合关系,当技术无法解决管理所识别的问题时,有效的管理体系往往可以保持现有状态,避免负面影响扩大,等待外围技术资源升级所带来的技术进步。一旦技术实现突破后,管理体系所设定的目标指标及管理方案就随之得到体系的唤醒,发挥其提升管理绩效的作用。

(一) 环境管理体系与能源管理体系的关系

　　《ISO 50001: 2011 能源管理体系要求》是 ISO 参考已发布的 ISO 14001 标准和 ISO 9001 标准的经验,制定的能源管理标准,该标准为工厂、经营设施或组织的能源管理建立统一框架,以协助企业进行能源管理、提高能源使用效率、减少成本支出及改善环境效益。在《ISO 50001: 2011 能源管理体系要求》标准建立时,已经最大限度地考虑了 ISO 50001 标准和 ISO 14001 标准、ISO 9001标准的兼容性。能源管理体系的运行模式、标准要素的逻辑关系和标准正文的章节编排,仍遵守 ISO 14001 标准和 ISO 9001 标准的 PDCA 模式,故在实际的应用中,可非常方便地将 ISO 50001 标准的要求融入企业现有的环境管理体系及质量管理体系中。尽管 ISO 14001 标准和 ISO 9001 标准于2015 年进行了更新修订,ISO 50001 标准的章节编排从形式上与 ISO 14001 标准和 ISO 9001 标准发生较大变化,但从内涵上来讲,仍是保持一致的。并且 ISO的惯例是 8 年左右即进行标准的修订,从目前的 ISO 标准的修订趋势看,未来,ISO 50001 标准、ISO 9001 标准、ISO 14001 标准、ISO 45001 标准都将保持一致的逻辑内涵和标准格式与风格。

因为能源问题从本质上从属于环境问题,所以从逻辑上看,ISO 14001 标准的范畴是包括了 ISO 50001 标准的,即 ISO 50001 标准可以认为是 ISO 14001 标准中针对环境因素 7 个方面的能源领域项目的深化和展开。

1. ISO 14001 标准要求中与 ISO 50001 标准要求中完全一致的项目包括以下方面。

(1)适用法规及要求的策划

ISO 14001 标准和 ISO 50001 标准都要求对适用的法规、标准及要求进行识别、适用性评审,并根据评审结论,策划法规、标准及要求的落实途径,以便在管理体系的实施中予以考虑和加以落实。所不同的仅是两个标准关注的法规侧重领域,ISO 14001 标准的法规适用性评审主要针对环保法规标准及要求,并对能源相关法规及要求也有所关注,ISO 50001 标准的法规适用性评审主要针对能源法规标准及要求。从逻辑上讲,ISO 14001 标准所关注的法规可以覆盖 ISO 50001标准所要求的法规标准及要求。

1)合规性评价。ISO 14001 标准和 ISO 50001 标准都要求对识别评审后决定采用的法规标准和要求的符合性进行评价。两者在这点上完全一致。

2)目标及方案。ISO 14001 标准和 ISO 50001 标准都要求设立管理目标及对应的实现目标的措施或者方案,并要求在目标措施或者方案中设置目标参数,预先提供目标完成后的成果验证方法。两者在这点上的要求完全一致。

(2)能力培训和意识

ISO 14001 标准和 ISO 50001 标准都要求首先保证人员的能力,对不满足能力要求的人员提供必要的培训,并采取措施提高人员的环境、能源意识。两者在这点上的要求完全一致,仅存在侧重领域的不同。

(3)信息交流

从逻辑上看,ISO 14001 标准的信息交流要求是包含了 ISO 50001 信息交流的内容的。虽然 ISO 50001 标准将是否对外交流能源管理体系信息的主动权交给企业,但 ISO 14001 标准明确提出,对外信息交流必须符合合规义务,所以 ISO 50001能源管理体系中决定与否对外交流信息,关键还是在于是否合规。在这点上,ISO 50001 标准的实施中必须首先满足 ISO 14001 标准的要求。

(4)文件控制和记录控制

2015 年版的 ISO 14001 环境管理体系标准弱化了对文件控制方面的要求,

更强调各管理要求的融合、简化及实用,这是未来管理体系标准的趋势,完全适用于 2011 年发布的 ISO 50001 标准。

(5)不符合纠正和预防

2015 年版的 ISO 14001 标准取消了不符合预防的描述,ISO 50001 标准中仍规定对不符合的纠正、纠正措施及预防措施的管理要求,但从逻辑内涵角度来讲,ISO 14001 标准的不符合预防体现在了风险管理的思想中。

(6)内审

ISO 14001 标准和 ISO 50001 标准对内审的要求是完全一致的,都强调了独立的程序化和文件化的内审。

(7)管理评审

ISO 14001 标准和 ISO 50001 标准对管理评审的要求是完全一致的,仅评审的项目略有不同,例如,ISO 50001 标准要求评审的项目会涉及能源绩效和参数,而 ISO 14001 标准要求评审的项目会涉及战略背景及风险。

2. ISO 14001 标准及 ISO 50001 标准所要求的管理领域相同

仅管理的关注点分能源专业及环境管理专业有所侧重的项目包括以下方面。

(1)环境因素和能源评审

ISO 14001 标准要求识别产品、活动服务中的环境因素,并评价出重要环境因素,同时要求识别重要环境因素相关的风险,并据此策划相对应的管理措施;ISO 50001 标准要求根据历史能耗数据,分析出主要能源使用,及与主要能源使用相关的设备、人员、参数、基准等,并据此策划相关的管理活动。本质上,两者都属于基于历史和现状的管理体系策划评审活动,但 ISO 50001 标准更侧重于量化评审。

(2)设计过程中的考量和控制

ISO 14001 标准和 ISO 50001 标准都体现了生命周期思想,要求从源头进行相关的环境/能源控制。而设计环节属于源头控制的起点,设计过程的环境能源要点是否得到控制和考量,直接决定了企业环境能源管理水平的技术基础。因此,这两个标准都对设计过程提出了运行控制要求。

ISO 14001 标准要求在设计过程中,落实环境要求,考量生命周期的每一阶段;ISO 50001 标准要求在设施、设备、过程、系统的设计中,对与主要能源使用相关的设计进行运行控制,考量其节能潜力,并将节能要求作为设计输出。

ISO 14001 标准和 ISO 50001 标准对设计控制的要求既有联系又有区别,在生命周期考量上,两者是一致的;但在考量对象上,ISO 14001 标准的设计控制包括了对产品本身的环保设计要求,而 ISO 50001 标准的设计则明确不涉及产品本身的设计。

（3）采购过程中的考量和控制

ISO 14001 标准和 ISO 50001 标准对采购过程的控制要求本质上一致。从逻辑上看,ISO 14001 标准要求明确对供方提出采购产品的环境要求,其背后暗含了提出要求之前,企业需要在内部开展采购评审。而对产品的能源绩效指标提出要求亦属于产品的环境要求范畴,故 ISO 14001 标准和 ISO 50001 标准对采购的要求本质一致。仅有 ISO 50001 标准关注采购设备和产品的能源绩效,并明确要求在采购前,对主要能源使用相关的采购进行生命周期内的能源使用和消耗的评审,并据此作出采购决策。

（4）运行控制

ISO 14001 标准和 ISO 50001 标准的运行控制都是为了保持管理体系的策划要求和防止偏离,而规定的一系列准则,并要求按准则执行和将准则通报给适用的相关方。

但 ISO 14001 标准的运行控制范围更广,包括环境管理体系的变更控制、外包控制和供应链上顾客端的潜在环境风险的控制。

从这点上讲,ISO 14001 标准的运行控制是从产品的全生命周期进行控制;而 ISO 50001 标准未对产品交付顾客使用及报废后的控制提出明确要求。

（5）应急响应

ISO 14001 标准和 ISO 50001 标准的应急响应,从其标准内容及要求上看,是完全一致的。两个标准仅是关注领域不同,ISO 14001 标准关注环境事故的应急响应,而 ISO 50001 更关注于当发生与能源相关的事故,且造成能源绩效的重要影响时,需进行的应急准备和响应。

在实践中,ISO 14001 标准中的关于燃料油品爆炸泄漏、锅炉压力容器爆炸、煤场及燃料仓库火灾等应急预案可以完全用于能源应急领域。能源应急预案特殊之处还在于规定了在停电、停气等情况的应急响应和准备。

（6）监视和测量

因为 ISO 14001 标准中环境因素中的 7 个领域中已经包含能源消耗这个因素,因此 ISO 14001 标准的监视和测量可以认为是包括了 ISO 50001 标准的监视测量要求的。

3. ISO 14001 标准与 ISO 50001 标准有显著区别的领域

（1）战略背景分析和相关方期望识别

ISO 14001：2015 标准创新性地引入了组织战略大环境背景的分析和相关方期望识别的要求，以便从政治、经济、社会、文化等宏观大环境和战略角度识别企业面临的风险及问题，并在环境管理体系中予以考虑和应对。ISO 50001 标准未涉及此领域。

（2）持续改进的要求

尽管 ISO 50001 标准在目标设定领域、不符合纠正预防领域体现了持续改进的承诺，但未将持续改进作为一个单独明确的要素进行描述。ISO 14001：2015 版本的环境管理体系要求及使用规范的第十个章节，则单独对持续改进进行描述，尽管两个标准在持续改进的内涵定义上是一致的。

（二）环境管理体系与职业健康安全管理体系的关系

职业健康安全管理体系（occupation health safety management system，OHSMS）是 20 世纪 80 年代后期在国际上兴起的现代安全生产管理模式，它与 ISO 9001 和 ISO 14001 等标准体系一并称为"后工业化时代的管理方法"。职业健康安全管理体系产生的主要原因是企业自身发展的要求。随着企业规模扩大和生产集约化程度的提高，对企业的质量管理和经营模式提出了更高的要求。企业必须采用现代化的管理模式，使包括安全生产管理在内的所有生产经营活动科学化、规范化和法制化。

职业健康安全管理体系并非是由 ISO 制定的，而是在 1999 年由英国标准协会（BSI）、挪威船级社（DNV）等 13 个组织提出的，共两个标准，即《职业健康安全管理体系—规范》（OHSAS 18001）、《职业健康安全管理体系—实施指南》（OHSAS 18002）。

然而上述两个标准严格参照了 ISO 发布的 ISO 14001 标准体系的结构及逻辑，仍以 ISO 管理体系标准的 PDCA 模式为运行模式，并采用了 ISO 标准的系列定义及内涵。故此 ISO 14001 标准从标准结构、文字内容、运行模式等各方面，都与 OHSAS 18001 保持高度一致。2015 年 ISO 14001 标准进行了较大程度的修订，增加了战略大环境背景分析和相关方期望识别等内容，并在章节编排上进行调整，导致 OHSAS 18001 标准与 ISO 14001：2015 版标准在结构和要求上有较大不同。但 ISO 组织已经发布基于 OHSAS 18001 标准的 ISO 45001职业健康安全管理体系标准的 DIS 稿，其管理逻辑、要素编排、运行模式再一次地保持了近乎完美的一致性。预计经过全球各主要国家的标准化管理机构的评审后，ISO 45001 标准将取代 OHSAS 18001 标准成为国际标准化的职业健康安全标准。

根据 ISO 45001 的 DIS 版，职业健康安全管理体系共 10 个大要素，分别对应于 ISO 14001 标准的 10 个大要素，同时体现了风险管理思想。职业健康安全管理体系的危险源包括物理性、化学性、生物性和社会性危险源，其中涉及有害因素的部分物理性和化学性、生物性危险源其实与环境因素是完全重叠的领域，其管理方法也基本一致。在实际管理中，企业也往往有环境安全不分家的感觉，尤其涉及危险化学品、有毒有害物质排放、火灾、泄漏、爆炸等风险因素时，其环境安全管理的要求是一致和通用的。

ISO 14001 标准和 ISO 45001 标准的一致性关系可通过表 5.1 进行对比。

表 5.1

ISO 14001：2015		ISO 45001：2014	
要素号	要 素 名 称	要素号	要 素 名 称
4	组织所处的环境	4	组织所处的环境
4.1	理解组织及其所处的环境	4.1	理解组织及其所处的环境
4.2	理解相关方的需求和期望	4.2	理解相关方的需求和期望
4.3	确定环境管理体系的范围	4.3	确定职业健康安全管理体系的范围
4.4	环境管理体系	4.4	职业健康安全管理体系
5	领导作用	5	领导作用
5.1	领导作用和承诺	5.1	领导作用和承诺
5.2	方针	5.2	方针
5.3	组织的角色、职责和权限	5.3	组织的角色、职责和权限
6	策划	6	策划
6.1	应对风险和机遇的措施	6.1	应对风险和机遇的措施
6.1.1	总则	6.1.1	总则
6.1.2	环境因素	6.1.2	危险源辨识
6.1.3	合规义务	6.1.3	确定法规和其他要求
6.1.4	措施的策划	6.1.4	评价职业健康风险
		6.1.5	变更的策划
		6.1.6	措施的策划
6.2	环境目标及其实现的策划	6.2	职业健康目标和策划措施
6.2.1	环境目标	6.2.1	职业健康目标

续表

要素号	ISO 14001：2015 要素名称	要素号	ISO 45001：2014 要素名称
6.2.2	实现环境目标的措施策划	6.2.2	策划实现目标的行动
7	支持	7	支持
7.1	资源	7.1	资源
7.2	能力	7.2	能力
7.3	意识	7.3	意识
7.4	信息交流	7.4	信息、交流、参与和协商
7.4.1	总则	7.4.1	信息交流
7.4.2	内部信息交流	7.4.2	参与、协商和代表
7.4.3	外部信息交流		
7.5	文件化的信息	7.5	文件化的信息
7.5.1	总则	7.5.1	总则
7.5.2	创建和更新	7.5.2	创建和更新
7.5.3	文件化信息的控制	7.5.3	文件化信息的控制
8	运行	8	运行
8.1	运行策划和控制	8.1	运行策划和控制
		8.1.1	总则
		8.1.2	控制等级
8.2	应急准备和响应	8.2	变更管理
		8.3	外包
		8.4	采购
		8.5	合同方
		8.6	应急准备和响应
9	绩效评价	9	绩效评价
9.1	监视测量分析和评价	9.1	监视测量分析和评价
9.1.1	总则	9.1.1	总则
9.1.2	合规性评价	9.1.2	合规性评价
9.2	内审	9.2	内审
9.2.1	总则	9.2.1	内审目标
9.2.2	内审方案	9.2.2	内审过程
9.3	管理评审	9.3	管理评审
10	改进	10	改进
10.1	总则	10.1	事件、不符合和纠正措施
10.2	不符合和纠正措施	10.2	持续改进
10.3	持续改进		

（三）环境管理体系与质量管理体系的关系

ISO 9000 族标准是国际标准化组织（ISO）于 1987 年颁布的在全世界范围内

通用的关于质量管理和质量保证方面的系列标准。1994 年国际标准化组织对其进行了全面的修改，并重新颁布实施。并于 2000 年、2008 年和 2015 年，分别再次对 ISO 9000 系列标准进行了 3 次重大改版。目前我国已经将 ISO 9000 系列标准的最新 2015 版本等同转换为国家标准。

ISO 9000 系列标准是 ISO 最早推出的管理体系标准，其后于 1996 年推出的 ISO 14001 标准借鉴了 ISO 9000 标准的大量优秀经验，ISO 14001 标准的定义和术语沿用了 ISO 9000 系列标准的定义和术语，并采用了质量管理中的 PDCA 循环理论。上述两个标准的区别在于管理的侧重点不同，ISO 9001 标准侧重于产品及服务的质量管理，ISO 14001 标准侧重于环境因素和风险的管理。ISO 在 2015 年的标准修订中，注意保持 ISO 标准的兼容性，在 ISO 9001 标准和 ISO 14001标准的结构、术语、定义等方面，采用了一致的标准。上述两标准从标准结构、要素名称和编排上，保持了逻辑和内涵的一致。尤其在一些管理体系辅助和支持性要素领域，如能力、培训和意识、信息交流、文件控制等方面，其要求保持了完全一致。同时，ISO 9001：2015 标准引入了风险管理的概念和战略宏观大环境的分析与相关方期望分析，与 ISO 14001：2015 标准的不同之处仅体现为上述分析侧重于对质量方面造成影响的宏观大环境分析及风险分析。其分析的方法及角度是与 ISO 14001 标准的要求完全一致的，包括从国际、国内、政治、经济、社会、文化等多角度分析外部大环境对公司经营造成的风险。

因为 ISO 9001 标准和 ISO 14001 标准都强调风险管理的思想和要求进行宏观大环境分析，因此在实际管理体系贯标工作中，是完全可以把上述两体系的宏观战略环境分析结合在一起开展的。同时可以将组织的文件控制、能力保证、培训、意识、沟通、内审、管理评审、持续改进等方面结合在一起开展。

虽然质量管理有其专业的特殊性，但在运行控制领域，ISO 9001 标准与 ISO 14001 标准仍有重叠的部分，包括产品和服务的设计与开发、外部提供的过程、产品和服务的控制、生产和服务提供等，完全可以将有关的环境要求和质量管理要求相结合进行开展，以便实现管理体系的深度整合。随着质量管理与环境管理的相互融合，环境管理在大环保上的某些理念实际与质量管理大质量的范畴更为相近，环境管理与质量管理如何在企业内部管理过程中交相辉映，就取决于企业管理者的智慧了。

ISO 9001 标准和 ISO 14001 标准的结构异同点汇总分析如表 5.2 所示。

表 5.2 **ISO 9001 标准与 ISO 14001 标准异同点**

ISO 14001：2015		ISO 9001：2015	
要素号	要素名称	要素号	要素名称
4	组织所处的环境	4	组织所处的环境
4.1	理解组织及其所处的环境	4.1	理解组织及其所处的环境
4.2	理解相关方的需求和期望	4.2	理解相关方的需求和期望
4.3	确定环境管理体系的范围	4.3	确定质量管理体系的范围
4.4	环境管理体系	4.4	质量管理体系及其过程
5	领导作用	5	领导作用
5.1	领导作用和承诺	5.1	领导作用和承诺
5.1.1	最高管理者	5.1.1	总则
5.1.2	管理者代表	5.1.2	以顾客为关注焦点
5.2	方针	5.2	方针
		5.2.1	制定质量方针
		5.2.2	沟通质量方针
5.3	组织的角色、职责和权限	5.3	组织的岗位、职责和权限
6	策划	6	策划
6.1	应对风险和机遇的措施	6.1	应对风险和机遇的措施
6.1.1	总则		
6.1.2	环境因素		
6.1.3	合规义务		
6.1.4	措施的策划		
6.2	环境目标及其实现的策划	6.2	质量目标及其实现的策划
6.2.1	环境目标	6.3	变更的策划
6.2.2	实现环境目标的措施策划		
7	支持	7	支持
7.1	资源	7.1	资源
		7.1.1	总则
		7.1.2	人员
		7.1.3	基础设施
		7.1.4	过程运行环境
		7.1.5	监视和测量资源
		7.1.6	组织的知识
7.2	能力	7.2	能力
7.3	意识	7.3	意识
7.4	信息交流	7.4	沟通
7.4.1	总则		
7.4.2	内部信息交流		
7.4.3	外部信息交流		
7.5	文件化的信息	7.5	成文信息
7.5.1	总则	7.5.1	总则

ISO 14001：2015		ISO 45001：2014	
要素号	要 素 名 称	要素号	要 素 名 称
7.5.2	创建和更新	7.5.2	创建和更新
7.5.3	文件化信息的控制	7.5.3	成文信息的控制
8	运行	8	运行
8.1	运行策划和控制	8.1	运行策划和控制
8.2	应急准备和响应	8.2	产品和服务的要求
		8.3	产品和服务的设计和开发
		8.4	外部提供的过程、产品和服务的控制
		8.5	生产和服务提供
		8.6	产品和服务的放行
		8.7	不合规输出的控制
9	绩效评价	9	绩效评价
9.1	监视测量分析和评价	9.1	监视测量分析和评价
9.1.1	总则	9.1.1	总则
9.1.2	合规性评价	9.1.2	顾客满意
9.2	内审	9.2	内审
9.2.1	总则	9.2.1	内审目标
9.2.2	内审方案	9.2.2	内审过程
9.3	管理评审	9.3	管理评审
10	改进	10	改进
10.1	总则	10.1	总则
10.2	不符合和纠正措施	10.2	不符合和纠正措施
10.3	持续改进	10.3	持续改进

（四）管理体系与清洁生产的关系

1. 政策需求与目标实现的一致性[18]

首先,《中华人民共和国清洁生产促进法》明确要求,企业应当对生产和服务过程中的资源消耗以及废物的产生情况进行监测,并根据需要对生产和服务实施清洁生产审核。

有下列情形之一的企业,应当实施强制性清洁生产审核:

1) 污染物排放超过国家或者地方规定的排放标准,或者虽未超过国家或者地方规定的排放标准,但超过重点污染物排放总量控制指标的;

2) 超过单位产品能源消耗限额标准,构成高耗能的;

3) 使用有毒、有害原料进行生产或者在生产中排放有毒、有害物质的。

其次,原中华人民共和国环境保护部于 2010 年在《关于深入推进重点企业清洁生产的通知》(环发〔2010〕54 号)中明确规定,重点企业清洁生产审核周期为:五个重金属污染防治重点行业,每两年完成一轮清洁生产审核;七个产能过剩行业,每三年完成一轮清洁生产审核;《重点企业清洁生产行业分类管理名录》所列重点行业,每五年完成一轮清洁生产审核。

再次,对于清洁生产与企业环境管理的相互结合,清洁生产促进法也规定,企业可以根据自愿原则,按照国家有关环境管理体系等认证的规定,委托经国务院认证认可监督管理部门认可的认证机构进行认证,提高清洁生产水平。同时,中华人民共和国生态环境部及上海市环境保护局在清洁生产评估验收规范中,均明确要求企业应将清洁生产相关工作与自身的管理体系相融合。

在宏观经济形势与企业可持续发展的新常态大背景下,推进清洁生产和实现"节能降耗、减污增效"的总体目标,在建立环境和能源管理体系的政策需求与目标实现是一致的。深入推进《中华人民共和国清洁生产促进法》,能够为企业实施环境与能源管理体系提供明确的政策需求与市场机遇,反过来,管理体系的实施亦为清洁生产目标的实现提供了相应的管理工具及其具体的实现途径。

2. 管理体系是清洁生产的保障

在十多年的清洁生产与环境和能源管理体系推进过程中,归纳出工业企业存在的以下一些共性现象或问题。

现象 1:企业清洁生产意识淡薄,将自身生产运行与清洁生产对立起来。一些企业将生产制造管理与实施清洁生产对立起来,错误地认为清洁生产工作会改变现有的生产流程与工艺,会影响正常的生产制造,增加设备改造投入成本,并直接影响企业的经营利润。

现象 2:企业环境管理基础较差,不具备全面开展清洁生产审核的基础。一些中小型企业本身的环境管理基础较差,既未设置专门的环境管理人员,也未在生产车间安装基本的计量装置,缺少详尽的环境监测数据与能耗数据,缺失基础管理台账和程序化管理制度,内部环境管理档案资料混乱,对于清洁生产的中高费方案,不愿意投入资金。

现象 3:企业的清洁生产推进工作与政府环境管理要求存在脱节现象。随着实施清洁生产审核企业数量与规模的扩大,清洁生产在一些企业的推行过程中也存在走形式的现象。企业的清洁生产工作与政府环境管理要求脱节,部分企业虽然通过了环境管理体系认证,但未能解决上述问题,甚至存在企业在实施清洁生产的同时,继续出现违法违规行为,却仍旧持有环境管理体系认证证书的情况。

如何解决上述现象?首先,在推行清洁生产的过程中,包括七大阶段与步骤,即审核准备、预审核、审核、实施方案的产生和筛选、实施方案确定和编制清洁生产审核报告。通过上述程序,旨在发现企业生产过程中能耗高、物耗高和污染重的环节,并通过无低费和中高费方案的实施,持续改善这些环节,进而实现逐步改善环境的目标。这既阐述了清洁生产侧重于通过技术方案来改进企业目前存在的环境问题,同时表明它与环境和能源管理体系的相关要素具有相似性及互补性。显然,开展并且运行良好的环境和能源管理体系,乃是确保清洁生产实施、实现污染减排的重要制度保障。

其次,对上海市历年推行清洁生产审核重点企业的相关调查表明,已实施环境管理体系的企业比例大约为25%,仍有相当一部分企业尚未建立环境和能源管理体系,这是其一;其二,已经建立环境和能源管理体系的企业,其推行清洁生产的阻力与管理难度,明显小于未建立环境管理体系的企业。这是因为具备较为完善的环境和能源管理体系的企业,不仅具有基本的环境理念,往往能够在资源配置方面提供更充分的人力、财力和物力,从而为清洁生产的顺利开展与深入推行提供良好的系统化制度保障与基础。

3. 清洁生产与管理体系整合

1) 能源和环境管理体系在要素与要求方面的相似性,决定了这两大管理体系具备整合的可行性。由于能源管理体系和环境管理体系的大部分要素有着高度的相似性,尤其是环境管理体系在实施过程中,实际上也已经充分考虑了部分的能源因素,包括部分目标指标与管理方案的内容也涉及节能降耗,如大多数企业在建立环境管理体系时,将能源管理部门及其职能人员作为该体系的重要内容予以纳入。因此,对已经建立环境管理体系的企业而言,将现有体系管理范围有机地延伸或拓展至能源管理环节,并进行相应的系统化、结构化管理乃至持续改进,这在管理机制和操作层面上不会明显增加难度。

2) 能源管理体系与环境管理体系的终极目标和清洁生产的实施具有一致性,决定了两大管理体系可以成为实现"节能降耗、减污增效"清洁生产目标的管理工具与抓手。

一方面,作为企业自我管理的一种方式,环境管理体系的实施,是通过将环境因素纳入PDCA管理模式,以规范组织环境行为,减少人类对各项活动所造成的环境污染;而能源管理体系的实施则是通过将能源因素纳入 PDCA 管理模式,以降低组织的能源消耗,提高能源利用效率。显然,这两大管理体系实施的最终目标,即实现最大限度地节省资源、改善环境质量,保持环境与经济发展协调,这与《中华人民共和国清洁生产促进法》所提倡的"提高资源利用效率,减少和避免污染物的产生,保护和改善环境,保障人体健康,促进经济与社会可持续发展"也是完全一致的。

另一方面,由于《中华人民共和国清洁生产促进法》对重点企业而言具有强制性,因此两大管理体系的实施,可以依据该中国特色法律效力的清洁生产及其审核,融入企业的生产管理活动和逐步规范其管理行为,使之成为重点企业清洁生产的管理工具。进而形成具有中国特色的节能减排机制的两大重要抓手,既使政府管理要求与企业自我管理模式有效对接,又使清洁生产侧重技术改进要求与体系管理要求有效融合。在实现企业"节能降耗、减污增效"终极目标的同时,也相应间接地降低政府的监管成本,提高全社会的整体管理效率。

3) 开展能源管理体系的试点工作,将为企业能源管理、温室气体碳减排和清洁生产的整合探索合适的路径。近年来,伴随着温室气体碳减排有关的碳审计、低碳认证等工作方兴未艾。能源管理领域作为碳减排工作的重要组成部分,其重要意义是不言而喻的。因此,在现阶段可以尝试通过能源管理体系试点,寻找环境和能源管理体系、清洁生产及其碳减排等相关新兴领域的结合点,并形成合适的综合性运行模式。这一方面有利于管理体系认证工作的推广,另一方面也有利于企业降低其运营成本。

第六章
环境管理创新、案例及支持政策

想像力比知识更重要,因为知识是有限的,而想像力概括着世界上的一切,推动着进步,并且是知识进步的源泉。

——爱因斯坦

任何领域的创新均来自思维模式的重构,环境管理领域也从不例外,在转换了思维方式之后,相信企业级环境管理领域也会在新的思维架构下产生新的治理模式。

一、金融体系的绿色创新

(一) 绿色金融体系

绿色金融是指为支持环境改善、应对气候变化和资源节约高效利用的经济活动,即对环保、节能、清洁能源、绿色交通、绿色建筑等领域的项目投融资、项目运营、风险管理等所提供的金融服务。

绿色金融体系是指通过绿色信贷、绿色债券、绿色股票指数和相关产品、绿色发展基金、绿色保险、碳金融等金融工具与相关政策支持经济向绿色化转型的制度安排。

2016 年 8 月 31 日,中国人民银行、中华人民共和国财政部、中华人民共和国国家发展和改革委员会(国家发改委)、中华人民共和国环境保护部、中国银行保险监督委员会(银监会)、中国证券监督管理委员会(证监会)、中华人民共和国保险监督管理委员会(保监会)印发《关于构建绿色金融体系的指导意见》(简称为《指导意见》)。《指导意见》[19]的出台有着深刻的现实背景:首先,当前我国的经济结构和经济增长方式发生着深刻的转变,传统的高耗能和高污染的增长模式不仅对经济增长的贡献越来越小,也带来日益严重的环境污染问题,加上今年以来我国的经济增长面临更加复杂的局面,经济转型的必要性和迫切性加剧。其次,随着我国金融领域的深化改革和金融体系的日益完善,我国在绿色金融以及绿色创新方面发展非常迅速,已成为全球最大的绿色债券发行市场,我国政府在落实绿色金融行动方面支持力度较大,2012 年银监会出台了《绿色信贷指引》,2015 年底中国人民银行和国家发改委分别出台了《绿色债券支持项目目录》和《绿色债券发行指引》,2016 年 3 月和 4 月上海证券交易所(上交所)和深圳证券交易所(深交所)分别发布了《关于开展绿色公司债券试点的通知》以及《关于开展绿色公司债券业务试点的通知》,以鼓励机构投资者投资绿色公司债券。8 月 31 日,国家上述七个部委又联合发出《关于构建绿色金融体系的指导意见》,绿色金融上升至国家战略。

因此,在我国经济增长转型的关键时期,七部委联合出台这一指导意见,将绿色金融体系上升至国家战略,对培育新增长点的意义明显,对转变经济增长方式、引导社会资本积极参与绿色项目、降低融资门槛、促进经济健康发展有着深远的意义,中国将成为全球首个建立了比较完整的绿色金融政策体系的经济体。

当企业的规模发展到一定程度时,必定会借助金融工具以杠杆的形式来实现经济效益最大化,而上述绿色金融政策体系对于发挥资本市场优化资源配置、服务实体经济、支持和促进生态文明建设、实现经济可持续发展起到重要作用。绿色金融体系通过影响企业融资行为来转变企业最高管理层及决策层的思维方式,进而加大企业环境管理支持力度,形成正向引导作用,使环境保护投入的内化成本从金融体系中得到正面回馈。

金融政策对于产业及行业的影响是深远的,作为企业最高管理层,无论企业发展到何种规模,都应该关注国家的金融政策动向对绿色发展的影响程度与力度。构建绿色金融体系将动员和激励更多社会资本投入绿色产业,同时更有效地抑制污染性投资。构建绿色金融体系,不仅有助于加快我国经济向绿色化转型,支持生态文明建设,也有利于促进环保、新能源、节能等领域的技术进步,加快培育新的经济增长点,并提升经济增长潜力。

(二)绿色信贷

绿色信贷体系及绿色银行评价机制在银行等金融机构的逐步建立,将改变银行等金融机构只注重企业资产质量,而对企业环境行为优劣不关注的现状,良好的企业环境行为将在信贷系统中得到支持,而违法行为纳入金融信用信息基础数据库,使企业对环境保护的投入在信贷体系中得到正面回馈。相关政策如下:

1)构建支持绿色信贷的政策体系。完善绿色信贷统计制度,加强绿色信贷实施情况监测评价。探索通过再贷款和建立专业化担保机制等措施支持绿色信贷发展。对于绿色信贷支持的项目,可按规定申请财政贴息支持。探索将绿色信贷纳入宏观审慎评估框架,并将绿色信贷实施情况关键指标评价结果、银行绿色评价结果作为重要参考,纳入相关指标体系,形成支持绿色信贷等绿色业务的激励机制和抑制高污染、高能耗和产能过剩行业贷款的约束机制。

2)推动银行业自律组织逐步建立银行绿色评价机制。明确评价指标设计、评价工作的组织流程及评价结果的合理运用,通过银行绿色评价机制引导金融机构积极开展绿色金融业务,做好环境风险管理。对主要银行先行开展绿色信贷业绩评价,在取得经验的基础上,逐渐将绿色银行评价范围扩大至中小商业银行。

3)支持和引导银行等金融机构建立符合绿色企业与项目特点的信贷管理制度,优化授信审批流程,在风险可控的前提下对绿色企业和项目加大支持力度,坚决取消不合理收费,降低绿色信贷成本。

4)将企业环境违法违规信息等企业环境信息纳入金融信用信息基础数据库,建立企业环境信息的共享机制,为金融机构的贷款和投资决策提供依据。

(三)绿色投资

绿色投资的相关政策,使企业在上市融资或再融资过程中,以强制信息披露的形式,引导投资人及机构关注企业的环境行为,使企业内部针对环境保护的投入在上市融资及债券发行体系中得到正向回馈。相关政策如下:

1)积极支持符合条件的绿色企业上市融资和再融资。在符合发行上市相应法律法规、政策的前提下,积极支持符合条件的绿色企业按照法定程序发行上市,支持已上市绿色企业通过增发等方式进行再融资。

2)逐步建立和完善上市公司与发债企业强制性环境信息披露制度[20]。对属于环境保护部门公布的重点排污单位的上市公司,研究制定并严格执行对主要污染物达标排放情况、企业环保设施建设和运行情况以及重大环境事件的具体信息披露要求。加大对伪造环境信息的上市公司和发债企业的惩罚力度。培育第三方专业机构为上市公司和发债企业提供环境信息披露服务的能力。鼓励第三方专业机构参与采集、研究和发布企业环境信息与分析报告。

3）引导各类机构投资者投资绿色金融产品。鼓励养老基金、保险资金等长期资金开展绿色投资,鼓励投资人发布绿色投资责任报告。提升机构投资者对所投资资产涉及的环境风险和碳排放的分析能力,就环境和气候因素对机构投资者(尤其是保险公司)的影响开展压力测试。

（四）绿色保险

绿色保险作为一种针对环境高风险领域的金融产品,不仅对被保险企业,而且对整个社会而言,都是一种风险防控的手段。相关政策如下:

1）在环境高风险领域建立环境污染强制责任保险制度。按程序推动制修订环境污染强制责任保险的相关法律或行政法规,由环境保护部门会同保险监管机构发布实施性规章。选择环境风险较高、环境污染事件较为集中的领域,将相关企业纳入应当投保环境污染强制责任保险的范围。鼓励保险机构发挥在环境风险防范方面的积极作用,对企业开展"环保体检",并将发现的环境风险隐患通报环境保护部门,为加强环境风险监督提供支持。完善环境损害鉴定评估程序和技术规范,指导保险公司加快定损和理赔进度,及时救济污染受害者,降低对环境的损害程度。

2）鼓励和支持保险机构创新绿色保险产品和服务。建立并完善与气候变化相关的巨灾保险制度。鼓励保险机构研发环保技术装备保险、针对低碳环保类消费品的产品质量安全责任保险、船舶污染损害责任保险、森林保险和农牧业灾害保险等产品。积极推动保险机构参与养殖业环境污染风险管理,建立农业保险理赔与病死牲畜无害化处理联动机制。

（五）绿色资产

碳排放权、排污权、节能量等企业内部环境管理的绩效,能够在金融领域作为一种可交易现货甚至期货资产,无疑也是以金融杠杆手段促进企业加大对环境保护力度的一种激励,环境保护不再只是一种荣誉,不再是只有投入没有产出,而将是通过企业努力,成为一种可储备可交易的资产。相关政策如下:

1）发展各类碳金融产品。促进建立全国统一的碳排放权交易市场和有国际影响力的碳定价中心。有序发展碳远期、碳掉期、碳期权、碳租赁、碳债券、碳资产证券化和碳基金等碳金融产品及衍生工具,探索研究碳排放权期货交易。

2)推动建立排污权、节能量(用能权)、水权等环境权益交易市场。在重点流域和大气污染防治重点领域,合理推进跨行政区域排污权交易,扩大排污权有偿使用和交易试点。加强排污权交易制度建设和政策创新,制定完善排污权核定和市场化价格形成机制,推动建立区域性及全国性排污权交易市场。建立和完善节能量(用能权)、水权交易市场。

3)发展基于碳排放权、排污权、节能量(用能权)等各类环境权益的融资工具,拓宽企业绿色融资渠道。在总结现有试点地区银行开展环境权益抵质押融资经验的基础上,确定抵质押物价值测算方法及抵质押率参考范围,完善市场化的环境权益定价机制,建立高效的抵质押登记及公示系统,探索环境权益回购等模式,解决抵质押物处置问题,推动环境权益及其未来收益权切实成为合格抵质押物,进一步降低环境权益抵质押物业务办理的合规风险。发展环境权益回购、保理、托管等金融产品。

二、企业环境管理的创新

(一)量子视角下的企业环境管理

从牛顿理论视角来看,宇宙中任何事物的运转都决定于三条简单的铁律,因此任何事情都是确定的、可预测的。直至今日,我们还依然深受"牛顿式"思想所影响,无论是从心理学、医学,还是从管理学角度,我们可能也仍旧生活在"牛顿式"的思维集合中。它的逻辑思维建立在绝对性基础上,它认为想法和有意识的观察者对物理世界中一切事物的创造和运行毫无影响,物质是客观而真实的存在。按照经济学家的阐释,世界如同一台机器,一台构造复杂却依然可以通过科学解析来认知、还原、再造的机器。我们所笃信的很多管理理论,也是基于这样的观念前提之上。

一直以来科学界也有批评认为,世界是相互密切联系的有机体,经济学只从微观和狭义的角度考察产值、成本、效益,从机械式视角来描述世界,可谓失之毫厘谬以千里。20世纪出现了量子物理学,不确定性问题开始浮现在人们面前,这超出了机械物理理论的解释能力。近年来,量子物理与生命科学等新兴学科出现融合发展的态势,一些学者通过研究证实,不但自然世界、人体运转,而且社会活动很大程度上也遵循量子定律,在短期和中期会创造较多的不确定性。

面对量子视角提出的挑战,传统经济学、管理学领域试图引入更为精密的数学工具,建构更加复杂的模型,通过精妙运算来操控这个更加复杂和混乱的经济世界。导致经济学和管理学研究越来越接近于模型分析,甚至纯数学研究,距离管理实践越来越远,却无法正面解答经济或管理问题,2008 年发生的金融危机以及许多行业企业频现危机正体现了这一点。

量子管理学认为[16],西方近代以来推行的主流管理体系,即牛顿模式主导管理思维,发展到泰勒科学管理理论时已接近巅峰。在这种模式的管理体系思潮下,商业组织不被看成生命,而是一台高效运转的机器,甚至每个鲜活的人,也被要求剥离自身个性,必须按照要求达到标准。牛顿式组织的优点在于依照标准契约行事,从而比较好地排除了能够预期的风险,所有西方牛顿式组织模型都假设,组织内独立的组成部分必须或需要在一定程度上通过普遍规则和集中控制紧密相连,以目标为导向,但这实际上无法完全适应当今世界环境不断持续上升的复杂性,对于不可预测风险,以及超出假设的情景,牛顿式组织往往反应不及或仍旧沉醉于原有的思维惯性中。

量子管理则力图将科学与东西方管理思想结合,旨在融合东西方的管理优势,更好地遵循量子化的技术和社会变化方式,也同时更好地符合人的大脑活动特性。由此构成的量子管理体系,具有很强的兼容包涵特征,能够让身处其中的工作者较好地把生活与工作联系起来,支持员工发展私人自我与公共自我。量子管理体系也是自组织化的,通过建构灵活的组织体系来适应变化,快速做出反应。

量子管理视角提出的量子管理、量子组织及其建设法则、遵循规则具有很强的启发性。构建量子管理,主动拥抱不确定性的时代,是量子管理的终极目标。对企业环境管理而言,应该重视量子管理视角对企业环境管理的影响,并尽可能从新视角重新审视现有管理的不尽合理之处,以全新的思维接纳不确定的存在,以量子管理的思维,运作企业环境管理,对于深入弥合现有牛顿式管理体系而言是有利无弊的。

(二) 建立独特的企业环保文化

在建立企业的各项环境管理制度之前,企业环境管理者值得关注的是应建立企业自身独特的环保文化。每个人都有独特的个性,影响着其行为和交往的方式,企业组织也有个性,可以称为文化。而从量子管理学角度来看,企业文化则是一个将机械性组织进行量子化的一部分,从更高的视角潜移默化地赋予企业及其个人以积极的价值观与经营理念。

如果一个企业将环境保护作为其经营战略的一部分,那么建立组织的环保文化就非常重要了,而且是不能忽视的。动机的变化代表着观念和行为的变化,不同的动机使它们的愿景、目标与战略截然不同。如果企业的增长与转变不解决动机问题,就不可能改变行为(习惯)及态度。建立独特的企业环保文化,是企业将绿色发展与环境保护纳入其整体经营战略的关键步骤。很难想象一个企业高层将环境保护纳入经营决策的版图,而其内在的企业文化却是不注重的环保与可持续发展的。

从企业自身组织结构来看,任何员工的能力与知识都有其局限性,任何部门与授权都有其边界,任何管理制度都有无法具体予以规范的情况,因此表现在企业环境管理中或多或少都存在不同程度的缺陷或缝隙。在这种情况下,良好的企业绿色文化正是弥补上述缺陷与缝隙的黏合剂。

1. 重视企业文化建设的绿色内涵[21]

企业文化作为企业管理与经营理念的概念出现于 20 世纪 80 年代中期,源于对竞争力来源的理解。在此之前,企业管理领域并没有企业文化这个概念,正因为日本企业的成功,同时之后美国吸取了日本企业成功经验,企业文化这一概念很快地成为企业管理领域的核心话题。在借鉴日本成功之道后,美国企业也逐步开始构筑与建立自身的企业文化,即如何拥有变革和创新的能力。而当今时代正好就是不断变化、需要创新的年代,使得美国企业在世界上最具竞争力。如今,没有人能够离开文化来谈管理,甚至更多的人会把文化所发挥的作用当成极为根本的元素来考虑[21]。

纵观日本以及美国跨国企业,其在全球具有核心优势,传达着企业文化是企业竞争力的重要来源之一。如果企业全体成员都拥有企业核心价值观,并能够体现在共同行动之中时,企业焕发出独特的竞争力,并获得强劲的发展动力。所以企业文化一定是和竞争力连接在一起的,一个拥有企业文化的企业,一定会拥有竞争力。反之亦然,一个拥有竞争力的企业,也一定拥有自己的企业文化。文化是像钉子一样坚硬的"柔软"东西,实施起来十分艰难,但取得的效果却牢不可破。企业文化是企业中一整套共享的观念、信念、价值和行为规则,以致得以促成一种共同的行为模式,这种共同的行为模式则是企业文化最强大的力量之所在。

企业文化的绿色价值观,即是将环境保护与生态理念融入企业文化之中,使绿色价值观成为企业全体成员拥有的核心价值观之一,并能够体现在产品设计、生产经营、市场销售等全生命周期之中,渗透到企业经营活动的方方面面,使企业的环境保护与生态理念真正落实到每一名员工的行动之中。只有在这种氛围下,企业所制定的环境管理制度和所建立的环境管理体系才拥有予以有效实施的土壤与环境,才能真正起到预期的效果。这种外围环境,是需要企业最高管理层在树立企业整体价值观时就予以重视的,也是企业各级管理层应极力予以维护和营造的良好氛围。

2. 企业绿色文化如何影响员工行为

组织绿色文化对员工行为的影响取决于文化的强弱。相较于弱绿色文化,强绿色文化(环保核心价值观根深蒂固,被广泛接受)对员工的影响更大。接受组织环保核心价值观的员工越多,他们对这些价值观的信奉程度越高,文化就越强大。大多数组织都有从适中到强大的文化,也就是说,对于什么是重要的、如何定义"好的"员工行为、成功的必要条件等具有相对一致的看法。企业绿色环保的文化越强大,对员工行为和管理者计划、组织、领导、控制方式的影响就越大。

在强绿色文化的组织中,企业绿色文化可能会取代指导员工的正式规则和规定。其实,强绿色文化能够创造预见性、秩序与一致性,根本不需要书面文件。因此,组织文化越强大,管理者就越不用关心正式规章的制定。当员工接受组织文化时,就会认同这些规则,并将之融为自我意识的一部分。相反,如果组织绿色文化弱,没有起到主导作用的共同价值观,那它对员工行为的影响就不太明显了。

3. 企业绿色文化如何影响管理者自身的行为

由于强大的企业绿色环保文化约束着管理者能做什么、不能做什么,以及如何管理,因此它与管理者的关系特别有关。这种约束是不成文的,它们没有被记录下来,甚至不太可能说得出来,但它们就在那儿,而且所有的管理者很快就会知道,在他们的组织中能做什么、不能做什么。强大的企业绿色文化也将不知不觉并深刻地影响管理者的决策,制约着管理者实施计划、组织、领导和控制的方式,直至对企业最终的环境绩效产生影响。

4. 激励机制的设计

环境管理者要激励工作中的个体,但关于激励的最大偏见是认为人人都只接受金钱的激励。许多效率低下和缺乏经验的管理者天真地相信,金钱是主要的激励工具,因此往往忽视可以采用的许多其他激励工具,这些激励工具即使不比金钱更重要,起码也是同样重要的。

不同层级环境管理者对下属的工作任务设计与考核都要经过精心策划,使得工作任务与绩效或薪酬能够挂钩,同时又能够使任务本身具备一定意义与努力的付出,这对企业整体的环境绩效有着重要的意义。对基层环境管理者而言,环境保护要求越来越高,使得对个人的专业能力也提出了更高的要求,另外,经常处于被检查与整改的状态,其可能产生的负面工作心理与精神状态值得高级管理人员重视,而对于高水平的环境管理业绩进行激励是一个企业必须特别重视的事情。

(三) 企业环境管理领域信息化及大数据应用

在"互联网+"的推动下,环保领域迎来大数据应用时代是可以预见的。我国目前环境管理部门的数据资源管理存在各种业务数据和信息分散在不同部门,彼此割裂与相互封闭,缺乏数据整合共享及综合发展能力的问题,数据冲突及数据孤岛的现象也时有发生。发展环境领域大数据对政府而言,在大量数据累积的基础上,其对数据的需求方式将实现从"数字环保"到"智慧环保",更强调数据获取后的分析预测与价值挖掘及应用,通过大数据采集而来的社交信息数据、公众互动及舆情数据,可以帮助环保主管部门进行公众服务的精细化服务,为公众提供更多便利。互联网引发的环境大数据变革,对企业、政府及公众而言,既是机遇也是挑战[22]。

对企业而言,企业内部的各项业务数据可以看作整体企业网络中的单个节点,信息数据资源(包括环境数据资源)的共享是企业发展的趋势和必然要求。现在我国一些企业的网络应用程度还不是很高,只是对一些基本的财务数据及生产信息等以数字报表的形式实现企业内部的网络传输,企业数据的共享仅起到节约资源、提高效率的作用。但随着环境保护工作的不断深入,环境领域的大数据需求也会与日益剧增,并将在企业的绿色发展扮演着重要作用。

由于计算机网络技术的逐步发展,企业的 IT 信息系统也是逐步建设、逐步完善的。企业 IT 系统建设初期缺少自觉统一的规划和部署,企业根据自身发展需要不断建成完善的具体业务系统。单独业务来看,每个系统都运行良好,并积累了大量的基础数据。然后,解决的业务问题不同、采取系统架构的不同、系统的运行环境各异等原因,造成数据资源分散在各应用系统内,形成"数据孤岛"现象也是常态。企业环境管理者应在企业内部营造数据共享的氛围,使得相关数据进行分享后,改善"数据孤岛"的现象,从而能够通过环境管理形成企业新的生产力,为企业最高管理者的生产经营决策服务。以下问题在企业环境管理领域信息化中应予以关注[12]。

1. 网络环境数据共享安全隐患

数据共享并非是完全开放的,需要遵循一定的共享规则。例如,对数据采取分级分类管理的措施,不同级别数据的共享方式或共享范围要有所差别。网络环境下,权限分工的形式主要是口令授权,一旦泄漏便可能给企业带来巨大的信息安全隐患。

网络病毒等信息非法侵扰也会成为企业数据信息的一个安全隐患,增加了企业控制信息的难度。不论是在互联网还是在局域网,网络环境中一切数据信息在理论上都是可以访问的,除非它们在物理上断开连接。

2. 数据缺乏标准难以共享

信息化建设初期各项业务基本上处于单机分散运用阶段,业务运行软件的标准化、扩展性、可维护性差,忽视了与其他业务间的联系,缺乏资料共享意识。由于相关业务管理之间存在联系,部门在进行业务决策时需要从多个系统中获取数据,这不可避免地导致不同部门数据口径不一致,运行中的各个应用系统,其内部业务数据含义、表达方式和代码皆不统一,取得的数据可信度低,不同业务间共用数据不能有效共享,影响管理决策的科学性,形成了内部无形的壁垒。某些企业已经具有数据信息化基础,如生产过程建立了 ERP、MRP 系统,客户管理建立了 CRM 系统,这些系统中的相关数据与资源应与环境管理数据库进行共享。

环境数据资源的共享成为企业环境管理信息化建设的必然要求,在网络技术日趋成熟与完善的今天,企业在保障安全生产的基础上,建立一个坚实的 IT架构,实现企业资源化共享,保证数据统一性、准确性、及时性、规范性和时效性,提高企业管理效率和客户服务水平,这对企业发展具有重大意义。

3. 环境数据未发挥其应有功效

有一种情况也可能发生,例如,企业内部的环境数据中心虽建成了,但对各业务部门的帮助还很有限。因此,如何开发更好的大数据产品为企业管理服务,将成为数据资源再开发利用的瓶颈。

原有的环境领域的数据资源基于污染物排放的申报、监测、管理及许可服务,因此有很多数据相对较为零散,与生产经营的联系度不高,在数据积累年限不足的情况下,这些数据发挥作用的功效也相对有限。但企业环境管理者应该清醒地认识到,随着环境数据的不断积累,环境管理者应积极地将企业内部环境数据与生产经营活动建立逻辑关系,如产能、产品种类、能耗、物耗、水耗与污染物排放之间的数据关系,通过日、周、月、季及年度数据的积累,不断建立环境数据与企业经营活动之间的特征模型,从而为企业生产活动安排甚至经营决策提供有益的建议与意见,积极主动地参与到企业生产经营活动之中,体现出自身的价值与地位。

从企业环境管理角度而言,环境行为数据化及可视化程度仍旧较低,更谈不上人工智能技术的应用了,许多企业环境管理行为仍旧处于底层数据积累阶段,转化成逻辑分析的基础仍旧较弱,因此企业内部环境管理信息化仍属于薄弱环节,但也意味着对专业管理者而言仍大有可为,同时环境管理体系的普及以及与生产经营活动的逐步融合,最终也会推动环境管理信息化及智能化的实现。

工业企业的环境管理信息化离不开信息和数据的支持,一个企业的发展需要科学的发展方案,也需要科学数据来支持生产经营决策及节能降耗的成本控制。大数据环境中,数据积累量、数据分析能力、数据驱动业务而非流程驱动业务的能力将具有决定企业生死存亡的能力。企业环境管理者应极力推动企业内部的数据共享,数据的重要性使企业必将收集和分析海量的各种类型数据,并快速获取影响未来发展方向的信息,形成有价值的判断,从而反过来更加重视数据分享与其蕴藏的价值,也推动企业最高管理者对环境管理领域形成新的认识并日益重视。

同时,许多企业环境数据本身是来自于能耗、物耗、水耗以及经济成本数据,将这些数据与企业的生产流程结合之后,将对企业的生产全貌以及核心机密形成一览无余的局面。因此,如何确保这些数据在网络及使用中的安全也是在保护企业自身商业利益。

(四) 企业环境服务外包——第三方治理

企业环境服务外包在近年来成为一种趋势,但企业作为环境责任主体仍然担负着环境管理的主体责任,并不因为将环境服务外包后,其责任有所减轻,这就对企业对外包业务的环境管理能力提出要较高的要求,如何结合自身需求,结合相关环境保护法律法规底线,对环境服务外包方提出合理、合法且有利于自身经营活动的管理要求,充分发挥环境服务外包方的专业能力,就非常考验企业环境管理者的智慧了。

2017 年 8 月,中华人民共和国环境保护部发布了《关于推进环境污染第三方治理的实施意见》(环规财函〔2017〕172 号),明确了相关法律责任事项,《上海市环境保护条例》也在第三十三条中鼓励排污单位聘请第三方专业环保服务进行环保管理。

1. 责任界定

排污单位承担污染治理的主体责任,可依法委托第三方开展治理服务,依据与第三方治理单位签订的环境服务合同履行相应责任和义务。第三方治理单位应按有关法律法规和标准及合同要求,承担相应的法律责任和合同约定的责任。第三方治理单位在有关环境服务活动中弄虚作假,对造成的环境污染和生态破坏负有责任的,除依照有关法律法规规定予以处罚外,还应当与造成环境污染和生态破坏的其他责任者承担连带责任。在环境污染治理公共设施和工业园区污染治理领域,政府作为第三方治理委托方时,因排污单位违反相关法律或合同规定导致环境污染,政府可依据相关法律或合同规定向排污单位追责。

2. 第三方治理合同的签订和执行

政府或排污单位与第三方治理单位应依据相关法律法规,参考国家发改委、中华人民共和国生态环境部等部委联合印发的《环境污染第三方治理合同(示范文本)》,签订环境服务合同,明确委托事项、治理边界、责任义务、相互监督制约措施及双方履行责任所需条件,并设立违约责任追究、仲裁调解及赔偿补偿机制。政府或排污单位可委托各方共同认可的环境检测机构对治理效果进行评估,作为合同约定的治理费用的支付依据。

第三方治理模式是政府正在培育的企业污染治理新模式,鼓励第三方治理单位提供包括环境污染问题诊断、污染治理方案编制、污染物排放监测、环境污染治理设施建设、运营及维护等活动在内的环境综合服务,有利于企业人员专注于生产制造的主业,同时有利于发挥第三方的专业污染治理能力,第三方治理模式实质上也是专业能力分享的一种经济模式。

但在实践中,工业企业应该认识到自身仍应承担污染治理的主体责任,企业并不会因为第三方承担了治理任务而免除相应的法律责任,如出现污染事故或责任第三方仍是依据委托的环境服务合同履行相应责任和义务,因此如何在委托合同,如何界定排污方及第三方之间的责任与权利将成为关键。

除了合同内容中环保法规方面的约定,工业企业委托时仍应关注第三方对获得的数据如何进行使用与处理进行约束,理论上第三方获得的排放数据不但可以有效地反推出企业的生产制造成本,而且可能会影响企业的商业秘密。

虽然我国环保治理技术已有较大程度的发展,但第三方治理市场鱼龙混杂、治理能力参差不齐、低价无序竞争的现象仍旧存在,因此如何选择第三方企业也是这种模式最终成效的重要环节,企业应根据第三方的环境信用、业绩与能力确定适合自己的服务承包方。

相关研究也表明,第三方外包服务成败参半,外包服务同样需要加以管理,如果企业内部没有专业人员实施管理,由第三方外包所形成的利益也同样会受到损失。

因此,企业环境服务外包只是环境管理的一种优化方式,并非是一包就灵、一包万事大吉,其核心要求仍然是围绕着释放企业主业生产能力、充分发挥第三方专业实力而构筑的系统化经营管理能力,主导这种能力的管理思维依旧来自企业环境管理者,这种系统化的经营能力仍旧离不开系统化的思维方式及管理架构,因此企业如何以精干的人员实现构建自身的核心环境管理职能,同时借力于第三方的专业技能,这取决于企业环境管理人员对于自身管辖范围内能力的认知与总体判断。

三、上海市节能环保相关扶持政策

上海市在节能环保方面目前形成了循环经济及资源综合利用、清洁生产审核、能源管理体系认证财政补贴以及节能节水、环境保护、安全生产专用设备认定管理和抵免企业所得税优惠政策。从扶持技术项目类型角度来看,每年度工业节能和合同能源管理专项资金都会针对能源管理体系、高效电机、节能技术改造、合同能源管理定期申报,并集中拨付补贴资金;同时上海市清洁生产专项资金则开展清洁生产审核项目的年度申报。

同时,相关扶持政策也会随着时间及形势变化做出调整与修改,如 VOCs 治理,上海市曾经于 2014~2016 年出台过相应的财政补贴政策。企业应及时了解相关要求,对照相应条件享受相关补贴。

(一)循环经济和资源综合利用政策

2015 年 1 月,《上海市发展改革委、上海市财政局关于印发〈上海市循环经济发展和资源综合利用专项扶持办法(2014 年修订版)〉的通知》,发布了《上海市循环经济发展和资源综合利用专项扶持办法》(2014 年修订版),对符合支持范围的循环经济及资源综合利用项目予以支持。

1. 支持范围

1)支持工业、城建、农林和生活等领域废弃物资源综合利用,如大宗工业固废、建筑垃圾、畜禽粪便和农作物秸秆、污水厂污泥、电子废弃物、餐厨垃圾等,重点支持其中市场不能有效配置资源,需要政府支持的废弃物资源综合利用。

2)支持将废旧汽车零部件、工程机械、机电产品等进行再制造。

3)上海市政府要求支持的其他循环经济和资源综合利用项目。

4)优先支持范围:国家重点支持、需要地方配套的循环经济和资源综合利用项目;纳入本市循环经济发展专项规划的项目;纳入国家试点及本市循环经济示范的项目;纳入本市环保三年行动计划中循环经济和资源综合利用专项的项目;区县有配套资金或政策支持的项目。

已从其他渠道获得市级财政资金支持的项目,不得重复申报。具体支持范围,由上海市发展和改革委员会(发展改革委)在每年组织项目申报时会同有关部门研究确定后另行通知。

2. 支持方式和标准

1)对符合条件的固定资产投资类项目,按照不超过项目实际完成投资额的 30%给予补贴,单个项目补贴金额不超过 1 000 万元。

2)对国家重点支持、要求地方配套的项目,按照国家要求,给予相应支持;对上海市政府要求重点支持的其他项目,其补贴方式和标准另行报市政府批准后执行。

3. 资金来源

本市用于扶持循环经济发展和资源综合利用的资金,在市节能减排专项资金中安排,并按照《上海市节能减排专项资金管理办法》的要求实施管理。

4. 申报条件

1）在本市注册并落户，具有独立法人资格的单位。

2）项目利用本市产生的废弃物为主。

3）符合国家和本市产业政策导向。

4）单位资金和纳税信用良好，财务管理制度健全。

5）项目能源利用效率处于本市同行业领先水平；如果相关产品在国家或本市有产品能耗限额标准的，原则上应达到其中先进值的要求。

6）利用农林废弃物的项目，投资额应在 400 万元以上，其他项目投资额应在 1 000 万元以上。

7）项目已于申报的上一年度或于本年度申报截止日期前建成投产并稳定运行，已办结国家规定的环保竣工验收手续，审批文件齐备。

5. 项目申报

1）申报项目实行归口管理。其中，中央和市属单位申报的项目由市级各行业主管部门先行受理并进行初审；其他单位申报的项目由项目所在地的区（县）发展和改革委员会先行受理并进行初审。

2）对于符合申报条件的项目，各项目单位向各归口单位报送以下材料：①《上海市循环经济发展和资源综合利用专项资金申请报告》；②《上海市循环经济发展和资源综合利用专项资金申请项目基本情况表》；③《上海市循环经济发展和资源综合利用专项扶持项目申报承诺表》；④ 项目的审批（或核准、备案）文件；⑤ 环保部门对项目的环境影响评价批准文件（或相关意见），环保竣工验收批准文件（或相关意见）；⑥ 规划、土地部门对项目的批准文件（或相关意见），按照有关规定无需办理的除外；⑦ 审计部门或有资质的机构出具的项目决算审计报告或结算审价报告；⑧ 项目单位法人执照、专业资质证书复印件（如有）；⑨ 其他相关证明材料。

6. 项目审核和资金拨付

1）各归口单位根据每年度上海市发展改革委发布的申报通知及要求，对申报项目进行初审，并在此基础上，正式行文报送市发展改革委。

2）上海市发展改革委受理项目申报材料后，委托专业机构组织专家对项目进行评审和实地踏勘，并应用上海市公共信用信息服务平台查询企业信用情况。专业机构应出具评审意见。

3）建立由上海市发展改革委、市财政局，以及市经济和信息化委员会、市商务委员会、市科学技术委员会、市住房和城乡建设管理委员会、市农业委员会、市环境保护局、市水务局、市绿化和市容管理局等部门共同参加的审定小组。审定小组根据专业机构出具的意见，研究确定扶持项目初步名单和拟补贴的资金数额，形成本年度专项扶持计划草案并进行公示。

4）公示结束后，上海市发展改革委对公示通过的项目下达专项扶持计划，同时抄送市财政局。

5）上海市财政局根据市发展改革委的拨款申请，按照财政资金使用和管理的有关规定，将专项扶持资金一次性拨付到各项目单位。

7. 监督和管理

1）获得专项资金扶持的项目单位，在按照现行有关财务制度使用资金的同时，要加强获得支持项目的日常运营管理，充分发挥补贴资金的投资效益，努力扩大项目的资源环境效益。

2）各归口单位加强初审把关，负责对专项资金扶持项目进行管理和监督。

3）上海市发展改革委对专项资金扶持项目进行抽查和评估；市财政局会同市审计局对专项资金的使用情况进行监督和审计。

4）在对项目的监督管理中，发现提供虚假材料，骗取专项资金的行为，经查实，取消该单位三年内财政补贴资金的申请资格，并按照国家有关规定进行处理。

（二）节能减排扶持政策

2017 年上海市发展改革委、市财政局制定的《上海市节能减排（应对气候变化）专项资金管理办法》加大对本市节能减排、低碳发展和应对气候变化的支持力度，进一步完善规范上海市节能减排（应对气候变化）专项资金（以下简称为专项资金）的使用和管理，特制定本办法。

1. 支持范围

1）淘汰落后生产能力。重点用于支持本市调整淘汰高耗能、高污染、低附加值的劣势企业、劣势产品和落后工艺的实施。

2）工业节能减排。重点用于支持工业中通过技术改造和技术升级，取得显著节能减排降碳成效，具有推广意义的技术改造项目。支持具有推广和示范作用的清洁生产示范项目。

3）合同能源管理。重点用于支持合同能源服务公司为用能单位开展的前期节能诊断服务,以及实施合同能源管理项目所开展的技术改造。

4)建筑节能减排。重点用于支持既有建筑节能改造、绿色建筑、装配式建筑、立体绿化、可再生能源与建筑一体化应用等试点示范工程,政府机关办公建筑和大型公共建筑的能源审计、能耗监测系统建设等。

5)交通节能减排。重点用于支持淘汰高耗能、高污染的交通运输工具(设施设备),推广应用新能源、清洁燃料替代、尾气处理项目,鼓励应用新机制、新技术、新产品、新设备开展节能减排技术改造和技术升级项目。

6)可再生能源开发和清洁能源利用。重点用于支持风能、太阳能、生物质能、地热能等开发应用。支持分布式供能等清洁能源利用。

7)大气污染减排。重点用于支持燃煤、燃油设施清洁能源替代,燃煤、燃油、燃气设施主要污染物超量减排和提前减排,挥发性有机物治理,控制扬尘污染等。

8)水污染减排。重点用于支持直排污染源截污纳管、污水管网完善、主要水污染物超量减排和提前减排、农村生活污水治理等工作。

9)循环经济发展。重点用于支持发展循环经济,鼓励开展工业、农林、城建、生活等领域废弃物减量化和资源化利用,深入推进垃圾分类,提高资源回收和利用率,推进再制造和园区循环化改造等试点示范。

10)低碳发展和应对气候变化。重点用于支持低碳城市建设试点示范项目。支持温室气体排放控制、碳捕集利用封存工程示范、碳汇以及适应气候变化能力提升等。

11)节能低碳产品推广及管理能力建设。重点用于支持高效、节能、低碳、环保产品推广。支持新能源汽车、新能源汽车充换电设施推广等。支持节能低碳宣传培训、对标达标、能耗监测监控、碳排放交易和管理等能力建设及基础工作。

12)用于支持国家明确要求地方给予政策配套的节能减排低碳事项及市政府确定的其他用途。

2. 诚信要求

申请专项资金的单位或个人应当符合信用状况良好的基本条件。信用状况良好是指申请单位在本市公共信用信息服务平台上无严重失信记录。严重失信记录的事项范围及其处理措施,由项目管理部门在实施细则中明确。

3. 支持方式

专项资金主要采用补贴或以奖代补的方式。补贴或以奖代补费用按照项目性质、投资总额、实际节能减排降碳量（或高碳能源替代量、废弃物减量、资源综合利用量）以及产生的社会效益等综合测算。

补贴或以奖代补费用按照专项资金所明确的支持范围中的一种进行申请和确定，同一项目不得重复申请相关补贴。

4. 实施日期

自 2017 年 2 月 1 日起实施至 2021 年 1 月 31 日。

（三）清洁生产扶持政策

2017 年上海市经济和信息化委员会、上海市发展和改革委员会、上海市环境保护局、上海市财政局关于印发了《上海市鼓励企业实施清洁生产专项扶持办法》。

1. 资金来源

本市用于清洁生产专项扶持的资金在市节能减排专项资金中予以安排。

2. 实施期限

本办法适用于 2016～2020 年列入本市清洁生产审核重点企业名单的企业。

3. 申报条件

申报专项扶持的企业应当具备下列条件：

1）在本市行政区域内登记注册的企业；

2）单位财务状况和纳税信用良好、财务管理制度健全；

3）项目符合国家和本市产业政策导向；

4）项目符合国家和本市节能、环保等强制标准；

5）列入本市清洁生产审核重点企业名单。

本市清洁生产审核重点企业名单由市经济和信息化委员会同市环境保护局根据国家及本市产业发展的重点领域，节能减排的重点行业、重点园区和清洁生产重点工作情况定期发布。

4. 扶持范围

本办法主要扶持下列清洁生产项目：

1）通过采用改进产品设计、采用无毒无害的原材料、使用清洁能源或再生能源、运用先进的物耗低的生产工艺和设备等措施，从源头削减污染物排放的项目；

2）通过采用改进生产流程、调整生产布局、改善管理、加强监测等措施，在生产过程中控制污染物产生的项目；

3）采取有效的污染治理措施，减少污染物排放的项目；

4）实施物料、水和能源等资源综合利用或循环使用的项目；

5）位于本市195、198地块内的企业仅限申报不新增产能的清洁生产改造项目；

6）已从其他渠道获得市级财政资金支持的项目不得重复申报。

5. 扶持方式

相关企业按照《清洁生产审核办法》的规定，在完成清洁生产项目且通过审核评估验收后，由企业自行申报，可以按照以下标准获得扶持奖励：

1）企业项目与清洁生产相关的实际投资额低于100万元的，奖励10万元；

2）企业项目与清洁生产相关的实际投资额高于100万元（含100万元）的，按照项目实际投资额的20%予以奖励，最高不超过300万元。

6. 申报通知

上海市经济和信息化委员会每年发布申报通知，明确申报要求、申报时间、受理地点等具体信息。

相关企业按照年度申报通知要求，通过"上海市经济和信息化委员会专项资金项目管理与服务平台"统一申报。

申请专项扶持，应当编写《上海市清洁生产专项资金申请报告》，申请报告包含下列材料：

1）《申报材料真实性承诺书》；

2）《上海市清洁生产专项资金申请表》；

3）清洁生产审核项目验收意见；

4）《清洁生产项目实施情况表》；

5）项目立项（备案、核准、审批）文件，按照有关规定无需办理的除外；

6）新建、改建和扩建项目需提供环保部门对项目的环境影响评价批复文件（或相关意见）、排污许可证，按照有关规定无需办理的除外；

7）规划部门对项目的批复文件（项目选址意见书/规划审核意见或相关意见），用地手续文件（房地产权证/土地租赁合同/建设用地批准书/国有土地使用权出让合同或相关意见），按照有关规定无需办理的除外；

8）有资质的审计机构出具的项目决算审计报告或结算审价报告（项目投资额100万元及以上）；

9）清洁生产审核咨询服务机构出具的审核报告等。

7. 项目审核评估验收

上海市经济和信息化委员会同市环境保护局开展清洁生产审核评估验收工作。评估验收工作可以采取委托第三方机构的形式组织开展,所需经费纳入同级预算统筹安排。

8. 项目审定

上海市经济和信息化委员会同市发展与改革委员会、市环境保护局、市财政局等部门,对企业申报材料进行审核后,共同确定拟扶持项目名单和资金数额。

9. 项目公示和资金拨付

上海市经济和信息化委员会将拟扶持项目名单和扶持资金数额向社会公示。

对公示无异议的项目,市经济和信息化委员会按照规定向市发展和改革委员会(市节能减排办)申请下达专项资金使用计划,并根据专项资金使用计划向市财政局提出拨付申请。市财政局按照财政资金使用和管理的有关规定,拨付专项扶持资金。

10. 监督管理

上海市经济和信息化委员会、市发展和改革委员会、市环境保护局负责对扶持项目进行管理和抽查评估。市财政局、市审计局负责对扶持资金的使用情况进行监督和审计。

获得扶持资金的企业,应当按照有关财务制度使用资金,并加强对扶持项目的管理,扩大项目的资源环境效益。

11. 相关责任

在项目监督管理过程中,发现项目申报企业存在提供虚假材料、骗取扶持资金的行为,一经查实,取消该企业三年内申请财政补贴资金的资格,并按照有关规定将相关单位及主要负责人的失信行为纳入公共信用信息服务平台,情节严重的将追究法律责任。

12. 实施日期

本办法自 2017 年 6 月 1 日起实施,有效期截至 2021 年 12 月 31 日。

(四) 工业节能和合同能源管理政策

2017 年上海市经济和信息化委员会、市发展和改革委员会、市财政局关于印发《上海市工业节能和合同能源管理项目专项扶持办法》(沪经信法〔2017〕220号)的通知,执行《上海市工业节能和合同能源管理项目专项扶持办法》。

1. 资金来源

本办法所称的上海市工业节能和合同能源管理项目专项扶持资金(以下称为扶持资金),按照本市节能减排政策关于节能技术改造、合同能源管理、节能产品推广及管理能力建设的相关要求,从市节能减排专项资金中列支。

2. 支持原则

扶持资金的使用与管理应当遵循以下原则:

1) 有利于提高本市工业能源利用效率;

2) 有利于提升本市工业节能管理水平;

3) 有利于发展本市节能服务产业。

3. 支持对象

本办法支持的对象应当符合以下要求:

1) 本市注册并具有独立承担民事责任能力的企事业单位;

2) 经营状态正常,财务管理制度健全,信用记录良好;

3) 具有完善的能源计量、统计和管理体系;

4) 申报项目具有较好的经济、社会和环境效益。

4. 支持范围和条件

本办法的支持范围和条件如下。

(1) 节能技术改造项目

符合国家产业政策,对现有工艺、设备进行技术改造;实现年节能量300 t标煤(含)以上的节能技术改造项目。

(2) 合同能源管理项目

本市节能服务机构在工业、建筑、交通以及公共服务等领域采取节能效益分享或者节能量保证模式实施的合同能源管理项目,单个项目年节能量在50 t标准煤(含)以上。支持新建工程项目采用合同能源管理模式。

(3) 高效电机应用

本市企业购买使用列入国家"能效领跑者"目录或者2级及以上能效水平的高效电机;其中电动机拖动的风机、水泵、空压机至少达到2级能效水平。节能服务机构购买的高效电机必须在本市安装使用,单个企业购买总功率在300 kW以上。

（4）能源管理中心建设

支持本市重点用能单位建立能源管理中心,其中钢铁、石油和化工、建材、有色金属、轻工行业应当符合《钢铁、石油和化工、建材、有色金属、轻工行业企业能源管理中心建设实施方案》（工信部节〔2015〕13号）的技术指标要求。支持产业园区管理机构建设能源管理中心,实现园区及重点企业能源、环保数据计量传输与在线监控。其他行业和园区能源管理中心的验收要求由市经济和信息化委员会同市发展和改革委员会、市财政局另行制定。

（5）能源管理体系建设

支持本市企业按照《能源管理体系要求》（GB/T 23331—2012）开展能源管理体系认证。

5. 支持标准和方式

本办法按照以下支持标准和方式。

1）节能技术改造项目按照600元/吨标准煤的标准给予扶持。单个项目最高不超过500万元,扶持资金不超过项目投资额的30%。

2）合同能源管理项目,节能效益分享型项目奖励标准为800元/吨标煤,节能量保证型项目奖励标准为600元/吨标煤;诊断费补贴标准为200元/吨标煤,最高不超过6万元。单个项目最高不超过500万元,扶持资金不超过项目投资额的30%。节能设备设施投资额1000万以上的新建合同能源管理项目,给予一次性奖励20万元。

3）高效电机应用根据装机容量给予补贴（补贴标准见表1）。使用"能效领跑者"电机按照表1补贴标准基础上浮20%,新建项目节能审查意见中明确要求使用节能电机的不予补贴。单个项目补贴不超过500万元,扶持资金不超过项目投资额的30%。

4）能源管理中心建设按照设备设施投资额（主要用于能源信息化管理及控制系统）的20%给予补贴,单个项目补贴不超过1000万元。

5）能源管理体系建设,对首次通过能源管理体系认证的企业,每家补贴10万元。

扶持资金主要用于工业节能和合同能源管理项目以及节能服务产业发展相关支出。同时符合支持范围（1）（2）（3）（4）情况的同一项目只能选择一项给予扶持。已从其他渠道获得市级财政资金支持的项目,不得重复申报。

6. 申报程序和项目评审

符合要求的项目按照以下程序申报和评审。

1）节能技术改造、合同能源管理、高效电机、能源管理中心项目。由上海市经济和信息化委员会发布项目申报通知，项目承担单位在项目完成并稳定运行6个月后（至少包括一个运行周期）通过市经济和信息化委员会专项资金项目管理与服务平台提出申请，经各区经济贸易委员会（商务委员会）或集团公司初审合格后，将书面材料报送至市经济和信息化委员会。市经济和信息化委员会委托第三方机构对项目情况进行现场审核，第三方机构根据至少1年的实际能源运行数据出具审核报告。

2）能源管理体系项目。由上海市经济和信息化委员会同相关部门每年发布项目申报通知，项目承担单位在首次获得能源管理体系认证证书后，通过市经济和信息化委员会专项资金项目管理与服务平台提出资金申请，并将书面材料报送至市经济和信息化委员会。

3）项目审核费用。涉及第三方机构审核的费用由上海市节能减排专项资金安排。审核费用支付标准为：节能技术改造、合同能源管理及高效电机项目设备设施投资额低于250万元的单个项目的审核费用为2万元，250（含）~1000（含）万元的单个项目的审核费用为3.5万元，高于1000万元的单个项目的审核费用为5万元；能源管理中心单个项目的审核费用为4万元。

7. 资金拨付

上海市经济和信息化委员会同市发展和改革委员会、市财政局对第三方机构审核结果进行审定，并将审定结果在市经济和信息化委员会网站上公示，公示期限为7天。

上海市经济和信息化委员会根据审定意见和项目公示情况，向市发展和改革委员会（市节能减排办）提出财政奖励资金使用计划，并根据市发展和改革委员会（市节能减排办）下达财政资金使用计划，向市财政局提交拨款申请；市财政局收到拨款申请后，依据财政专项资金支付管理的有关规定，将财政奖励资金拨付给项目承担单位。

8. 监督和管理

上海市经济和信息化委员会负责对工业节能和合同能源管理项目进行监督与管理，市发展和改革委员会（市节能减排办）负责对工业节能和合同能源管理项目的实施情况进行抽查，市财政局负责对扶持资金的使用情况进行监督。

扶持资金必须专款专用,任何单位不得截留、挪用。对弄虚作假、重复申报等方式骗取财政补贴资金的单位,除追缴财政补贴资金外,三年内将取消其财政专项资金申报资格,并按有关规定将相关单位及主要负责人的失信行为提供至公共信用信息服务平台,情节严重的将追究法律责任。

9. 参照执行

符合申报条件的通信、建筑、交通、公共机构等领域的节能技术改造、合同能源管理、高效电机、能源管理中心、能源管理体系项目参照本办法执行。

各区节能主管部门可结合实际情况,制定各区相应扶持政策。

10. 实施日期

自 2017 年 6 月 1 日起施行,有效期至 2021 年 12 月 31 日。

（五）节能节水、环境保护、安全生产专用设备认定管理和抵免企业所得税政策

2009 年上海市经济和信息化委员会、市国家税务局、市地方税务局、市环境保护局、市安全生产监督管理局印发关于做好《节能节水、环境保护、安全生产专用设备认定管理和抵免企业所得税》工作的通知（沪经信节〔2009〕298 号）。

1）上海市经济和信息化委员会、上海市国家税务局、上海市地方税务局、上海市环境保护局、上海市安全生产监督管理局组成市专用设备认定委员会,共同负责本市节能节水、环境保护和安全生产专用设备认定工作,认定委员会的工作细则另行制定;市国家税务局、市地方税务局负责落实国家税收优惠政策,市经济和信息化委员会负责专用设备认定的日常工作。

2）经认定实际购置并自身实际投入使用符合国家公布《目录》范围的节能节水、环境保护和安全生产专用设备的企业,按国家和本市有关规定申请享受企业所得税抵免优惠政策。

3）企业自 2008 年 1 月 1 日起购置并实际使用列入《目录》范围内的节能节水、环境保护和安全生产专用设备,可以按专用设备投资额的 10% 抵免当年企业所得税应纳税额;企业当年应纳税额不足抵免的,可以在以后 5 个纳税年度结转抵免。

4）享受税收抵免优惠的企业从购置之日起 5 个纳税年度内因经营状况发生变化而转让、出租、停止使用所购置专用设备的,应自发生变化之日起 15 个工作日内向主管税务机关报告,并停止享受税收抵免优惠,补缴已扣免的企业所得

税税款。

5）专用设备认定实行由企业申报，上海市经济和信息化委员会委托专业机构会同市环境保护局、市安全生产监督管理局等有关部门审核认定，市国家税务部门复核的制度。专业机构审核费用由市经济和信息化委员会预算落实。

6）认定内容：① 审核申报专用设备是否在《目录》列举范围之内；② 审核购置专用设备是否实际投入使用。

7）凡申请专用设备认定的企业，应向上海市经济和信息化委员会提出书面申请，并提供规定的相关材料：①《上海市节能节水、环境保护和安全生产专用设备认定申报表》；②《上海市企业购置使用节能节水、环境保护和安全生产专用设备认定申报明细表》；③ 购置合同和发票（复印件）；④ 企业工商营业执照、税务登记证（复印件）。

8）上海市经济和信息化委员会在上海市节能服务中心（胶州路 358 弄 1 号楼 401 室）窗口随时受理企业专用设备认定申请，并根据下列情况分别作出处理：① 对属于专用设备认定《目录》范围且申请材料齐全的，予以受理；② 对不属于专用设备认定《目录》范围的，不予受理并当即告知理由；③ 对属于专用设备认定《目录》范围，但申请材料不齐全或者不符合规定要求的，应一次性告知申请单位需要补充材料的全部内容。

9）上海市经济和信息化委员会对申报材料合格的企业，委托专业机构按照规定的认定条件和内容进行现场核对，并自受理申请之日起 20 个工作日内完成审核。对通过审核认定的企业，由市专用设备认定委员会每半年发文公告一次名单，并向企业发放《专用设备认定确认书》和《告知书》。

每年度上海市节能监察中心会同主管税务机关，负责对专用设备的认定进行监督检查，并将检查情况及时向专用设备认定委员会通报。

10）通过审核认定的企业，凭市专用设备认定委员会的发文公告和《专用设备认定确认证明》，到主管税务机关办理企业所得税抵免优惠手续。

11）对已获得《专用设备认定确认书》的企业，税务部门在执行企业所得税抵免政策过程中发现认定有误的，应停止企业享受税收抵免优惠，并及时通过上海市国家税务局与地方税务局上报市专用设备认定委员会，进行协调沟通，提请纠正，已经享受的优惠税额应予追缴。

附录

环境管理体系正文
标准实用性释义

环境管理体系术语与定义,详见 ISO 14001 标准,术语和标准大框架(高阶标准统一)的修改就不再重复,企业只要按修订标准要求直接引用或按框架对应即可。以下直接对 ISO 14001 环境管理体系标准条款修改后的条款进行释义,结合我国及上海市的环境保护实践,为企业环境管理作最新的解读。

按照国际标准化组织的要求,现有获证组织的 ISO 14001 环境管理体系应在 2018 年 9 月以前完成换版。标准第 4 章"组织所处的环境"在原来 2004 版标准中没有此章的内容,因此对该章应有着较为充分的理解。

> 4.1 组织应确定与其宗旨相关并影响其实现环境管理体系预期结果的能力的外部和内部问题。这些问题应包括受组织影响的或能够影响组织的环境状况。

根据标准附录 A 的解释可知,对企业外部问题比较有实际操作意义的文件修改如下。

外部问题 1:从国际上讲,近年来气候变化问题已经成为热点,全球范围对环境保护工作越来越重视;从国家层面讲,生态文明已经成为我国未来发展的顶层设计及战略方向,绿色发展、循环发展和低碳发展成为未来经济发展的指导方针;从经济上讲,国家正在大力推进供给侧结构性改革,企业将面临严峻的优胜劣汰局面;从法规要求上讲,国家与地方的环境保护法律法规及标准要求不断提高,对违法行为的监管与处罚不断加强和加重,同时排污许可证已经成为政府主管部门环境管理的重要抓手;从行业方面讲,绿色供应链、绿色产品及设计已经成为行业发展的技术方向与趋势;从文化上讲,绿色消费文化已经成为我国社会文化的重要特征,而企业环境信用及环境处罚记录将成为企业社会信用的重要组成部分;从财务和竞争上讲,企业对环境保护的重视程度在众多外围环境的约束下正在逐步演化成自身的竞争力;从地方上讲,上海市正在对产业结构进行调整与重新布局,并积极建设科创中心;从环保热点上讲,工业企业和开发区管理重视危险废物管理、VOCs治理、土壤污染防治以及环境应急与风险评估工作,生态工业园区规划则将成为开发区生态化建设的引领文件。以上是归纳总结的目前企业所面临的重要外部环境的变化与趋势,都是企业所面临的风险和机遇,企业自身能力建设与管理机制是否有足够能力应对,将决定环境管理体系最终的绩效水平。

外部问题2:工业企业相关活动是否在规划及保留工业区内以及企业是否位于工业区内意味着其后续发展是否合规,在上海市应明确企业是否属于104区块(规划工业区)、195地块(规划产业区外、城市集中建设区外的现状工业用地)与198地块(规划产业区外、规划集中建设区外的现状工业用地)。在当前环境下,该判断实际上甚至决定企业未来规划发展的大方向,同时建议在文件中标明企业所处的经纬度及地理方位。

外部问题3:企业周边的环境状况描述,包括空气质量、水环境质量、环境噪声功能区、周边企业污染源情况、环境敏感目标(医院、学校、自然保护区等)等,可以从企业的环境影响评价报告中获得,经核实后修订中环境管理体系文件中,同时以地图坐标标明企业附近的污染源及环境敏感目标与距离。

组织内部特征或条件各有所不同,如活动、产品和服务,企业发展战略方向对环境战略的定位,企业文化与能力,企业信息化水平,企业是否有独立的环境管理机构及专业人员等,这里不再展开。

4.2 理解相关方的需求和期望

组织应确定:

1) 与环境管理体系有关的相关方;

2) 这些相关方的需求和期望(即要求);

3) 这些需求和期望中哪些将成为其合规义务。

该条款的变化在于对环境管理体系范围的考虑从原来局限于产品、地理位置及活动范围,扩大到了相关方要求及合规义务。对工业企业而言,重要的相关方包括当地环境保护主管部门、行业协会、上游厂家、供应商及承包方(尤其是

危险废物处理商）、周边居民等，与标准修订前没有太大变化。

4.3 确定环境管理体系的范围

组织应确定环境管理体系的边界和适用性，以确定其范围。

确定范围时组织应考虑：

1）4.1 所提及的内、外部问题；

2）4.2 所提及的合规义务；

3）其组织单元、职能和物理边界；

4）其活动、产品和服务；

5）其实施控制与施加影响的权限和能力。

范围一经界定，该范围内组织的所有活动、产品和服务均需纳入环境管理体系。

范围应作为文件化信息予以保持，并可为相关方所获取。

该条款对企业应该没有实际太大的影响，事实上，原来做得好的环境管理体系都会考虑以上因素，环境管理体系实施的实质是应对内外问题、落实合规义务和策划合理措施，这部分改变了原来标准中的条款偏重环境因素管理控制而没有将合规义务在标准中着重强调的局限性。因此实施体系确定范围时，要考虑最高管理者权限、生命周期的观点以及对活动、产品和服务能够实施控制或施加影响的程度，既不要将范围无限扩大化，也不应避重就轻，但无论是企业还是认证机构审核，这在实际操作中都是需要一些专业判断与背景知识作保障的。

体系范围的确定，实际是组织根据自身权限与能力，确定了一个实现预期目标的行政、地理及活动范围，在此范围内组织能够真正实现体系所要求的策划、实施、检查及改进的功能。

4.4 环境管理体系

为实现组织的预期结果，包括提升其环境绩效，组织应根据本标准的要求建立、实施、保持并持续改进环境管理体系，包括所需的过程及其相互作用。

组织建立并保持环境管理体系时，应考虑在 4.1 和 4.2 中所获得的知识。

新标准 4.4 条款的要求实际就是原来标准 4.1 总要求的内容，实际意义上没

有太大的变化,修订时将该条款的要求摘录于对应文件中即可。但对实施该要求而言,并非如此简单,相当于体系的实施是基于前述4.1、4.2及4.3要素深刻理解的基础上建立的,详见以后章节的论述。

总体而言,本标准的第4节强调了在体系建立以前,最高管理者要充分理解企业自身所处的环境,理解相关方的需求和期望,确定体系范围后,再来考虑建立环境管理体系。

对最高管理者而言,应在本次换版过程中对环境管理体系的实施进行深度思考:企业的外环境发生了什么样的变化?实施环境管理体系的终极目的是什么?企业如何通过环境管理体系作出适应的对策措施才能持续经营发展?围绕这样一个目的,需要配置什么样的资源?只有这样,环境管理体系才能真正为企业今后持续经营作出价值贡献。

第5章"领导作用"主要从领导作用与承诺、环境方针、组织的岗位职责和权限这几方面提出相关的管理要求。

---

5 领导作用

5.1 领导作用与承诺

最高管理者应通过下述方面证实其在环境管理体系方面的领导作用和承诺:

1) 对环境管理体系的有效性负责;

2) 确保建立环境方针和环境目标,并确保其与组织的战略方向及所处的环境相一致;

3) 确保将环境管理体系要求融入组织的业务过程;

4) 确保可获得环境管理体系所需的资源;

5) 就有效环境管理的重要性和符合环境管理体系要求的重要性进行沟通;

6) 确保环境管理体系实现其预期结果;

7) 指导并支持员工对环境管理体系的有效性做出贡献;

8) 促进持续改进;

9) 支持其他相关管理人员在其职责范围内证实其领导作用。

注:本标准所提及的"业务"可广义地理解为涉及组织存在目的的那些核心活动。

5.1"领导作用与承诺"在原来 2004 版标准中没有单独强调领导尤其是最高管理者的作用,文件修订时除了直接将上述要求引入对应手册或管理职责中,关键是最高管理者能够领会上述要求,并在公司发展战略层面上将环境战略综合考虑进去,能够真正了解企业所面临的风险与机遇,并落实和保障所需资源。在实际操作中,应让最高管理者了解现有环境保护法律法规对企业最大的威胁是哪些方面,并提出对应解决方案。

本标准的修订没有单独强调管理者代表的作用,不影响原有管理者代表继续发挥作用。

5.2　环境方针

最高管理者应在界定的环境管理体系范围内建立、实施并保持环境方针,环境方针应:

1)适合于组织的宗旨和所处的环境,包括其活动、产品和服务的性质、规模和环境影响;

2)为制定环境目标提供框架;

3)包括保护环境的承诺,其中包含污染预防及其他与组织所处环境有关的特定承诺(注:保护环境的其他特定承诺可包括资源的可持续利用、减缓和适应气候变化、保护生物多样性和生态系统);

4)包括履行其合规义务的承诺;

5)包括持续改进环境管理体系以提升环境绩效的承诺。

环境方针应:

——以文件化信息的形式予以保持;

——在组织内得到沟通;

——可为相关方获取。

5.2"环境方针"的新版要求与 2004 版比有一定变化,强调环境方针应适用于组织所处环境,将环境方针的承诺扩大到环境保护的范围,扩大到合规义务的范围,其他内容没有实质性变化,修订时将对应条款要求予以替换即可,在体系实施过程中工业企业应宏观上关注温室气体及碳减排要求,微观上仍要关注当地及行业环境保护法规的动态变化对企业的影响。

5.3 组织的岗位、职责和权限

最高管理者应确保在组织内部分配并沟通相关角色的职责和权限。

最高管理者应对下列事项分配职责和权限：

1）确保环境管理体系符合本标准的要求；

2）向最高管理者报告环境管理体系的绩效，包括环境绩效。

5.3条款强调了最高管理者在环境管理体系中的岗位、职责和权限，对管理体系运行的结果提出了要求，一是体系要有符合性，二是要有环境绩效并予以汇报。修订文件时将上述条款直接修订在手册及对应最高管理者职责中，并按照实际情况重新审视部门职责与权限，确保体系运行的符合性。一个真正能够实现预期绩效的组织，至少具备责权利明确、管理边界清晰、指令下达流畅的管理形态，否则不仅自身存在管理风险，所有顶层的战略设计与规划都将沦为空谈，而且根本无法调动资源、达到预定目标。

符合性是体系运行的最基本要求，环境绩效的表现形式则需要体系运行者在策划时予以考虑，这可以包括下列内容，但不应局限于以下内容：

1）污染物排放浓度及总量的削减；

2）原辅材料及资源消耗的降低或循环；

3）能源及温室气体排放的降低；

4）有毒有害材料使用的降低与替代；

5）生产工艺参数的优化；

6）环境风险的降低或受控；

7）污染预防措施的强化；

8）环境管理信息化水平的提高；

9）供应商环境管理措施的强化。

总体而言，第4章是对体系的输入及管理对象进行详细分析，第5章则通过承诺、方针和职责权限这些要素与第4章的体系输入因素（内外部问题、相关方需求及范围）有效对应，修订工作本身难度不大，只要将对应条款的要求在手册及对应文件中体现即可。但管理体系的真正难点是在于如何对承诺、方针，尤其是职责权限予以真正落实，并且依据各种变化随时地作出正确的调整。因此，第5章应该是标准对体系内环境的关键要求，是体系后续策划、实施及改进的基础要求。

第 6 章"策划"主要从应用风险和机遇措施、环境目标及其实现的策划这两方面提出相关要求。

---

6 策划

6.1 应对风险和机遇的措施

6.1.1 总则

组织应建立、实施并保持满足 6.1.1~6.1.4 的要求所需的过程。

策划环境管理体系时,组织应考虑:

1) 4.1 所提及的问题;

2) 4.2 所提及的要求;

3) 其环境管理体系的范围。

并且,应确定与环境因素(见 6.1.2)、合规义务(见 6.1.3)、4.1 和 4.2 中识别的其他问题和要求相关的需要应对的风险和机遇,以:

——确保环境管理体系能够实现其预期结果;

——预防或减少不期望的影响,包括外部环境状况对组织的潜在影响;

——实现持续改进。

组织应确定其环境管理体系范围内的潜在紧急情况,包括那些可能具有环境影响的潜在紧急情况。

组织应保持以下内容的文件化信息:

——需要应对的风险和机遇;

——6.1.1~6.1.4 中所需的过程,其详尽程度应使人确信这些过程能按策划得到实施。

新版标准对策划阶段提出较高的总体要求,2004 版标准的策划仅侧重于环境因素、与环境因素有关的法律法规要求以及环境目标指标方案,而新版标准在实施策划阶段水平的高低将显现专业能力的高低,也就是体系策划者的环境背景认知,将决定体系的实施控制能力及绩效水平。因此,在策划新版体系运行时,应在对体系外部环境变化、相关方要求、合规性义务、体系实施边界范围以及伴随的环境风险和机遇有较深的理解后,再考虑后续应对的相关措施。在这点上,环境管理体系与 2004 版标准(原标准)仅局限于环境因素的控制要求有天壤之别。

6.1.2　环境因素

　　组织应在所界定的环境管理体系范围内,确定其活动、产品和服务中能够控制和能够施加影响的环境因素及其相关的环境影响。此时应考虑生命周期观点。

　　确定环境因素时,组织必须考虑:

　　1)变更,包括已纳入计划的或新的开发,以及新的或修改的活动、产品和服务;

　　2)异常状况和可合理预见的紧急情况。

　　组织应运用所建立的准则,确定那些具有或可能具有重大环境影响的环境因素,即重要环境因素。

　　适当时,组织应在其各层次和职能间沟通其重要环境因素。

　　组织应保持以下内容的文件化信息:

　　——环境因素及相关环境影响;

　　——用于确定其重要环境因素的准则;

　　——重要环境因素。

　　注:重要环境因素可能导致与不利环境影响(威胁)或有益环境影响(机会)有关的风险和机遇。

　　关于环境因素这一要素,新版标准对环境因素要求考虑生命周期观点,这与2004版标准有较为明显的不同,产品或服务典型的生命周期阶段包括原材料获取、设计、生产、运输和(或)交付、使用、寿命结束后处理与最终处置,对于相关方及供应链的环境管理实际上予以了强调。

　　其他环境因素应考虑过去、现在、将来时态,对正常、异常及紧急状态的要求不变。同时强调了环境因素及影响、重要环境因素及准则均应有文件化信息。

　　从环境因素角度来看,根据近期法律法规要求变化,建议组织应重视大气污染物排放的VOCs治理、恶臭治理、土壤污染风险、危险废物处理处置以及与化学品相关的环境风险方面环境因素的识别和评价,组织有上述环境因素应识别与评价为重要环境因素,上述内容也是近阶段政府环境管理的重点领域和方向。而对于排污许可证有关的环境因素及过程,也应予以充分识别与分析评价,今后政府部门的管理重点已把许可证作为一证式管理的重要抓手。

　　关于"异常状况和可合理预见的紧急情况",企业应根据自身生产经营情

况,将可能涉及的以下情况予以识别:

1)污染物超标风险;

2)废水处理管道泄漏风险;

3)废气处理及有害工艺气体应急风险;

4)化学品装置、储罐及管道火灾、泄漏、爆炸、污染风险;

5)重金属物质对土壤及地下水的污染风险;

6)危险废物储存现场污染风险;

7)危险废物运输污染风险;

8)危险废物处理处置污染风险;

9)放射性物质污染风险。

在上海市,尤其是列入环境应急预案名单的企业,不仅应识别上述重要环境因素,而且应根据法规及技术导则要求完成环境应急预案编制及备案工作。

重要环境因素的评价准则有很多,但环境管理体系中应重视与法律法规相关的环境因素,这类可能存在违规违法风险的环境因素无论用何种方法和准则如何进行评价,也应该是重要环境因素。因此,相关环保法律法规要求是重要环境因素评价最重要的准绳。

6.1.3 合规义务

组织应:

1)确定并获取与其环境因素有关的合规义务;

2)确定如何将这些合规义务应用于组织;

3)在建立、实施、保持和持续改进其环境管理体系时必须考虑这些合规义务。

组织应保持其合规义务的文件化信息。

注:合规义务可能会给组织带来风险和机遇。

新版标准将法律法规和其他要求条款改为合规义务,在体系管理和运行上与原来的要求差异不算太大。

随着环境保护法律法规的日趋严格,建议组织应将与刑法、环境处罚以及环境信用有关的环保法律法规条款单独识别出来,向最高管理者及相关管理层进行宣传教育,以引起企业管理层的重视,并配置足够的资源,以实现管理行为的合规,尤其是危险废物处理处置、连日累计处罚等具体管理要求的法规条款。

6.1.4 措施的策划

组织应策划:

1)采取其措施管理:

① 重要环境因素;

② 合规义务;

③ 6.1.1 所识别的风险和机遇。

2)如何:

① 在其环境管理体系过程(见6.2、第7章、第8章和9.1)中或其他业务过程中融入并实施这些措施;

② 评价这些措施的有效性(见9.1)。

当策划这些措施时,组织应考虑其可选技术方案、财务、运行和经营要求。

该条款强调了管理体系措施的总体要求,主要目的有三个:一是管理重要环境因素,二是落实合规义务,三是控制企业风险并充分利用机遇。同时强调要求体系策划的措施应融入体系运行中,避免措施策划与体系实际运行脱节的情况,同时应评价措施有效性。

环境管理体系从本次标准修订上更加重视体系策划与实施的有效性,更加重视体系运行的合规情况,环境管理体系作为组织自律管理的工具,更加符合当今国际化、标准化和市场化运行的特点,政府环境保护主管部门应充分认识到上述变化,结合环境信用评价的要求,将企业环境管理体系认证这一自律工具与环境信用紧密结合起来,建立有效对接与制约机制,成为对企业事中事后管理的有效自律手段,逐步改变目前环境管理体系认证与环境保护主管部门管理要求脱节的现状。

6.2.1 环境目标

组织应针对其相关职能和层次建立环境目标,此时必须考虑组织的重要环境因素及相关的合规义务,并考虑其风险和机遇。

> 环境目标应：
>
> 1）与环境方针一致；
>
> 2）可度量（如可行）；
>
> 3）得到监视；
>
> 4）予以沟通；
>
> 5）适当时予以更新。
>
> 组织应保持环境目标的文件化信息。
>
> 6.2.2　实现环境目标的措施的策划
>
> 策划如何实现环境目标时，组织应确定：
>
> 1）要做什么；
>
> 2）需要什么资源；
>
> 3）由谁负责；
>
> 4）何时完成；
>
> 5）如何评价结果，包括用于监视实现其可度量的环境目标的进程所需的参数（见9.1.1）。
>
> 组织应考虑如何能将实现环境目标的措施融入其业务过程。

上述条款与2004版标准的环境目标指标及方案的要求相比，总体变化不大，强调了环境目标设立的一部分目的是为了改进重要环境因素、落实合规义务及控制风险和获得机遇。该条款细化了环境目标的要求，将原来的管理方内容作为措施的策划要求呈现出来，同时，强调环境目标应与体系运行其他过程融合，避免脱节现象。

第6章更加强调组织对风险和机遇的认知，在此基础上再来确定组织的重要环境因素、合规义务与实现控制及管理目标要求。

第7章"支持"主要从体系资源、人员能力、意识和信息交流角度提出相关要求。

> 7　支持
>
> 7.1　资源
>
> 组织应确定并提供建立、实施、保持和持续改进环境管理体系所需的资源。

> **7.2 能力**
>
> 组织应：
>
> 1）确定在其控制下工作,对其环境绩效和履行合规义务的能力具有影响的人员所需的能力;
>
> 2）基于适当的教育、培训或经历,确保这些人员是能胜任的;
>
> 3）确定与其环境因素和环境管理体系相关的培训需求;
>
> 4）适用时,采取措施以获得所必需的能力,并评价所采取措施的有效性。
>
> 注:适用的措施可能包括,例如:向现有员工提供培训、指导,或重新分配工作;或聘用、雇佣能胜任的人员。
>
> 组织应保留适当的文件化信息作为能力的证据。

7.1"资源"与 2004 版不同的是,资源单独成为一个要素,当然包括了人、财、物资源的要求,提出了体系所需资源的总体要求,标准本质要求与原标准没有太大差异。

从与企业接触的实际情况来看,体系在落实环境管理要求时,除资金要求外,其实还有最重要的一个要素是环境管理机构及其授权,即管理资源。在环保法规要求及处罚越来越严格的外部形势下,对于许多存在环境风险的企业,环境管理要求都是由非专门或非专业部门来实施管理,经常见到由生产、行政、人力资源、设备甚至质量部门兼管环境保护,这种管理架构与形态就无法确保体系最终绩效与预期目标保持一致。同时,最高管理层应充分地授权以避免管理虚位,多头管理或交叉管理应是在实际企业管理中予以避免的,这些都是企业管理中的大忌。

7.2"能力"与 2004 版标准不同的是,2004 版标准中人员能力针对的是"为组织或代表组织从事被确定为可能具有重大环境影响的工作人员",而现有标准条款强调的是"对组织环境绩效和履行合规义务能力有影响的人员",这个涉及的人员范围比原标准定义的理论上要大,当然,实际运作中可能存在的差异会因企业不同而有所不同。

在企业环境管理体系实际运行中我们提出以下建议。

1）企业中设置专门的环境管理机构后,仍需要专业管理人员来实施体系的运行与管理,因此企业应设置具备环境背景专业能力的人员在对应管理岗位上。

只有这样,才能够使企业内部的环境管理机构真正发挥作用。

2)各部门的内审人员也非常重要,经过专业培训的内审人员实际上起到了企业内部环境管理专业团队的作用。专业团队的存在,使体系运行的信息公开透明,避免体系的实际运行控制在少数人之中。事实上,内审团队能力的高低决定了企业体系整体运行水平的高低。

3)除了以上人员,关于"与环境绩效和履行合规义务能力有影响的人员"以及我国 2017 年发布的《国家职业资格目录清单》(104 项)内容,大致认为可能包括以下特定岗位的人员:① 采购岗位;② 合规评价人员;③ 法规收集获取人员;④ 污染治理设施运行操作人员,其中对工业废气治理工、工业固体废物处理处置工、工业废水处理工、水处理处理工有职业资格证书要求;⑤ 与重点用能设备有关的操作人员,其中对于锅炉运行值班员、锅炉操作工等,要求具有与环境管理有关的岗位有职业资格证书;⑥ 与环境应急及消防有关的人员,其中对消防设施操作员有职业资证书要求;⑦ 化学品管理及使用人员;⑧ 文件管理人员;⑨ 产品设计开发人员;⑩ 与监测测量有关的人员;⑪ 与设备维修有关的人员,其中锅炉设备检修工、设备点检员有职业资证书要求。

以上人员及岗位可能因企业管理岗位设置不同而存在差异或合并,对上述岗位识别后应提出对应的岗位要求及培训需求,并按标准要求评价使其获得能力措施的有效性。

7.3　意识

组织应确保在其控制下工作的人员意识到:

1)环境方针;

2)与他们的工作相关的重要环境因素和相关的实际或潜在的环境影响;

3)他们对环境管理体系有效性的贡献,包括对提升环境绩效的贡献;

4)不符合环境管理体系要求,包括未履行组织合规义务的后果。

根据中国现有企业的实际及环保法规的变化情况,应将环保法规中涉及环境处罚甚至刑罚的相关条款对企业最高管理者、中层管理者及实际操作人员进行有效培训,使这些人员知晓法规底线以及违法违规可能的后果,目前,在现有企业中还有所欠缺。

7.4 信息交流

7.4.1 总则

组织应建立、实施并保持与环境管理体系有关的内部与外部信息交流所需的过程,包括:

1) 信息交流的内容;

2) 信息交流的时机;

3) 信息交流的对象;

4) 信息交流的方式。

策划信息交流过程时,组织应:

——必须考虑其合规义务;

——确保所交流的环境信息与环境管理体系形成的信息一致且真实可信。

组织应对其环境管理体系相关的信息交流做出响应。

适当时,组织应保留文件化信息,作为其信息交流的证据。

7.4.2 内部信息交流

组织应:

1) 在其各职能和层次间就环境管理体系的相关信息进行内部信息交流,适当时,包括交流环境管理体系的变更;

2) 确保其信息交流过程使在其控制下工作的人员能够为持续改进做出贡献。

7.4.3 外部信息交流

组织应按其合规义务的要求及其建立的信息交流过程,就环境管理体系的相关信息进行外部信息交流。

信息交流条款与原标准要求相比,对信息交流的具体要求做了细化,要素本身强调环境信息的真实性,强调合规义务的传达。通过分析其他条款要求,可以看到,环境因素条款中侧重强调重要环境因素的沟通,在环境方针条款中强调方针的沟通,在组织岗位、职责和权限要素中强调相关岗位职责权限的沟通,运行控制要素中强调与相关方就环境要求进行的沟通,绩效评价中强调就环境绩效信息内外部的沟通,这些在其他要素中特定的信息交流要求应该在体系运行中予以重视,也应该是体系审核及运行实施的重点。

　　同时,根据环境信息公开的要求,排污企业应当按照要求公布排放污染物的名称、排放方式、排放总量、排放浓度、超标排放情况以及防治污染设施的建设和运行情况等信息,这应该引起工业企业的重视,认证机构也应将此作为重点审核。

　　关于对持续改进做出贡献的信息交流过程,则可以考虑将一些企业本身已有的合理化建议或改善提案的渠道作为途径。

　　信息交流是所有要素中最不起眼的要素,但在实际运行过程中可能比所有要素都重要,无论是最高管理层还是基层操作者,其决策都是依据真实透明的信息,企业文化和整体价值观本身也是信息交流的一种表现形式,信息交流要素在体系整体运营中扮演了润滑剂的重要角色。

7.5　文件化信息

7.5.1　总则

　　组织的环境管理体系应包括:

　　1)本标准要求的文件化信息;

　　2)组织确定的实现环境管理体系有效性所必需的文件化信息。

　　注:不同组织的环境管理体系文件化信息的复杂程度可能不同,取决于:

　　——组织的规模及其活动、过程、产品和服务的类型;

　　——证明履行其合规义务的需要;

　　——过程的复杂性及其相互作用;

　　——在组织控制下工作的人员的能力。

7.5.2　创建和更新

　　创建和更新文件化信息时,组织应确保适当的:

　　1)标识和说明(例如:标题、日期、作者或参考文件编号);

　　2)形式(例如:语言文字、软件版本、图表)和载体(例如:纸质的、电子的);

　　3)评审和批准,以确保适宜性和充分性。

7.5.3　文件化信息的控制

　　环境管理体系及本标准要求的文件化信息应予以控制,以确保其:

　　1)在需要的时间和场所均可获得并适用;

2) 得到充分的保护(例如:防止失密、不当使用或完整性受损)。

为了控制文件化信息,组织应进行以下适用的活动:

——分发、访问、检索和使用;

——存储和保护,包括保持易读性;

——变更的控制(例如:版本控制);

——保留和处置。

组织应识别其确定的环境管理体系策划和运行所需的来自外部的文件化信息,适当时,应对其予以控制。

注:"访问"可能指仅允许查阅文件化信息的决定,或可能指允许并授权查阅和更改文件化信息的决定。

附录 A 也解释了新标准对文件化的要求,首要关注点应当放在环境管理体系的实施和环境绩效上,而非复杂的文件化信息控制系统。除了本标准特定条款所要求的文件化信息,组织可针对透明性、责任、连续性、一致性、培训,或易于审核等目的,选择创建附加的文件化信息,可使用最初并非以环境管理体系为目的而创建的文件化信息。环境管理体系的文件化信息可与组织实施的其他管理体系信息相整合。文件化信息不一定以手册的形式呈现。

应该注意的是,最新修订的《上海市环境保护条例》对排污企业环境管理台账保存的期限要求是不得少于五年,因此环境管理体系的其他文件化信息也应与此要求保持一致,以使相关信息能够相互佐证,这与认证企业习惯的三年一个认证周期还是有较大差别的。

近期,有关绿色供应链的话题日益增多,中华人民共和国环境生态部发布的《企业环境信用评价办法(试行)》也提及了鼓励企业实施绿色供应链的要求。本书结合 ISO 14001 标准第 8 章"运行"的修订,探讨如何来适当地对制造型企业的供应商(承包方)在环境保护方面进行有效管理。

相比于粗放形态的初级环境管理,管理体系文件化的要求是环境管理体系的重要特征,也是最基础的要求,文件化管理活动实际上提供了一个自证守法的证据体系。

第 8 章"运行"主要从运行策划和控制、应急准备和响应方面提出相关的管理要求。

8　运行

8.1　运行策划和控制

组织应建立、实施、控制并保持满足环境管理体系要求以及实施6.1和6.2所识别的措施所需的过程,通过:

——建立过程的运行准则;

——按照运行准则实施过程控制。

注:控制可包括工程控制和程序。控制可按层级(例如:消除、替代、管理)实施,并可单独使用或结合使用。

组织应对计划内的变更进行控制,并对非预期变更的后果予以评审,必要时,应采取措施降低任何不利影响。

组织应确保对外包过程实施控制或施加影响,应在环境管理体系内规定对这些过程实施控制或施加影响的类型与程度。

从生命周期观点出发,组织应:

1)适当时,制定控制措施,确保在产品或服务的设计和开发过程中,落实其环境要求,此时应考虑生命周期的每一阶段;

2)适当时,确定产品和服务采购的环境要求;

3)与外部供方(包括合同方)沟通组织的相关环境要求;

4)考虑提供与其产品和服务的运输或交付、使用、寿命结束后处理和最终处置相关的潜在重大环境影响的信息的需求。

组织应保持必要程度的文件化信息,以确信过程已按策划得到实施。

首先,组织应对体系范围内的相关过程采取措施进行有效控制,运行控制的类型和程度取决于运行的性质、风险和机遇、重要环境因素及合规义务,对这些过程控制的底线是符合合规义务的要求。这些过程可能包括:

1)产品及原辅材料选择的过程;

2)产品生产过程、服务实施以及分包过程;

3)产品设计、运输、销售及废弃过程;

4)原辅材料储存及循环利用过程;

5)项目新改扩建验收及运营过程;

6)后勤服务过程;

7)设备采购及维护保养过程;

8）污染物处理处置过程；

9）其他合规要求及过程，如清洁生产审核、排污许可证管理过程等。

上述过程，尤其是清洁生产审核，应在相关企业中有制度设计。排污许可证今后作为政府重要的一证式管理抓手，在相关企业内部也应有对应的制度安排。随着环评制度改革的深入，如果企业今后自行可承担评价工作，则环境管理体系内部的评价安排就尤为重要了，相关管理岗位人员是否具备能力实施企业内部环评，关系到企业自身的建设项目要求，在没有外部力量介入及政府信用背书的情况下，是否能够完全独立由自身资源安排以符合各项环境保护要求尤为重要。

其次，我们来看一下，国际标准化组织在环境管理体系要求中是如何对供应商（承包方）管理提出要求的。根据 ISO 14001：2015 标准，企业应确保对外包过程控制或施加影响，应在环境管理体系内规定对这些过程实施控制或施加影响的类型与程度。从生命周期观点出发，组织应做以下方面工作：① 适当时，制定控制措施，确保在产品和服务设计及开发过程中，考虑其生命周期的每一阶段，并提出环境要求；② 适当时，确定产品和服务采购的环境要求；③ 与外部供方（包括合同方）沟通其相关环境要求。

简单地讲，可以理解为对供应商（承包方）应提出适当的环境管理要求，以进行控制或施加影响，这些要求一部分为产品和服务的环境要求，另一部分可以视为供应商（承包方）本身环境行为的要求。

应关注的是，本次标准修订，尤其关注组织的产品及服务设计和开发过程中，考虑生命周期，并提出相应的环境要求。关于产品和服务的环境要求，由于不同企业的产品和服务差异较大，所涉及的相关技术标准、法律法规也会有较大的不同，可以根据产品销售地环保法律法规、环境标志产品技术要求、低碳产品技术要求、节能产品技术要求等，对供应商配套的相关产品提出技术性要求，这部分内容实际上也是绿色供应链中差异化较大的内容，本书不在这里展开详述。

在与制造型企业实际接触过程中，可以发现，企业对下属供应商（承包方）环境行为的管理要求五花八门，有要求其提供环境管理体系认证证书的，有要求提供供应商具体环境管理现状（包括能耗水量）的，也有要求提供各种环境监测报告或者符合法规承诺书的。如何对供应商（承包方）抓住重点进行管理，能既不流于形式，又能符合 ISO 14001 标准要求，并能低成本地对供应商（承包方）环境行为进行显著甄别呢？接下来主要讨论制造型企业如何对供应商（承包方）

的环境行为哪些方面进行验证与管理,才能以最简洁明确的要求来确定企业是否选择了一家对环境负责的供应商(承包方)。企业本身合规及验证供应商合规都是需要成本的,就现阶段而言,对供应商(承包方)管理最适当的要求就是相关环境保护法律法规的要求。

1) 供应商(承包方)如果是制造型企业,企业应能够提供本身项目的环评批复及"三同时"竣工验收批复。这些材料都是证明企业的生产运营从环保角度来讲是否合法的法规依据。对供应商(承包方)的现场评审应关注其提供材料的真实性,实际生产产品、产能是否与所提供材料保持一致。如果企业没有合规证据表明其生产的合法性,则该供应商(承包方)应被排除在合格供应商名单之外。

2) 企业是否实施了清洁生产审核,并提供相应证据。依据《中华人民共和国清洁生产促进法》以及中华人民共和国生态环境部发布的《关于深入推进重点企业清洁生产的通知》(环发〔2010〕54 号)的要求,五个重金属重点防控行业(重有色金属矿采选业、重有色金属冶炼业、含铅蓄电池业、皮革及其制品业、化学原料及化学制品制造业)每两年完成一轮清洁生产审核,七个产能过剩行业(钢铁、水泥、平板玻璃、煤化工、多晶硅、电解铝、造船)每三年完成一轮清洁生产审核,其他重点行业每五年完成一轮清洁生产审核(此类行业包括橡胶、石化、制药、电气机械制造、交通运输设施制造、通信设备、计算机及其他电子设备制造、轻工、环境治理等常见制造行业)。因此,如果制造型的供应商(承包方)属于上述行业,应该按照上述要求及期限主动实施清洁生产审核,提供通过审核的相应证据,对供应商(承包方)的现场评审应关注其提供材料的真实性。如果企业没有按照要求提供证据表明其实施并通过了清洁生产审核,说明其没有按法规要求实施相应的节能减排活动,则该供应商(承包方)应被排除在合格供应商名单之外。

3) 查询企业的环境信用评价记录及处罚记录情况。随着各级环境保护主管部门环境信用记录不断完善,各省市今后应该可以查询到企业的环境信用评价结果,虽然现阶段这部分信息仍不完善,但环境信用评价结果可能包括当地环保相关部门的诸多管理要求落实情况(包括环评、三同时及清洁生产审核要求等),其评价结果理论上最能够体现供应商(承包方)的环境行为优劣。今后直接采信第三方的环境信用评价结果,不仅能够节省现场评审的成本,同时也可以杜绝第二方评审可能产生的寻租空间,有利于降低企业的采购成本。企业的环境处罚信息目前在各省级环境保护主管部门网站都可以查询到,其查询结果可以作为供应商(承包方)环境行为优劣的判断依据之一。

4) 企业可要求供应商(承包方)提供有效的环境管理体系认证证书,以表明其自身的环境管理体系采纳了国际化标准的要求。企业可以通过在国家认监委网站查询企业提供的认证证书的有效性,确定该供应商(承包方)是否可以纳入合格供应商名单,尤其是在跨境企业之间,这是一种普遍认可的供应商认可及验证方式。

5) 随着排污许可证制度的不断完善,如果供应商(承包方)存在污染物排放的行为,则建议要求对方提供排污许可证,表明其污染物排放的合法性。

6) 如有必要,供应商(承包方)现场评审时,企业可以走访当地环境保护部门,了解供应商(承包方)的环境保护现状情况,其走访结果可以作为合格供应商评价结果的重要输入之一。

7) 危险废物承包商在企业环境管理中是一个重要而特殊的环节,建议主要关注其危险废物经营许可证、环境处罚、企业环境信用、环境应急预案备案以及清洁生产审核等情况。

上述要求是对制造型企业最基本的法律法规要求,必要时制造型企业可以根据上述要求制定对应的分类管理规则及现场评审细则,这些要求基本权重应该占据分类管理规则的70%以上,这样既可做到有理有据,有明显的可操作性和可验证性,又不会陷入环境专业的细节之中,则可以显著区分下属供应商和承包方的环境行为优劣,以符合 ISO 14001 标准对合格供应商进行有效管理的要求。

8.2 应急准备和响应

组织应建立、实施并保持对 6.1.1 中识别的潜在紧急情况进行应急准备并做出响应所需的过程。

组织应:

1) 通过策划的措施做好响应紧急情况的准备,以预防或减轻它所带来的不利环境影响;

2) 对实际发生的紧急情况做出响应;

3) 根据紧急情况和潜在环境影响的程度,采取相适应的措施以预防或减轻紧急情况带来的后果;

4) 可行时,定期试验所策划的响应措施;

5）定期评审并修订过程和策划的响应措施,特别是发生紧急情况后或进行试验后;

6）适当时,向有关的相关方,包括在组织控制下工作的人员提供与应急准备和响应相关的信息和培训。

组织应保持必要程度的文件化信息,以确信过程能按策划得到实施。

6.1.1 条款中要求识别的"异常状况和可合理预见的紧急情况"可能包括以下方面:

1）污染物超标风险;

2）废水处理管道泄漏风险;

3）废气处理及有害工艺气体应急风险;

4）化学品装置、储罐及管道火灾、泄漏、爆炸、污染风险;

5）重金属物质对土壤及地下水的污染风险;

6）危险废物储存现场污染风险;

7）危险废物运输污染风险;

8）危险废物处理处置污染风险;

9）放射性物质污染风险。

在上海市,尤其是列入环境应急预案名单的企业,不仅应识别上述重要环境因素,还应根据法规及技术导则要求完成环境应急预案编制及备案工作。对认证机构而言,如果企业列入上述名单而未按要求完成备案工作,则应列入认证客户的高风险名单中,在监督审核中特别关注其环境管理体系的有效性。在实际管理要求中,尤其应关注涉化企业的初期雨水收集及事故后消防水的后续处理问题,核实事故池容量是否足以满足要求、核实应急器材有效性等。

本条款的总体要求原则上与原标准区别不大,但提出了对相关方(包括在组织控制下工作的人员)提供应急准备和响应相关信息及培训的要求。

第 9 章"绩效评价"主要从监视、测量、分析和评价、内部审核及管理评审 3 个层面对体系提出进行整体绩效评价的要求。

9 绩效评价

9.1 监视、测量、分析和评价

9.1.1 总则

> 组织应监视、测量、分析和评价其环境绩效。
>
> 组织应确定：
>
> 1）需要监视和测量的内容；
>
> 2）适用时的监视、测量、分析与评价的方法，以确保有效的结果；
>
> 3）组织评价其环境绩效所依据的准则和适当的参数；
>
> 4）何时应实施监视和测量；
>
> 5）何时应分析和评价监视和测量的结果。
>
> 适当时，组织应确保使用和维护经校准或验证的监视和测量设备。
>
> 组织应评价其环境绩效和环境管理体系的有效性。
>
> 组织应按其合规义务的要求及其建立的信息交流过程，就有关环境绩效的信息进行内部和外部信息交流。
>
> 组织应保留适当的文件化信息，作为监视、测量、分析和评价结果的证据。

组织可以根据环境目标进度、重要环境因素、合规义务和运行控制过程中的能够表征该管理过程的重要定量或定性参数，来确定监视和测量的内容，以判定体系在重要管理过程中的符合性。

1）环境目标可以考虑以目标指标时间进度及对应措施的完成情况作为监视和测量内容；

2）涉及排放标准的重要环境因素应以排放限值达标情况和监测频率作为监视和测量重要内容；

3）涉及合规义务的过程可考虑合规义务的符合性作为监视和测量的重要内容，尤其关注相关企业是否按规定实施清洁生产审核工作；

4）涉及运行控制的过程中，应特别关注排污许可证总量控制要求及建设项目五大关键环境管理要素应作为监视和测量重要内容，这关系到整体项目合规情况，事实上也直接关系到认证机构发出环境管理认证证书的有效性。

组织的环境绩效参数通常包括管理绩效参数（MPI）和运行绩效参数（OPI）。管理绩效参数包括环境目标实现的数量、员工培训数量、设计绿色产品的数量、应急演练次数、合规评价次数、已关闭纠正措施数量、投入治理费用、废物再利用节约费用、社区满意率等；运行绩效参数包括水的回用量、单位产品耗材量、单位产品废物量、废水排放总量、废气排放总量、特定时段噪声值、危险废物总量等。合理地确定环境绩效关键参数,一方面能够准确地决定体系的管理重点,另一方面使资源配合能够与企业自身能力相互匹配。

组织应当在其环境管理体系中规定进行监视、测量、分析和评价的方法,尤其在验证环境目标实现程度、能源消耗分析、资源消耗分析、污染物排放趋势分析时,应有对应的分析评价方法,以确保:① 监视和测量的时机与分析及评价结果的需求相协调;② 监视和测量的结果是可靠的、可重现的和可追溯的;③ 分析和评价是可靠的和可重现的,并能使组织报告趋势。

最终的分析评价应当向具有职责和权限的人报告对环境绩效分析和评价的结果,以便启动适当的措施。

本条款规定组织应按建立的信息交流过程的规定及其合规义务的要求,就有关环境绩效的信息进行内部和外部信息交流。依据《上海市环境保护条例》,有下列情形之一的,排污单位应当按照要求公布排放污染物的名称、排放方式、排放总量、排放浓度、超标排放情况以及防治污染设施的建设和运行情况等信息:① 实行排污许可管理的;② 重点污染物排放量超过总量控制指标的;③ 污染物超标排放的;④ 国家和本市规定的其他情形。

排污单位应当在市环保部门建立的企业事业单位环境信息公开平台上发布前款规定的环境信息。

因此,企业排放污染物的名称、排放方式、排放总量、排放浓度、超标排放情况以及防治污染设施的建设和运行情况等信息,应作为监视和测量的内容之一,同时也是对内外环境绩效信息交流的重要内容之一。

9.1.2 合规性评价

组织应建立、实施并保持评价其合规义务履行状况所需的过程。

组织应:

1)确定实施合规性评价的频次;

2)评价合规性,需要时采取措施;

3)保持其合规状况的知识和对其合规状况的理解。

组织应保留文件化信息,作为合规性评价结果的证据。

合规性评价条款与原标准的要求基本没有太大差异,但在实施过程中由于当前环境保护法律法规变化较大,企业无法抓住合规性评价重点内容,企业如果有这

方面相关需求,可与我们联络。同时,真正落实合规要求,事实上对企业提出了资源合理分配的要求,目前企业的合规都是需要成本的,但同时随着环境信用的顺利推进,合规企业付出的成本是能够通过以环境信用换取合理的市场份额。

9.2　内部审核

9.2.1　总则

组织应按计划的时间间隔实施内部审核,以提供下列关于环境管理体系的信息:

1) 是否符合:

① 组织自身环境管理体系的要求;

② 本标准的要求。

2) 是否得到了有效的实施和保持。

9.2.2　内部审核方案

组织应建立、实施并保持一个或多个内部审核方案,包括实施审核的频次、方法、职责、策划要求和内部审核报告。

建立内部审核方案时,组织必须考虑相关过程的环境重要性、影响组织的变化以及以往审核的结果。

组织应:

1) 规定每次审核的准则和范围;

2) 选择审核员并实施审核,确保审核过程的客观性与公正性;

3) 确保向相关管理者报告审核结果。

组织应保留文件化信息,作为审核方案实施和审核结果的证据。

上述内部审核条款与原标准没有大的变化,标准的改版对企业管理体系没有较大的影响。

9.3　管理评审

最高管理者应按计划的时间间隔对组织的环境管理体系进行评审,以确保其持续的适宜性、充分性和有效性。

管理评审应包括对下列事项的考虑:

1) 以往管理评审所采取措施的状况;

2）以下方面的变化：

① 与环境管理体系相关的内、外部问题；

② 相关方的需求和期望，包括合规义务；

③ 其重要环境因素；

④ 风险和机遇；

3）环境目标的实现程度；

4）组织环境绩效方面的信息，包括以下方面的趋势：

① 不符合和纠正措施；

② 监视和测量的结果；

③ 其合规义务的履行情况；

④ 审核结果；

5）资源的充分性；

6）来自相关方的有关信息交流，包括抱怨；

7）持续改进的机会。

管理评审的输出应包括：

——对环境管理体系的持续适宜性、充分性和有效性的结论；

——与持续改进机会相关的决策；

——与环境管理体系变更的任何需求相关的决策，包括资源；

——如需要，环境目标未实现时采取的措施；

——如需要，改进环境管理体系与其他业务过程融合的机会；

——任何与组织战略方向相关的结论。

组织应保留文件化信息，作为管理评审结果的证据。

关于管理评审条款，新标准与原标准在评审输入和输出方面有一定的差异，明确了对以往管理评审采取措施要求的评审，明确细化了对内外环境变化的评审，明确了环境绩效的评审，明确了对相关方信息交流及资源充分性的评审。输出方面强调了体系总结评价结论、体系变更的决策需求、体系与业务融合的机遇以及组织战略方向的结论要求。以上变化仅需要对管理评审的输入与输出按标准要求进行修订，并予以实施。

新标准的管理评审要求组织最高管理者必须站在战略的角度来思考环境管理体系在组织中的地位与作用。

第10章"改进"主要从不符合和纠正措施及持续改进等方面对体系提出相关要求。

---

10 改进

10.1 总则

组织应确定改进的机会(见9.1、9.2和9.3),并实施必要的措施,以实现其环境管理体系的预期结果。

10.2 不符合和纠正措施

发生不符合时,组织应:

1)对不符合做出响应,适用时:

① 采取措施控制并纠正不符合;

② 处理后果,包括减轻不利的环境影响;

2)通过以下活动评价消除不符合原因的措施需求,以防止不符合再次发生或在其他地方发生:

① 评审不符合;

② 确定不符合的原因;

③ 确定是否存在或是否可能发生类似的不符合;

3)实施任何所需的措施;

4)评审所采取的任何纠正措施的有效性;

5)必要时,对环境管理体系进行变更。

纠正措施应与所发生的不符合造成影响(包括环境影响)的重要程度相适应。

组织应保留文件化信息作为下列事项的证据:

——不符合的性质和所采取的任何后续措施;

——任何纠正措施的结果。

10.3 持续改进

组织应持续改进环境管理体系的适宜性、充分性与有效性,以提升环境绩效。

新标准对按高阶标准结构把改进作为一个单独的单元列出相关要求,总体要素逻辑安排上更加符合标准PDCA的要求。组织采取措施改进时,应当考虑

环境绩效分析和评价、合规性评价、内部审核和管理评审的结果。新标准没有重复预防措施的概念,因为环境管理体系的主要目的之一是作为预防性的工具。预防措施的概念目前包含在4.1(即理解组织及其所处的环境)和6.1(即应对风险和机遇的措施)中。

上述要素的变化对于体系实际运行及文件修订不会产生重大影响,但对于体系管理者的要求可能更高了,要求其能够从不符合变化趋势中发现持续改进的机会。

总结前几周有关环境管理体系改版要求,结合企业管理动态实践,本书形成以下几点认知。

(1)对外部环境的认知

企业界有一个经典问题:"外部环境对于企业内部的影响是由什么因素决定的?"对于这个问题的回答其实很简单:"当外部环境变化很小时,这是一个适合大企业生存的时代;当外部环境变化很大时,这是一个适合中小企业生存的时代"。为什么最近十年,传统大企业的经营似乎越来越困难了? 其实很多时候并不是因为企业本身出了什么问题,而是由动荡的外部环境所导致的。今天的我们与15年前的企业家所面临的外部环境是不一样的,那时的外部环境变化是很小的,但今天不是。很多在工业时代能确定的因素,到了互联网时代已经不复存在。在移动互联网的推动下,人们的生活方式彻底改变,这导致了用户行为和价值判断的改变,直接影响到人们的产品、服务、工作方式和对组织架构的理解。

(2)对组织机构设计变革的认识

外部环境中,随着科技不断发展并对产业发展及企业运营的影响越来越深入,应当关注的是如今企业的组织架构将越来越灵活,岗位的边界会越来越模糊。以前企业设计组织机构都从战略梳理入手,然后设计与之匹配的组织架构,再梳理各个岗位的职责以及要求,最后按照要求配上合适的人。总之,先挖坑,再找适合的萝卜填。在如今这样的变革时期,僵硬的组织架构、森严的等级体系,将会使企业的决策变慢,无法应对变化。那么,什么才能更快地应对变化呢? 答案是"人"。因为岗位是死的,而人是活的,只有人才可能及时识别变化并快速做出反应。所以,这几年的组织设计的主题都是灵活:有些企业开始去阶层化,只留高层和基层;有些企业则避免由分工过细带来对人的限制;有些企业,甚至连岗位职责描述都取消了。总之一句话,最大化萝卜的作用,而坑的大小则可以调整。层级之间的界限、岗位之间的界限,将逐渐被打破。对于这种"无界"

的趋势,企业也应予以关注并深刻理解,因为这代表了今后平台化的发展方向。

(3) 对管理体系要素与其实施效果的重新认识

管理体系(包括环境管理体系)是组织持续经营的充分条件,高阶标准表述的管理体系要素及相互作用仅仅是完善企业环境管理的骨架与形态,是管理体系之"形"。而充分理解体系标准各要素之间的相互作用与关系则是管理体系的经络和血脉,也是组织各阶层对标准要素的自主思维,如果仔细对比新旧标准的差异,就会发现要素的相互作用事实上占了较大的篇幅。因此从管理角度而言,当决策层的预期、管理层的意图与执行层的操作发生严重偏差时,组织自身的管理行为就蕴含了巨大的风险。诸多以取得认证证书为目标的案例表明,只建立管理体系的"形",并不能确保实现预期目标。

对组织最高管理者而言,如果希望取得理想和预期的绩效,除按照"非人性化"的模块标准结构建立管理体系、投入必要的资源以外,事实上还要充分注重体系要素之外的企业文化、薪酬体系、激励机制、价值导向等与"人"相关的重要因素,甚至包括决策层、管理层及执行层之间的信任程度,这些因素与体系实施的内环境综合起来,会深刻影响和决定组织员工对体系各要素配套制度实施的深度,决定管理体系整体应对外界变化的能力,是管理体系实施之"神"。

无论第三方在咨询及认证过程起到多么关键的作用,最终对管理体系实现预期目标设计的仍应是最高管理层,决策层应该在体系建立初始就进入不可替代的管理形态设计者的角色,充分理解自身条件及内外部环境,充分理解要素在各部门相关活动及过程中的相互作用,协同管理层设计初始管理制度,有效监督执行层的基层操作行为,从而避免决策层、管理层与执行层发生空间断层的情况,真正实现管理体系绩效与预期目标保持一致,也使管理体系的"形"与"神"达到相互契合的理想状态。

(4) 对环境管理体系在当前新常态及简政放权大形势下作用的重新审视

值此新标准换版之际,我们也应重新审视与认识环境管理体系在新时期下的作用与意义,供环境保护主管部门参考。

管理体系认证作为外向型经济的产物,在支持制造型企业打破绿色壁垒方面上发挥过重要的作用。但由于各专业认证领域发展未能与专业发展相互匹配,造成了专业认证与政府宏观环境管理相互脱节的现象,同时出现了认证业价格相互竞争的不利于行业本身发展的局面,甚至形成了"认证无能论"思维定势。

　　但作为一项国际标准,环境管理体系新标准的修订更加重视体系策划与实施的有效性,更加强调企业及最高管理层对风险与机遇的认知,更加重视环保法律法规作为体系的重要输入及其体系运行合规情况,环境管理体系作为组织自律管理的工具,也更加符合当今国际化、标准化和市场化运行的特点,环境保护政府主管部门应充分认识到上述变化,在当前简政放权的背景下,以此为契机,结合环境信用评价的要求,将企业环境管理体系认证这一自律工具与环境信用紧密结合起来,建立有效对接与制约机制,成为对企业事中事后管理的有效自律手段。有效地利用好环境管理体系认证这一全球化标准工具,既推动了环保法律法规及意识在企业中的推行与落实,降低了监管成本,不增加企业负担,同时会逐步改变目前环境管理体系认证与环境保护主管部门管理要求脱节的现状。

参 考 文 献

[1] 中共中央宣传部.习近平总书记系列重要讲话读本[M].北京：学习出版社,人民出版社,2016.

[2] 张晓玲.中小企业环境管理手册[M].北京：中国环境科学出版社,2012.

[3] 梁国勇.《全球变局与中国智慧：改革开放40年之际的回顾、展望和建言》报告[R].全球化智库,2018.2.2.

[4] 李创,王丽萍.环境管理下的企业可持续发展研究[M].北京：社会科学文献出版社,2015：16-19.

[5] 吴重言.绿色创新：我国企业自主环境管理的理论与实践[M].广州：世界图书出版广东有限公司,2012.

[6] 池田信夫.失去的二十年——日本经济长期停滞的真正原因[M].胡文静译.北京：机械工业出版社,2016.

[7] 汤之上隆.失去的制造业——日本制造业的败北[M].林曌等译.北京：机械工业出版社,2016.

[8] 邝红艳,张婧.企业法律环境[M].北京：经济管理出版社,2017.

[9] 卢瑛莹,冯晓飞,陈佳.排污许可证制度实践与改革探索[M].北京：中国环境出版社,2016：75-122.

[10] 周清杰.企业"黑箱"解析——动态企业理论研究[M].北京：中国财政经济出版社,2005.

[11] （美）斯蒂芬·P·罗宾斯,戴维·A·德森佐,玛丽·库尔特.管理学：原理与实践[M].毛蕴诗译.北京：机械工业出版社,2017：86-87.

[12] 王世民.思维力——高效的系统思维[M].北京：电子工业出版社,2017：116.

[13] 维弗雷多·帕累托.十定律：万变世界中绝对不变的超强神秘法则[M].高

永编译.珠海：珠海出版社,2011.

[14] 埃米尼亚·伊贝拉.逆向管理：先行动后思考[M].王臻译.北京：北京联合出版公司,2016.

[15] 刘锐,刘俊,谢涛,等.互联网时代的环境大数据[M].北京：电子工业出版社,2016：257.

[16] 丹娜·左哈尔.量子领导者、商业思维和实践的革命[M].杨壮,施诺译.北京：机械工业出版社,2016.

[17] 麦绿波.标准化学——标准化的科学理论[M].北京：科学出版社,2017：25.

[18] 周铭.清洁生产与环境和能源管理体系的关联[J].石油化工技术与经济,2017,33(2)：7-10.

[19] 中国人民银行,中华人民共和国财政部,中华人民共和国发展和改革委员会,等.关于构建绿色金融体系的指导意见[J].环保工作资料选,2016,(9)：28-31.

[20] 曾赛星,孟晓华,邹海亮.企业绿色管理及其效应—基于环境信息披露视角[M].北京：科学出版社,2016.

[21] 陈春花.从理念到行为习惯[M].北京：机械工业出版社,2017：29.

[22] 徐继华,冯启娜,陈贞汝.智慧政府[M].北京：中信出版社,2014：22-45.